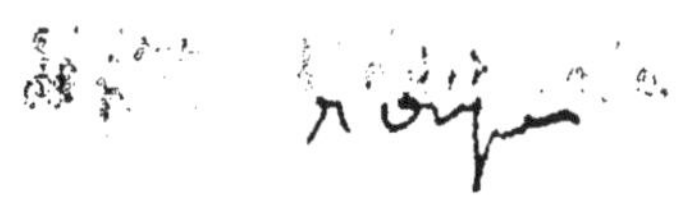

Ch. PORCHER

PROFESSEUR A L'ÉCOLE VÉTÉRINAIRE DE LYON

LE PROCÈS DE LA MATIÈRE GRASSE DU LAIT

1 planche hors texte et 82 graphiques

" LE LAIT "

REVUE GÉNÉRALE DES QUESTIONS LAITIÈRES

2, QUAI CHAUVEAU, LYON (5e)

1925

LE PROCÈS

DE

LA MATIÈRE GRASSE DU LAIT

Ch. PORCHER

PROFESSEUR A L'ÉCOLE VÉTÉRINAIRE DE LYON

LE PROCÈS

DE

LA MATIÈRE GRASSE

DU LAIT

1 planche hors texte et 82 graphiques

" LE LAIT "

REVUE GÉNÉRALE DES QUESTIONS LAITIÈRES

2, QUAI CHAUVEAU, LYON (5e)

1925

LE PROCÈS DE LA MATIÈRE GRASSE DU LAIT

Très embarrassé pour donner un titre à ce travail, je me suis finalement arrêté à celui ci-dessus, estimant qu'il traduit le mieux ma pensée. Je me propose, en effet, d'instruire le procès de la matière grasse du lait, c'est-à-dire de montrer, en m'appuyant sur des considérations parfois un peu nouvelles, tout ce que peut avoir de difficile, d'ambigu, de déroutant même dans l'interprétation des résultats analytiques, l'examen des variations du taux butyreux du lait.

Faisant appel aux données relativement restreintes de l'histologie et de la physiologie pour ce qui concerne l'origine de la matière grasse, je m'efforcerai d'expliquer, et, cela acquis, de concilier, toutes les fois qu'il sera possible, les contradictions souvent plus apparentes que réelles des chiffres obtenus par les divers auteurs.

Un nombre fort considérable de travaux ont été publiés sur le sujet et je ne saurais avoir la prétention de les résumer tous, car l'étalage des opinions émises serait parfois fastidieux et inutile. Au surplus, la comparaison n'en est pas toujours possible. Je me bornerai à choisir certains d'entre eux dont la portée documentaire me semble de premier ordre, afin de donner aux conclusions que j'en pourrai tirer toute la force probante ; je les classerai du mieux que je pourrai et chaque point particulier soulevé par le document produit sera mis en relief.

J'examinerai successivement :

I. *L'élaboration de la matière grasse du lait au point de vue histologique* ; les conséquences que l'on peut en tirer ;

II. *L'origine de la matière grasse du lait;* je reprendrai l'examen des différentes opinions émises pour essayer d'en extraire une conclusion générale qui puisse les embrasser toutes ;

III. *Les variations du taux butyreux du lait* dans les circonstances les plus variées ;

IV. *Comment apprécier l'inculpation d'écrémage ;* j'en profiterai pour examiner en même temps — car les deux choses sont fort souvent liées étroitement — comment on doit juger la question du mouillage.

I. — L'ÉLABORATION DE LA MATIÈRE GRASSE DANS LA CELLULE MAMMAIRE. LES CONSÉQUENCES QUE L'ON PEUT EN TIRER

Une tendance moderne de l'anatomie microscopique — tendance qui est d'ailleurs fortement marquée dans l'ouvrage de POLICARD (1) — est de *considérer étroitement l'histologie dans ses rapports avec la physiologie.* Il faut s'efforcer de tirer des images microscopiques dans lesquelles les techniques de coloration introduisent le maximum de différenciations, toutes les conséquences possibles applicables à la physiologie.

Dans l'étude de la sécrétion lactée, la morphologie microscopique nous fournit des indications sur lesquelles l'accord entre les différents auteurs semble aujourd'hui fait.

La cellule mammaire, élément spécifique de la glande, à laquelle est réservé le soin de sécréter le lait, a une évolution continue; mais, pour les besoins de l'exposition des faits, il importe d'y reconnaître trois stades dont le schéma histologique est donné dans les dessins ci-contre (2) (pl. I) :

a) Le stade de repos ;
b) Le stade de développement ;
c) Le stade de rupture.

(1) POLICARD. *Précis d'histologie physiologique.* G. DOIN, édit., Paris, 1922.

(2) Les dessins et les graphiques insérés dans ce travail doivent servir à illustrer mon livre en préparation sur le lait. Je remercie infiniment mon éditeur, M. G. Doin, d'avoir bien voulu les mettre à ma disposition avant qu'ils ne paraissent dans l'ouvrage annoncé. (Ch. P.)

I. — Cellule mammaire au stade de développement.

(Figure schématique).

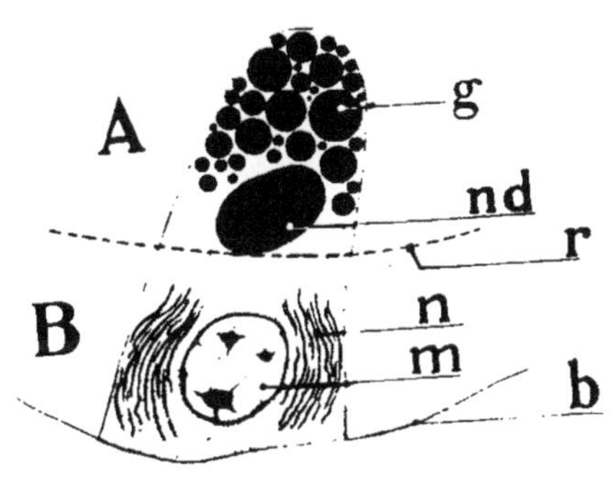

A. Portion apicale qui va tomber dans la cavité de l'acinus pour former le lait.

- *g*. Globules graisseux.
- *nd*. noyau dégénéré.

B. Portion basale, permanente.

- *r*. Zone de rupture de la cellule.
- *m*. noyau.
- *n*. mitochondries.
- *b*. membrane basale.

II. — Les phases de la sécrétion mammaire.

(Schéma de l'évolution fonctionnelle d'un acinus).

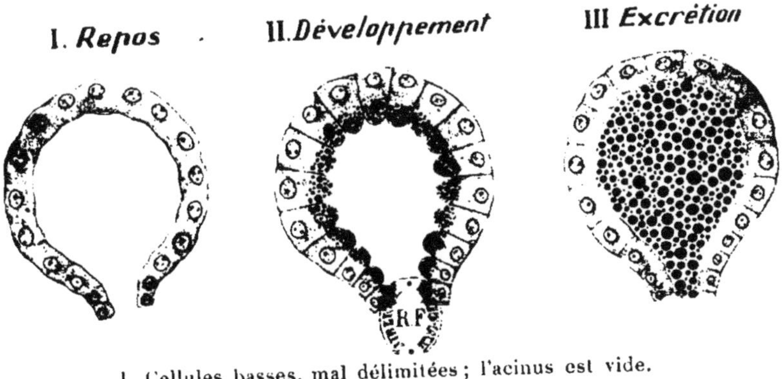

I. *Repos* II. *Développement* III *Excrétion*

I. Cellules basses, mal délimitées ; l'acinus est vide.
II. Cellules gonflées, hautes, sur le point de se rupturer.
III. Cellules déchirées ; l'acinus est plein de lait.

a) **Stade de repos.** — Dans le stade de repos, la cellule est basse ; son profil, du côté de la cavité de l'acinus, est déchiqueté, ce qui est normal puisque la cellule vient de se déchirer en déversant dans la cavité dudit acinus ce qui va constituer le lait.

Par conséquent, la figure histologique que l'on observe à ce stade, c'est la *partie permanente* de la cellule accolée par sa base à la membrane hyaline ; elle a conservé le noyau et, par suite, va pouvoir se développer à nouveau pour sécréter du lait : c'est le stade de développement.

b) **Stade de développement.** — La cellule va se refaire ; une membrane du côté de la lumière va se reconstituer ; le noyau va se dédoubler et le plus central, n'intervenant plus dans l'évolution de la cellule, va être poussé vers le sommet de celle-ci, en subissant parfois une dégénérescence. Autour du noyau basal, les mitochondries se trouvent rassemblées.

Quand la cellule est entièrement gonflée, sur le point de se rupturer, elle est tronconique et sa hauteur plusieurs fois celle de la cellule au premier stade.

La matière grasse, sous la forme de globules sphériques, est rassemblée *irrégulièrement* dans la partie apicale de la cellule ; *il n'y en a aucune trace dans la partie basale*, et ce n'est qu'à partir de l'extrêmité des mitochondries, celle qui est tournée vers le sommet de la cellule, qu'on peut commencer à percevoir de toutes petites sphères graisseuses dont le diamètre s'accroît à mesure qu'on se rapproche de ce sommet.

c) **Stade de rupture.** — On peut se demander sous quelle influence la cellule va se rupturer pour déverser son contenu : le lait, dans la cavité de l'acinus. Y a-t-il là une action purement mécanique résultat d'une poussée sécrétoire centrifuge amenant sous un excès de pression la déchirure de la paroi du côté où elle est libre ? Ou bien s'agit-il d'un ramollissement, d'abord, d'une rupture, ensuite, de cette paroi sous l'action de diastases digestives à action restreinte, comme il n'est pas invraisemblable de le supposer.

Je ne tiens pas à me hasarder dans des hypothèses, plausibles peut-être, mais dont les bases sont fragiles, et je veux tout de suite tirer de la morphologie microscopique des différents stades de l'évolution de la cellule mammaire tous les renseignements possibles pour des fins physiologiques.

*
* *

Les renseignements que nous fournit l'histologie de la cellule mammaire. — D'ores et déjà, je puis dire que de l'examen histologique de ladite cellule nous pourrons tirer des conclusions qui cadreront assez bien avec ce que nous connaissons de la composition du lait :

A. — *La matière grasse résulte bien d'une élaboration particulière par l'élément spécifique de la glande : la cellule mammaire.* L'analyse chimique nous montre d'ailleurs des différences marquées des divers indices, entre la graisse du sang et la graisse du lait, ce qui veut dire qu'*il n'y a pas une filtration simple de celle-là au travers de la cellule mammaire.*

L'insolubilité de la matière grasse ne lui permettrait pas d'ailleurs de passer au travers de la membrane basale de la cellule ; il faut, de toute nécessité, que ce soit dans des éléments diffusibles que la cellule mammaire aille puiser ce avec quoi elle va constituer la matière grasse. Celle-ci n'apparaît, en effet, que dans la partie apicale de la cellule qui va tomber dans la cavité de l'acinus ; il n'y en a ni dans la partie basale, ni dans le chevelu mitochondrial ; les premiers grains de graisse, a-t-il été dit, ne s'observent qu'à la sortie de celui-ci, au delà de l'extrêmité des mitochondries tournée vers le centre de l'acinus.

Ces éléments diffusibles sont les acides gras et la glycérine. Dans le sang de l'organisme à jeun, la plus grande partie des acides gras du plasma est unie à la cholestérine et surtout à la lécithine, très peu existe sous forme de graisses neutres. On sait également qu'après un repas riche en graisses neutres, exemptes de lécithines et de cholestérines, il y a un accroissement marqué des phosphatides dans le sang (1).

Pour Meigs, en cela d'accord avec les conceptions physiologiques actuelles sur le rôle de la lécithine dans le métabolisme des corps gras et, plus précisément, celui des acides gras, les éléments diffusibles générateurs de la matière grasse du lait résideraient dans les lipoïdes qui, ultérieurement, seraient décomposés dans la cellule mammaire ; cela ne saurait nous surprendre, car, si les lipases capables de dédoubler les graisses neutres ne sont pas aussi répandues et actives qu'on l'a cru à un moment donné, les ferments qui dédoublent les lécithines sont plus abondants. C. Foa (2) a montré que dans le sang de chien, il n'y a pas de lipase, tandis qu'il existe une lécithinase.

La partie grasse des lipoïdes servirait, pour Meigs, à l'élaboration

(1) Lire E. Lambling, *Précis de Biochimie*, 3e édition, p. 422-434.

(2) C. Foa, Recherches sur le métabolisme des graisses dans l'organisme animal. Sur ce qu'on appelle la lipase du sang dans diverses conditions physiologiques (*Arch. Ital. de Biol.*, 1915, t. LXIII, pp. 239-258 ; an. dans *Biol. méd.*, n° 8, avril-mai 1921).

de la matière grasse, tandis que l'élément acide phosphorique libéré entrerait dans la molécule de la caséine qui en est un éther, ou bien servirait à fabriquer les phosphates minéraux du lait, ou encore, s'il était en excès, rentrerait dans la circulation.

Que nous considérions l'hypothèse de MEIGS ou celle plus simple, mais qui cadre moins avec les recherches expérimentales, qui fait appel aux acides gras et à la glycérine du sang pour la synthèse de la matière grasse du lait par la cellule mammaire, *l'élément caractéristique de la matière grasse n'en doit pas moins être recherché dans les acides gras* ; la glycérine est en somme le support commun de ces derniers, quel que soit le corps gras envisagé, et l'élément qui, pondéralement, a la moindre importance ; dans la tripalmitine, nous voyons 3 acides en C^{16} (C^{48} avec un poids moléculaire total de 768) qui viennent s'appuyer sur la glycérine en C^{3} (poids moléculaire = 82).

B. — L'examen histologique de la cellule mammaire nous montre également une *distribution irrégulière de la matière grasse dans la portion de la cellule que la décapitation de celle-ci va entraîner dans la lumière de l'acinus.*

Nous pouvons dire que cette portion est constituée d'une masse relativement homogène, un protoplasma granuleux, très mou vraisemblablement, puisque tout à l'heure, après la déchirure cellulaire, il sera liquide — ce sera le lait écrémé —, au sein de laquelle se trouvent *irrégulièrement réparties* des enclaves graisseuses de grosseurs et de nombres différents.

Nous saisissons tout de suite, par cet examen rapide de la cellule au microscope, la distinction, sur laquelle on ne saurait jamais trop insister, qui existe entre les deux éléments du lait histologiquement différenciés : la masse protoplasmique relativement homogène de tout à l'heure qui va constituer le lait écrémé et la graisse. Les globules gras, dans une certaine mesure, et afin de rendre l'image plus saisissante, se trouvent comme des corps étrangers au milieu du protoplasma et, quand je dis « étrangers », j'en vois comme une preuve dans le fait que, lorsque le lait est au repos, très rapidement ils se séparent de la partie non grasse.

Histologiquement et physiquement — il n'y a pas lieu de dire ici chimiquement — lait écrémé et matière grasse nous semblent, dans une certaine mesure, deux éléments qui, dans beaucoup de raisonnements, doivent être envisagés séparément. Nous reviendrons d'ailleurs plus tard sur ce point.

L'irrégularité de la distribution de la matière grasse dans la partie de la cellule qui va se détacher de la partie basale lors de la rupture.

sous-entend fatalement que, *pondéralement, ces enclaves graisseuses doivent présenter des variations très grandes.* Ainsi, le simple examen microscopique d'une glande en fonctionnement nous met déjà dans l'obligation d'affirmer que *la partie grasse du lait est un élément essentiellement variable* ; par contre, la masse protoplasmique au sein de laquelle sont dispersés les globules graisseux, et qui nous paraît homogène, doit avoir, elle, une composition plus stable.

Ne savons-nous pas, en effet, que la partie écrémée du lait qui correspond justement à cette masse protoplasmique a une composition quasi fixe ; ainsi l'homogénéité chimique répond à l'homogénéité de structure histologique.

Je tiens à marquer également, en m'appuyant toujours sur l'examen histologique, *les différences que l'on constate entre les charges graisseuses de deux cellules qui se touchent dans un même acinus* ; ne signifient-elles pas déjà que le métabolisme de la matière grasse dans l'organisme a une allure irrégulière, et cette irrégularité, nous allons la constater, avec de nombreux chiffres en mains, plus loin dans ce travail.

Toute règle générale, traduisible par des chiffres serrés, nous échappe en l'espèce, comme nous aurons tant l'occasion de le voir. Les variations du taux butyreux du lait, qui ne sont que l'image agrandie de celles que nous notons au microscope dans les cellules d'un même acinus, sont telles qu'elles fuient, en quelque sorte, toute discussion. Nous les notons — ce sont des faits — mais quant à les relier directement, étroitement, à une influence déterminée, alimentaire notamment, comme le veulent beaucoup, nous ne pouvons qu'enregistrer la grande difficulté d'y parvenir.

II. — L'ORIGINE DE LA MATIÈRE GRASSE

L'étude de l'origine de la matière grasse du lait se rattache à celle du problème de la physiologie générale de la matière grasse dans l'économie tout entière.

Rien de surprenant donc que la provenance intime de la graisse du lait ait reflété l'aspect de toutes les hypothèses qui sont intervenues en cette question. Successivement ou selon les théories dominantes, on a fait dépendre la matière grasse animale de la matière hydrocarbonée ou de la matière protéique de l'aliment ; la graisse du lait a subi le même sort. Voyons, pour n'y plus revenir, ce qui s'est dit relativement à son origine protéique.

L'origine protéique de la graisse du lait. — En 1865, le physiologiste et l'histologiste Voit, en face du problème histologique de la sécrétion mammaire, pensa que la matière grasse du lait devait venir directement d'une transformation du protoplasma.

C'était admettre, sur la foi seule d'une étude microscopique, alors moins fructueuse qu'aujourd'hui, que la matière grasse dérivait, en somme, des matière protéiques.

A cette époque, d'ailleurs, on estimait que la matière protéique était, non seulement le siège de la vie, mais également celui de l'énergie, qu'elle s'usait considérablement dans le travail, et il était tout naturel que Voit invoquât l'origine protéique de la matière grasse, puisqu'elle cadrait avec toutes les réactions que l'on attribuait à la matière azotée.

Nous savons aujourd'hui quel est le sort qu'il faut faire à toutes ces assertions.

La place de l'élément protéique est bien déterminée dans l'organisme ; il est là pour constituer les tissus, réparer l'usure de ceux-ci, mais il n'intervient, et encore! dans le métabolisme des éléments hydrocarbonés et des éléments gras, que dans une faible mesure. La transformation des albuminoides en graisse n'est pas démontrée, dit E. Lambling, après une étude critique de la question.

Je profiterai de ce développement, utile à mon sens, pour faire remarquer que certains théoriciens de l'alimentation qui se sont adonnés à l'étude de la diététique et de l'élevage du bétail, s'en tiennent par trop encore à la théorie dynamique, pour que leurs conclusions soient tout à fait justifiées. Admettre qu'un kilogramme de matière azotée ne peut donner, en moyenne, s'il se transforme en matière grasse, qu'un kilogramme divisé par 2, 4, soit 416 grammes de matière grasse, parce que la valeur calorifique de la protéine est 2, 4 fois plus faible que celle de la matière grasse, est une façon d'apprécier les choses qui, vraisemblablement, est des plus contraires à la vérité.

Les questions de structure chimique ont à intervenir, encore qu'elles ne donnent pas toujours la solution des transformations qui doivent se faire, mais c'est peut-être dans le cas des matières protéiques qu'elles semblent le mieux éclairer la discussion ; aussi la théorie isodynamique de la valeur des aliments, basée sur l'égalité du nombre des calories dégagées dans leur combustion, n'en tenant pas compte, est, par cela même, extrêmement fragile.

* * *

Si la physiologie de la glande mammaire, au point de vue que nous abordons en ce moment, a été utilisée maintes fois pour éclairer le problème de l'origine de la graisse dans l'organisme, cela se comprend, puisque l'on a aisément, sans vivisection, et à tous moments, la possibilité de comparer la graisse de l'alimentation à celle du lait.

Mais avant tout la question se pose de savoir comment va travailler la mamelle. *Celle-ci, très différenciée, quant à sa destination, n'est pas absolument indispensable à l'individu ; elle sécrète pour l'espèce ; on peut donc la considérer comme surajoutée à un organisme qui n'en a pas besoin pour son propre fonctionnement.*

Le peu que nous savons de sa physiologie nous autorise cependant à dire qu'elle travaille dans des conditions qui doivent lui permettre d'utiliser au mieux, le plus économiquement, les principes nutritifs qui lui sont apportés par le sang.

L'élaboration des molécules caractéristiques du lait se fait, d'une façon générale, aux dépens d'éléments voisins de même espèce chimique. Le travail transformateur de la mamelle est réduit à son minimum. Le meilleur rendement est ainsi assuré et la mamelle économisant l'effort, il n'y a pas de gaspillage d'énergie à siège mammaire.

La mamelle fera du lactose avec du glucose, de la caséine avec les acides aminés qui lui sont apportés par le sang et l'acide phosphorique qui, sans doute, avons-nous vu, provient des lipoïdes.

Avec quoi fera-t-elle ses corps gras ? La question est ici plus complexe et demande qu'on s'y arrête. Comme elle a été examinée, il y a un instant, au point de vue d'une origine protéique possible, il reste maintenant à envisager dans le même esprit les corps gras et les hydrates de carbone.

*
* *

Les graisses alimentaires, source de la graisse du lait. — Les graisses alimentaires peuvent être non seulement la source des graisses de dépôts dans l'organisme, qu'il s'agisse des carnivores, des omnivores et des herbivores, mais elles peuvent encore s'y déposer, avec leurs indices propres ou leurs réactions particulières.

Les expériences qui ont abouti à une conclusion aussi formelle ont été faites surtout chez les carnivores parce que, seuls, ces derniers peuvent recevoir des repas extrêmement riches en matière grasse, *que les herbivores ne supporteraient pas.*

Je me permets de souligner cette dernière remarque pour montrer que quelques-unes des expériences qui seront relatées plus loin, et qui touchent à l'origine de la matière grasse dans le lait, sont entachées d'une faute lourde qui leur enlève une partie de leur signification.

Quand on administre à une femelle laitière herbivore : vache ou chèvre, des quantités considérables d'huile de lin, afin de voir si une partie des glycérides de celle-ci passent, comme on le dit à tort, *en nature* dans le lait, — car il faut tenir compte du rôle élaborateur, triturateur, de la cellule mammaire — évidemment on réalise là une expérience, mais j'estime qu'elle sort un peu du cadre de la physiologie, en ce sens que ses conséquences, tant scientifiques que surtout pratiques, sont singulièrement réduites.

Il n'est pas normal que les herbivores se nourrissent de matière grasse ainsi présentée, et c'est justement parce que Liebig constata que les aliments d'origine végétale ne renferment généralement que de très petites quantités de matière grasse, qu'il fut amené, dès 1844, à mettre en doute les théories physiologiques jusque-là régnantes, et qui admettaient que les matières grasses des aliments constituaient la source unique des graisses de l'organisme. C'était cependant une solution de bon sens; toutefois, en dépit de cette qualité, elle n'est pas générale.

Les hydrates de carbone de l'aliment, source de la graisse du lait. — *La faiblesse du taux butyreux des aliments végétaux* est telle qu'elle ne peut expliquer l'abondance des dépôts graisseux chez les herbivores : vaches, moutons, chèvres, qui ingèrent régulièrement des quantités considérables d'hydrates de carbone. L'hypothèse de Liebig que ceux-ci pouvaient être, du moins pour les herbivores, une source importante, sinon la source principale, de matière grasse, se trouvait ainsi justifiée. Les expériences de Dumas, Boussingault et Persoz en France, celles de Lawes et Gilbert en Angleterre ont vérifié expérimentalement l'hypothèse de Liebig.

Celle-ci l'a été également chez le porc par Tchirwinsky, à l'Institut Agronomique de Moscou en 1880, chez le mouton par Kern et chez le chien par Rubner (1).

Le mécanisme d'une pareille transformation des hydrates de carbone en graisse nous échappe tout à fait et, quant aux processus chimiques qui mènent de ceux-là à celle-ci. nous en sommes réduits à des hypothèses.

Le siège même de cette transformation ne nous est pas connu exactement (2) ; il est vraisemblable que le foie intervient puissamment. La glande hépatique se trouve ici le serviteur de l'organisme tout entier ; elle prépare des matériaux simples aux dépens desquels les différents tissus — et parmi ceux-ci, celui qui nous intéresse, le

(1) Pour cette question, il est bon de lire, pp. 132-144, l'ouvrage de A. Mallèvre, *l'Alimentation et l'élevage rationnels du bétail.* Leçons recueillies par J.-E. Lucas, Paris. 1920.

(2) Cf. E. Lambling.

tissu mammaire, — vont fabriquer les principes essentiels de leur sécrétion ; c'est le foie qui fabrique le glucose aux dépens des hydrates de carbone alimentaires si variés d'aspect et de condensation ; c'est lui qui, par sa fonction uropoiétique, va sortir de la circulation l'azote en excès sous la forme d'urée et ne garder que les acides aminés nécessaires.

Si la mamelle devait fabriquer, comme le fait l'organisme auquel elle est appendue, de la matière grasse avec des hydrates de carbone, en l'espèce avec le glucose du sang, puisque c'est le seul hydrate de carbone qui lui soit apporté, il y aurait là un gaspillage d'énergie qui, *a priori*, ne serait pas sans nous étonner.

Je ferai remarquer, en outre, ce qui est capital à mon avis, que, si la graisse du lait devait trouver dans le glucose du sang son principe générateur, ce serait surprenant que son taux dans le lait fût si variable, alors que celui du glucose dans le sang à l'état normal n'oscille pas beaucoup ; c'est même ce qui nous permet de comprendre la relative fixité du taux du lactose dont le glucose sanguin est le précurseur.

La mamelle fera sa graisse avec les éléments constitutifs des graisses : acides gras et glycérine, qui lui seront amenés par le sang, ou, comme le pense MEIGS, avec les lipoïdes dans lesquels la molécule complète du corps gras est déjà fortement amorcée. Dans le cas des lécithines, la dépense de transformation est réduite au minimum puisque, dans ces composés, deux fonctions alcool sur les trois de la glycérine se trouvent déjà éthérifiées par des acides gras.

*
* *

Si je suis entré dans toutes ces considérations, c'est pour montrer que les hypothèses faites en physiologie animale sur l'origine des graisses de l'organisme n'ont pas à être envisagées sous un jour différent quand on considère la matière grasse du lait ; celle-ci n'exige pas de processus élaborateur particulier. Ainsi que l'ont montré les expériences de JORDAN, JENTER et FULLER à la Station Expérimentale de Geneva (New-York) (1), *les grandes théories du métabolisme des principaux types de substances alimentaires n'ont pas besoin d'être modifiées pour s'adapter à la vie de la femelle laitière.*

Le « sang » butyreux des femelles laitières. — Encore une fois — et je m'excuse d'insister, mais nous allons voir à quelle conséquence intéressante nous allons aboutir — ce sont les acides

(1) W.-H. JORDAN, C.-G. JENTER et F.-D. FULLER, the Food Source of Milk Fat; with Studies on the Nutrition of Milk Cows *(New-York Agric. Exp. Stat*, Bull. n° 197, oct. 1901).

gras du sang, libres ou combinés, qui seront la source des acides gras de la graisse du lait. La cellule spécifique mammaire aura à les modifier quelque peu, puisque nous voyons apparaître dans le lait une proportion d'acides gras volatils beaucoup plus considérables que celle de la graisse du corps.

Si l'on se reporte au remarquable travail de E.-F. Terroine (1), sur le métabolisme des matières grasses dans le règne animal, nous voyons que *la richesse du sang en acides gras, principes caractéristiques des matières grasses, est très variable d'un animal à l'autre.* Les recherches de Terroine ont été faites sur le chien et le chat, mais la donnée physiologique importante qu'il en a tirée est d'application à tous les mammifères. S'il n'y a pas de grandes fluctuations d'un individu à l'autre, à l'état normal, dans la richesse du sang en glucose, par exemple, il n'en est donc pas de même des acides gras dont le taux, chez le chien, dit Terroine, peut varier du simple au double.

C'est au *Congrès National de Laiterie* tenu à Rennes en octobre 1922 (2) que j'ai, le premier, appelé très théoriquement l'attention sur les recherches de Terroine dans les relations qu'elles doivent avoir avec l'étude du lait. « Il y a des animaux, disais-je, qui, en moyenne, doivent avoir un sang beaucoup plus riche que les autres en acides gras. De là à déduire, s'il s'agit d'animaux laitiers, que leur lait sera plus riche en matière grasse, il n'y a qu'un pas qui me paraît aisément franchissable pour un esprit scientifique.

« Vous avez peut-être là la raison des différences si considérables que vous notez entre les animaux producteurs de lait. »

Dans ce rapport, je rappelais que le facteur dominant de la richesse butyreuse du lait d'une femelle devait être recherché dans l'hérédité. « Par la sélection, vous pouvez obtenir de grands producteurs laitiers, mais si ces producteurs n'ont pas de « sang butyreux », vous n'en ferez pas de grands producteurs de matière grasse. »

La notion de « sang », si courante en zootechnie, se traduit donc ici chimiquement, et j'estime qu'il y a là une donnée non dépourvue d'intérêt qui pourrait être soumise à la vérification expérimentale.

Il faut noter également que chez le même animal il y a, nous dit Terroine, des fluctuations marquées du taux de ses acides gras totaux dans le sang, sous de nombreuses influences : repas, inani-

(1) E.-F. Terroine, Contribution à la connaissance de la physiologie des substances grasses et lipoïdiques *(Ann. des Sc. nat., Zoologie*, 10e série, t. IV, 1919).

(2) Ch. Porcher, *les Méthodes de sélection américaine; les résultats pratiques obtenus et leur adaptation en France.* Rapport au Congrès National de Laiterie à Rennes, octobre 1922, édité par « l'Industrie Laitière ».

tion, etc. De ce que nous avons dit plus haut sur le rôle de ceux-ci comme précurseurs de la matière grasse du lait, il doit résulter que les oscillations sanguines des acides gras doivent être suivies d'oscillations parallèles de la matière grasse du lait.

*
* *

Les graisses de dépôts et les graisses alimentaires. Part qui revient aux unes et aux autres dans la formation de la graisse du lait. — Si la physiologie générale nous a montré que l'organisme animal fait ses graisses avec des graisses alimentaires et avec des hydrates de carbone, — nous savons que le rôle des matières protéiques est plus discutable, — nous avons vu que la mamelle n'a pas à faire de distinction entre ces deux origines ; elle prendra au sang les acides gras qui sont nécessaires à l'élaboration de la graisse du lait.

Mais le sang ayant deux sources où puiser les principes générateurs de la matière grasse du lait : *la graisse alimentaire* et *la graisse de dépôts*, on doit se demander dans quelle mesure se chevauchent ou s'associent ces deux sources ?

Jouent-elles indépendamment l'une de l'autre ? Voilà la question qui se pose. En d'autres termes, la graisse ingérée avec l'aliment passe-t-elle *directement* dans le lait, étant bien entendu que le mot *directement* réserve le rôle élaborateur de la mamelle, ou prend-elle toujours comme intermédiaire les réserves graisseuses de l'organisme ?

Nous verrons tout à l'heure que la distinction entre ces deux sources de graisse ne peut pas être tranchée nettement, et la meilleure preuve, c'est que, *chez les herbivores notamment, la graisse des dépôts provient, pour une grande part, d'une transformation des hydrates de carbone alimentaires.*

Les dépôts de graisses dans l'organisme constituent des réserves où il sera puisé pour des fins multiples, entre autres, la formation de la graisse du lait, dans le cas de la femelle laitière. Leur bilan subira des oscillations assez difficiles à définir. Les dépôts s'accroîtront avec une alimentation hydrocarbonée et graisseuse abondante ; par contre, ils diminueront lorsque, les besoins s'accentuant, il faudra puiser dans la masse qu'ils constituent. En d'autres termes, *les réserves graisseuses seront toujours là pour fournir à la sécrétion mammaire la graisse nécessaire. Leur action est permanente* et, dans les conditions normales, elle affecte une allure chimique remarquablement constante, ainsi qu'en témoigne le peu de variabilité des principales constantes du beurre au cours d'une période prolongée chez un animal herbivore qui reçoit toujours la même alimentation (1).

D'un autre côté, si dans l'alimentation nous introduisons *brutalement, d'une façon massive*, des graisses étrangères à l'organisme, la physiologie générale nous apprend que ce dernier les fixe dans ses dépôts, *d'où elles ne disparaîtront que peu à peu*. Un chien qui a consommé du suif de mouton et en a déposé dans ses tissus, en est encore porteur un mois après que ce corps gras a disparu de l'alimentation. S'il s'agit d'une femelle laitière, nous retrouverons *une partie seulement de ces graisses étrangères dans le lait*, l'autre, comme nous venons de le voir, étant restée en route accolée aux dépôts.

A l'action durable, continue, des réserves graisseuses de l'organisme, considérées comme source de la graisse du lait, s'oppose donc *l'action passagère des graisses hétérogènes données expérimentalement.* A la suite de leur ingestion, on enregistrera dans le lait une modification plus ou moins marquée, — d'autant plus marquée que la quantité donnée sera plus élevée —, des constantes de sa graisse, qui les rapprochera des constantes de la graisse hétérogène administrée ; il n'y a jamais identification, ce qui montre que la graisse du lait a toujours deux sources : la graisse hétérogène ingérée et la graisse des dépôts. Si celle-ci ne devait pas participer à l'élaboration de la graisse du lait et laissait ce rôle exclusivement à la graisse donnée expérimentalement, il est évident que la graisse du lait serait, en quelque sorte, la réplique de cette dernière ; or, ce n'est jamais le cas, si sévères, si anormales même que soient les conditions de l'expérience.

L'action la plus marquée de la graisse hétérogène donnée expérimentalement suit de très près l'ingestion de ladite graisse, mais elle ne s'éteint pas tout de suite. Elle se prolonge après l'administration, parce que les graisses de dépôts intervenant, comme elles le font toujours, dans l'élaboration de la matière grasse du lait, cèdent avec elles, au sang, pour aller à la mamelle, l'élément hétérogène perturbateur dont elles avaient retenu la plus grande partie.

Nous ne pouvons mieux terminer ces considérations qu'en citant presque une page entière de Lambling dans laquelle ce remarquable esprit aujourd'hui disparu montrait ce en quoi le métabolisme des graisses se différenciait essentiellement de celui des deux autres groupes alimentaires : hydrates de carbone et protéines :

« On remarquera combien *cette fixation directe des graisses étrangères par l'organisme paraît donner au premier abord à cette catégorie d'aliments une position particulière vis-à-vis des albumines et même vis-à-vis des hydrates de carbone.* Il semble, en effet, que l'organisme

(1) Cf. C.-H. Eckles et R.-H. Shaw, Variations in the composition and properties of Milk from the individual Cows (*Bur. of An. Ind.*, Bull. 157, 1913).

ne possède pas de dépôt où il puisse mettre en réserve des protéiques venus du dehors. Lorsqu'il fixe une albumine, c'est pour l'adapter à un tissu ou l'ajouter à une humeur, ce qui implique une exacte transformation de l'albumine étrangère en une albumine spécifique. On observe quelque chose d'analogue pour les nombreuses variétés d'hydrates de carbone alimentaires que l'organisme n'admet dans le courant de ses opérations nutritives, qu'après les avoir toutes ramenées à l'état de glycogène, et si ce produit constitue une réserve, celle-ci présente cette double particularité d'être peu abondante et d'être incessamment renouvelée. Tout autre est le caractère des dépôts adipeux. Ceux-là constituent le grand réservoir où l'organisme accumule les provisions d'énergie. Là, des masses considérables de graisse, placées en dehors du mouvement de la nutrition, attendent le moment où elles seront utilisées. Corrélativement, on voit les graisses alimentaires se déverser simplement dans ce réservoir, sans avoir subi, au préalable, cette exacte transformation que l'on observe pour les deux autres catégories d'aliments. »

J'ai, depuis longtemps, l'habitude à mon cours de m'exprimer dans une forme un peu différente :

« Le glycogène est la réserve d'énergie, de *combustible*, d'utilisation immédiate ou presque immédiate, réserve d'ailleurs relativement peu abondante et qui ne semble pas dépasser un certain taux, quelque soit l'apport hydrocarboné dans la ration, car l'excès de cet apport fait de la matière grasse. La graisse est une réserve d'énergie, de *combustible*, dont l'utilisation n'est pas immédiate ; cette réserve attend et peut attendre ; il en part sans doute un peu tous les jours, mais très peu, et la preuve, ce sont les expériences qui montrent que les graisses étrangères ingérées, puis mises en dépôt, ne disparaissent que lentement. Ces réserves d'une qualité chimique bien différente de celle du glycogène n'ont pour ainsi dire pas de limite, mais leur importance varie beaucoup avec les individus dans une espèce donnée.

« Il y a des obèses et d'autres qui, quoiqu'ils fassent, ne le seront jamais. En déplaçant, pour un moment, le sens du mot obèse, je dirai qu'il peut y avoir une *obésité grasse*, mais qu'il n'y a pas d'*obésité protéique* ou *glycogénée* ; il y a des surcharges adipeuses importantes ; rien d'aussi marqué pour le glycogène, encore moins pour les protéines. »

*
* *

Les recherches qui ont porté sur l'origine de la matière grasse du lait n'ont surtout envisagé le problème que qualitativement. Or, ce n'est là qu'un aspect de la question.

Le côté quantitatif, que l'on peut traduire ainsi : *peut-on augmenter le taux de la matière grasse du lait par un apport supplémentaire de graisse dans la ration alimentaire ?* doit être envisagé également ; mais, pour introduire quelque clarté dans les deux ordres de considérations dans lesquelles nous devons entrer, pour donner à chacun des deux aspects de la question, le qualitatif et le quantitatif, leur véritable physionomie, il importe de rappeler quelques notions de physiologie générale que nous estimons indispensables.

***

Considérations générales relatives à l'influence de l'alimentation sur la composition du lait. — Lorsqu'on considère l'influence qualitative et quantitative de l'alimentation sur la composition du lait, on est porté à voir les choses d'une façon simpliste, et c'est contre cette tendance que je me suis fortement élevé lorsque j'ai étudié la question de la polylactie, ou du « mouillage au ventre » (1).

Il est déjà difficile d'apporter des précisions concernant l'influence de l'alimentation sur les hydrates de carbone, les protéines et les graisses du corps entier. Alors pourquoi viser à plus d'étroitesse dans les relations possibles de cause à effet, lorsqu'il s'agit, chez une femelle laitière, de mettre en balance, d'un côté, l'apport alimentaire avec ses hydrates de carbone et ses protéines complexes, ses graisses et ses matières salines, et de l'autre, les constituants du lait de nature correspondante.

Un élément nouveau : la glande mammaire, qui s'est greffée sur l'organisme, intervient, et l'on conçoit que cela ne peut qu'éloigner, davantage encore, la cause de l'effet.

Pour trop d'esprits superficiels, il apparaît que la glande mammaire doive ressentir nettement l'influence des variations apportées dans la ration. Ils ne semblent pas se douter que, entre la porte d'entrée qui reçoit l'aliment et la porte de sortie par laquelle est excrété le lait, il y a de nombreux intermédiaires qui modifient l'aliment à un tel degré que sa double influence sur le lait : qualitative et quantitative, est considérablement atténuée. Ce sont d'abord les sucs digestifs qui dissocient, broient, selon l'heureuse expression d'Hugounenq, les principes alimentaires en petits morceaux dans lesquels ces derniers ne peuvent plus être reconnus, et qui, qualitativement, sont approximativement les mêmes pour toutes les molécules alimentaires. Ces sucs font donc perdre à l'édifice originel qu'est l'aliment sa

(1) Ch. Porcher, la Polylactie (*Annales des falsifications et des fraudes*, juillet-août 1917, p. 304).

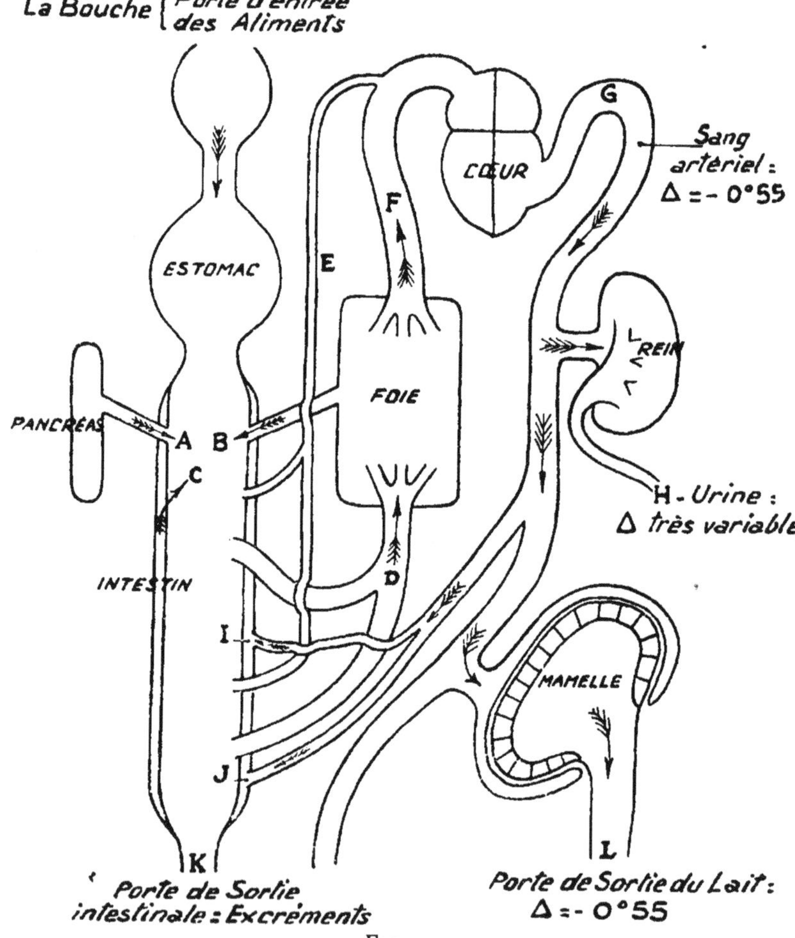

FIG. 1.

Porte d'entrée : C'est la bouche. Y arrivent les aliments les plus divers, de digestibilité et d'utilisation variables.

Estomac : Il s'y fait une première trituration portant sur les matières protéiques, amenant une déformation minima de celles-ci.

A. — Arrivée du suc pancréatique.

B. — Arrivée de la bile.

C. — Arrivée du suc entérique.

Suc pancréatique, bile et suc entérique déterminent dans l'intestin une défor-

structure chimique si compliquée et parfois si particulière, pour en faire un mélange plutôt banal.

C'est ensuite le foie, organe si important, que FRÉDÉRICQ appelle le « laboratoire des produits alimentaires », qui remplit tout à la fois un rôle de synthèse et de régulation ; rôle de synthèse, puisqu'il triture encore les molécules simples que l'intestin lui envoie par le système porte, jusqu'à les défigurer et les assembler pour les incorporer à l'organisme ; rôle de régulation, car il ne déverse dans le sang que ce que l'organisme réclame pour ses besoins ; le foie est donc à ce titre un réservoir, un garde-manger, un accumulateur.

Si nous continuons l'examen de tous les intermédiaires placés entre l'aliment et le lait, n'est-il pas remarquable de voir que le sang — le milieu intérieur — conserve une quasi-fixité de composition, en dépit des actions souvent brutales qu'on exerce sur lui. Injecte-t-on dans le torrent circulatoire les solutions les plus variées, hyper ou hypo-toniques, à condition, bien entendu, qu'elles ne soient pas toxiques, très rapidement, ainsi que nous l'apprend la physiologie expérimentale, le sang récupère sa composition originelle. Tout principe injecté en excès dans le sang est emmagasiné, pour un moment du moins, par le foie ou les tissus. Nous ne savons encore que peu de choses sur le rôle de ces derniers, mais je tiens à marquer tout de suite celui du tissu conjonctif, sous-cutané, intramusculaire, périglandulaire, etc., dans l'emmagasinement de la graisse. On peut dire que cette dernière est là comme « volant » du métabolisme des matières grasses de l'organisme, et l'on conçoit que son rôle régulateu

nation complète des molécules alimentaires organiques, surtout des hydrates de carbone et des matières protéiques. Pour celles-ci le « broyage moléculaire » est maximum.

D. — Par la *veine porte* sont transportés au foie les morceaux des molécules alimentaires qui primitivement étaient hydrates de carbone ou matières protéiques.

E. — Par le *canal thoracique* sont déversées dans la circulation générale les matières grasses, reconstituées aux dépens des produits de dislocation des matières grasses originelles.

Foie : Organe de reconstitution, de réserve, de régulation.

F. — Veine cave par où le foie ne lance aux organes que ce dont ils ont besoin.

G. — *Aorte :* Le sang circulant à son point de congélation : $\Delta = -0°55$.

H. — Par l'uretère, s'éliminent tant les produits de déchets communs à tous les organes que certains composés (eau par exemple) ingérés en trop grande quantité qui ont pris la voie du rein, véritable émonctoire d'une très grande importance.

I.-J. — Par la muqueuse intestinale de la fin de l'intestin grêle et du gros intestin surtout, émonctoire aussi fort important, s'éliminent de nombreux produits de déchets d'une nature chimique différente de celle des déchets qui ont emprunté la voie rénale.

Par la muqueuse intestinale, il s'élimine également beaucoup d'eau.

K. — Porte de sortie intestinale.

L. — Porte de sortie du *lait* dont le point de congélation est aussi : $\Delta = -0°55$.

L'épithélium de l'acinus mammaire est très spécifiquement différencié au point de vue physiologique; comme émonctoire, son rôle est fort restreint.

puisse être de première importance. Les réserves graisseuses de l'économie constituent des dépôts dans lesquels, ainsi que nous l'avons vu, il sera puisé continûment pour fournir les éléments de la graisse du lait, lorsque l'influence directe et partielle de la graisse alimentaire se sera évanouie.

Avant donc d'arriver à l'épithélium de l'acinus mammaire, on voit que l'aliment a été singulièrement déformé ; il se présente d'ailleurs à la glande sous la même forme que celle qu'il affecte vis-à-vis des autres tissus. Le sang, en effet, amène à la cellule mammaire, des principes que l'on peut dire neutres, puisque ce sont les mêmes qui vont aux tissus les plus différents : muscles, foie, cerveau, intestins, reins, etc., principes neutres avec lesquels elle va construire les édifices moléculaires si caractéristiques du lait, et les associer dans des proportions donnant à l'ensemble une physionomie particulière.

On voit qu'il y a loin des constituants du lait aux assemblages, si divers d'aspects, de l'apport alimentaire. Quand on dit que l'alimentation doit avoir une influence sur la composition du lait, on avance là une vérité bien vague dans son incontestabilité, puisque l'aliment est, évidemment, la source de la vie, et par suite, de toutes les manifestations de celle-ci : mouvements, sécrétions, pensée ; mais sous-entendre que cette influence est directe et marquée, c'est aller trop loin puisque nous savons qu'il y a entre l'aliment et la mamelle des organes et des tissus qui, servant de déformateurs, de tampons et de réservoirs, atténuent notablement ladite influence. (Fig. 1).

Lorsque, expérimentalement, on vient à élever considérablement, et tout d'un coup, brutalement en somme, l'apport d'un principe alimentaire, pour voir dans quelle mesure le lait répondra à cette modification diététique, on constate que le sens et la valeur de l'altération chimique résultante dans le lait sont loin d'être en rapport étroit avec la cause, ce que nous traduirons en disant que, vouloir orienter la cellule mammaire vers la production exagérée d'un quelconque des principes du lait, c'est faire violence à cette cellule ; c'est vouloir porter atteinte à sa spécificité et à l'équilibre qui préside à son fonctionnement. *L'expérimentation a toujours démontré l'inanité d'une telle tentative.*

Cette spécificité cellulaire est une donnée fondamentale qu'on a l'air de trop oublier parfois ; elle est capitale en l'espèce, si l'on veut bien comprendre l'influence, ou mieux, dirai-je, le peu d'influence des brutalités alimentaires.

Quand, en effet, sur le sang, milieu neutre dans lequel sont venues s'amortir lesdites brutalités, on voit se greffer un élément spécial, hautement différencié par ses fonctions — c'est le cas de la cellule

mammaire —, élément qui va faire un choix dans les principes qui lui sont apportés par le courant sanguin et les manipuler à sa façon, on exagère encore la distance qui sépare le point de départ : l'aliment, du point d'arrivée : le lait. On affaiblit donc le retentissement que celui-là peut avoir sur celui-ci.

Le lait n'est pas une simple transsudation du sang, ce que l'étude histologique nous a d'ailleurs montré ; il résulte d'un travail spécial dont l'unique siège est la cellule épithéliale des acini glandulaires.

Avancer que l'épithélium mammaire fait un choix entre les substances que lui amène le sang, c'est dire, sous une autre forme, qu'il doit opposer de la résistance à se laisser traverser par le premier composant venu, serait-il même extrêmement diffusible.

La mamelle fonctionnant normalement n'est pas un filtre commode à traverser, et son rôle comme émonctoire est même des plus réduits. Ce n'est pas un rein, comme on s'est plu à le dire parfois avec insistance et, quand elle l'est, ce n'est que dans une mesure extrêmement faible.

La cellule mammaire ne choisit donc dans ce que lui convoie le sang que ce qui lui est indispensable pour l'élaboration des principes constituants du lait ; elle laisse les autres de côté et s'il est parfois possible de surprendre le passagé anormal dans le lait d'un composé minéral ou organique donné expérimentalement, c'est que le sang l'a apporté au tissu mammaire par véritables bouffées.

La faculté qu'a ce dernier de choisir les matériaux qui lui conviennent a été faussée, violentée, mais pour un moment seulement, et dans une mesure relativement très faible.

Cette dernière réflexion qui condense, en quelque sorte, celles qui la précèdent, va maintenant nous permettre de comprendre les relations que certains expérimentateurs ont notées entre la matière grasse alimentaire et la matière grasse du lait.

*
* *

Les expériences sur le passage des graisses données « per os » dans le lait. — Les expériences qui ont permis d'affirmer le passage des graisses alimentaires dans le lait n'aboutissent qu'à des données qualitatives. C'est par une modification de certains indices de la matière grasse du lait, notamment de l'indice d'iode, et par la constatation de réactions colorées spéciales appartenant à la matière grasse mise en expérience que ledit passage a été enregistré.

Les glycérides des acides gras non saturés ont la propriété de se combiner avec l'iode et la quantité d'iode fixée sur les liaisons éthyléniques varie avec la nature de l'acide gras non saturé.

Si nous faisons ingérer à l'animal des graisses, comme l'huile de lin, dont les acides (linolique, linoléique et linolénique) possèdent deux ou trois doubles liaisons, on conçoit que l'indice d'iode s'élèvera dans la graisse du lait par le passage d'une certaine quantité de ces acides gras. La détermination de l'indice d'iode est donc un moyen très commode de l'étude de l'origine de la matière grasse du lait.

On parle couramment, dans les expériences qui vont être relatées, *du passage direct de la graisse hétérogène dans le lait.* En réalité, et je l'ai déjà souligné, l'expression n'est pas tout à fait correcte. Qu'il s'agisse de matières grasses riches en doubles liaisons, comme l'huile de lin, d'huiles, comme celles de sésame ou de coton, qui donnent des réactions colorées spéciales dues à des principes qu'il est possible de leur enlever et qui font partie de leur portion non saponifiable, il faut admettre que toutes ces matières grasses sont saponifiées au cours de leur absorption ; qu'elles se reconstituent ensuite, cela est possible, et même certain, mais, en fait, on ne saurait correctement dire que la graisse a passé inaltérée de la ration dans le lait.

Rappelons, une fois encore, que la cellule mammaire a un rôle élaborateur très personnel. Qu'elle utilise pour faire de la graisse du lait un excès d'acides gras à doubles liaisons qui lui sont apportés anormalement, ce n'est pas douteux puisque les expériences le démontrent, mais, à côté, elle n'en fera pas moins des glycérides à acides volatils, dont la proportion est relativement grande dans la matière grasse du lait.

Henriques et Hansen (1) ont donné pendant plusieurs jours de suite à une vache 500 gr. d'huile de lin, dont l'indice d'iode est voisin de 180. La graisse du lait recueillie au cours de cette expérience a un indice d'iode qui, en 21 jours, s'élève progressivement à 59,7 et qui, après suppression de l'ingestion d'huile de lin, met une dizaine de jours pour revenir à sa valeur normale autour de 30 et pour remonter à nouveau si l'on reprend l'administration d'huile de lin.

Baumert et Falke (2), après administration à une vache en lactation d'huile de sésame dont l'indice d'iode varie légèrement autour de 105, constatent que l'indice d'iode du lait s'élève, dans un premier cas de 39,6 à 50,88, dans le deuxième, de 39,6 à 53,87, et dans un troisième, de 29,86 à 53,81.

L'huile d'amandes dont l'indice d'iode est 93,96 leur donne des résultats

(1) Henriques et C. Hansen, *44e Rapport du laboratoire agricole de Copenhague*, 1899. Undersogelser over Fedtdannelsen i Organismen ved intensiv Fedtfooring.

(2) Baumert et Falke, Ein Beitrag zur Kenntniss der Veranderung der Butter durch Fettfütterung *(Zeits. f. Untersuch. der Nahrungs u. Genussmittel*, 1898, p. 665).

semblables, tandis que l'huile de coco, dont l'indice d'iode est de 89,5, n'élève pas sensiblement l'indice d'iode du lait.

GOGITIDSE (1) entreprend des expériences analogues sur 3 chèvres et une chienne, et étudie, en même temps que les variations de l'indice d'iode du lait, celles de la graisse de dépôt sous l'influence de l'ingestion d'huile de lin.

Chez la chienne, l'indice d'iode de la graisse du lait s'élève de 65,91 jusqu'à 109,60, et bien que l'on cesse l'administration d'huile de lin, on observe encore une élévation de l'indice d'iode pendant deux jours, puis cet indice baisse, mais très lentement. En même temps, l'indice d'iode de la graisse de dépôt passe de 47,89 à 69,96.

Chez la chèvre, après une administration journalière de 50 à 100 gr. d'huile de lin, l'indice d'iode monte, en quelques jours, de 31,14 à 88,43, pour s'abaisser ensuite très lentement après cessation de l'administration de la graisse hétérogène, puisque, 23 jours après celle-ci, l'indice d'iode du lait est encore de 40,80.

LEBEDEW (2) note une augmentation de la proportion des acides gras liquides par rapport aux acides gras solides quand on donne aux chèvres de l'huile d'olive ou de l'huile de colza.

Ces expériences établissent nettement :

a) *L'influence de la nature de la graisse alimentaire sur la qualité de la graisse du lait* (3).

b) Elles nous montrent également, avec HENRIQUES et HANSEN, GOGITIDSE, etc., *l'intervention des réserves graisseuses de l'organisme*, puisque, après cessation de l'administration d'huile de lin, les indices de la graisse du lait mettent un assez grand nombre de jours à revenir à la normale ; c'est que lesdites réserves avaient été imprégnées par l'huile de lin.

En administrant à des animaux en lactation des graisses iodées, WINTERNITZ (4), puis CASPARI (5), ont pu mesurer l'importance du passage de

(1) GOGITIDSE, Vom Ubergang des Nahrungsfettes in die Milch *(Zeitsch. f. Biologie*, t. XLV, p. 353, 1904).

(2) LEBEDEW, Ueber die Ernahrung mit Fett *(Zeitsch. f. physiol. chemie*, t. 6, p. 138, 1882) : Ueber der Fettansatz im Tierkorper. *(Centralbt., f. d. med. Wissench.* t. 8, 1882); Woraus bildet Lich das Fett in Fallen der akuten Fettbildung ? Experimenteller Beitrag zur Kenntniss der Leber und Milchfette *(Pflüger's Arch.*, t. 31).

(3) Lire sur cette question l'intéressante revue de Mlle L. Kalaboukoff : *Sur la physiologie de la sécrétion lactée (Biol. méd.*. 1, 1909) à laquelle j'ai beaucoup emprunté.

(4) WINTERNITZ, Findet ein unmittelbarer Uebergang von Nahrungsfetten in die Milch statt ? *(Deutsch. med. Woch.*, 1897, n° 30).

(5) CASPARI, Ein Beitrag zur Frage nach der Quelle des Milchfettes *(Arch. f. Anat. u. Physiol.*, suppl. 1899, p. 267).

la graisse iodée dans le lait ; le premier de ces auteurs en trouve 60 % ; le second, qui avait opéré avec une chienne en trouve 23 %, le reste s'étant déposé dans l'organisme sous forme de réserves, car, lorsque Caspari interrompt l'administration de graisse iodée pour donner à la chienne de la graisse d'oie, on observe encore l'apparition dans le lait de la graisse iodée (8 %), dont la source ne peut être que les réserves de l'organisme.

Il y a donc *continuité* dans l'élimination de la graisse ingérée expérimentalement, alors que l'administration en a cessé ; fatalement, en effet, une partie de la graisse iodée est devenue pour un temps graisse de dépôt.

Toutes ces expériences prouvent péremptoirement que la graisse du lait a une double origine, celle de l'alimentation, celle des dépôts.

La qualité chimique, traduite par ses indices, de la matière grasse du lait, est, en toutes circonstances, sous la dépendance, à la fois, de celle de la graisse de dépôts, plus fixe, et de celle de la graisse alimentaire, plus variable. Ces deux facteurs jouent différemment, chez les herbivores, d'une part, et chez les carnivores, d'autre part ; dans les circonstances normales, chez ceux-là, c'est la graisse des dépôts qui l'emporte et chez ceux-ci, la graisse des repas.

L'influence de la graisse alimentaire se fait surtout sentir dans les heures qui suivent l'ingestion de celle-ci, le sang convoyant alors une proportion relativement élevée des acides gras de la graisse hétérogène ; l'emprunt fait aux graisses de réserve est donc réduit ; il reprend lorsque l'administration de la graisse étrangère cesse, sans que toutefois la graisse du lait retrouve tout de suite ses indices normaux, puisque les graisses de dépôt ont fixé de la graisse étrangère au cours de l'expérience.

Il est bon de revenir sur une observation que nous avons faite antérieurement et de noter, une fois de plus, que *les expériences au cours desquelles on administre de l'huile de lin à des herbivores, pour intéressantes qu'en soient les conclusions, du point de vue scientifique, ne peuvent avoir de conséquences positives sur le terrain des réalisations.*

Les herbivores supportent mal les rations extrêmement riches en matières grasses, celles-ci ne sont pas le facteur essentiel d'où sortiront les graisses du corps ; ce sont, nous le savons, les hydrates de carbone.

Quelles que soient la nature et la quantité de la matière grasse administrée dans les expériences qui viennent d'être relatées, le rôle élaborateur propre de la mamelle n'en est pas atteint, et la présence des acides volatils dans les glycérides qu'elle fabrique, même dans les conditions un peu anormales de certaines des expériences rappelées, en est la meilleure preuve.

GOGITIDSE (1), dans une seconde série d'expériences montre que la mamelle peut faire des corps gras en partant de savons, c'est-à-dire de sels d'acides gras. C'est ainsi qu'il voit l'indice d'iode de la graisse du lait s'élever par ingestion de savon de l'acide linoléique et, au contraire, s'abaisser lorsqu'il administre du stéarate de soude, c'est-à-dire un savon d'acide gras saturé.

Le rôle des réserves adipeuses s'affirme encore lorsqu'on soumet les animaux à une inanition relative ; dans ce cas la graisse du lait est prélevée presque entièrement sur elles dont l'indice d'iode (35-45) est plus élevé que celui de la graisse du lait (26-35).

La question que nous étudions en ce moment exige, lorsqu'on veut en voir toutes les faces, que la distinction que nous avons faite antérieurement entre carnivores, omnivores et herbivores soit toujours nettement relevée. En voici encore la preuve :

La femme nourrice et la vache laitière. — Une femme bonne nourrice, qui sécrète environ un litre de lait, élimine une moyenne de 40 grammes par jour de matière grasse ; une vache bonne laitière peut, par sa mamelle, en excréter 700 à 800 grammes, et plus. Tandis que la femme, soumise à un régime mixte d'omnivore, abondamment arrosé de graisses, ingérera par jour au moins 100 gr. de celles-ci, la vache ne trouvera pas dans son alimentation la moitié peut-être de la graisse du lait qu'elle élimine.

Chez la femme, le grand excédent de la graisse alimentaire sur la graisse du lait nous permet de comprendre que celle-ci soit facilement influencée par la qualité de la matière grasse ingérée au cours des repas.

Il en va tout autrement chez la vache laitière dans les conditions normales ; les graisses de dépôts auront à intervenir beaucoup plus qu'elles ne le font chez la femme, et, la qualité chimique de la graisse alimentaire variant peu avec un rationnement qui lui-même ne change guère, il en résulte que la qualité chimique de la graisse du lait se maintiendra à peu près constante.

*
* *

L'influence quantitative de la graisse alimentaire ou de la graisse donnée expérimentalement sur la graisse du lait. — Si la qualité de la graisse alimentaire influe sur celle de la matière grasse qui sera éliminée par le lait, ainsi que les expé-

(1) GOGITIDSE, Vom Ubergang des Nahrungsfettes in die Milch. Weitere Mitteilung *(Zeitsch. f. Biologie*, vol. XLVI, p. 403, 1905).

riences ci-dessus l'établissent d'une façon formelle, il y a lieu de se demander si ladite influence reste purement qualitative ou si l'on doit y superposer une influence quantitative. Nous retrouvons la question posée plus haut :

Est-il possible, expérimentalement, d'augmenter la richesse butyreuse du lait en exagérant l'apport de matière grasse dans la ration ?

C'est un problème qui intéresse depuis toujours les agriculteurs en raison de la plus grande valeur commerciale de la matière grasse, source du beurre. Ils cherchaient à obtenir, tout à la fois, un lait abondant et très butyreux. A première vue, il était logique de supposer que la solution se trouverait dans un apport plus considérable de graisse dans l'alimentation, et, en admettant que le résultat fût atteint dans cette direction, il ne restait plus qu'à envisager *le point de vue économique* : l'opération, au point de vue financier, peut-elle rapporter ?

Or, aujourd'hui, il faut définitivement abandonner cette façon de voir. L'expérimentation et la pratique agricole ont montré que ce n'est pas en augmentant l'apport des matières grasses dans la ration qu'on verra s'élever plus ou moins parallèlement le taux butyreux du lait.

Wing ajoute, par jour et par tête, à la ration ordinaire des vaches, de 900 à 1.000 gr. de suif, sans constater un enrichissement marqué du lait en matière grasse.

Henriques et Hansen additionnent journellement à la nourriture ordinaire, pauvre en graisse, d'une vache en lactation, 500 gr. d'huile de lin. Au bout de six jours, le lait obtenu présente une augmentation de la teneur en graisse de 1 %.

Soxhlet (1) ajoute aux boissons des animaux en expérience des graisses émulsionnées, et arrive à déterminer une augmentation du taux butyreux du lait de 5,8 %.

Ces expériences sont tout à la fois contradictoires et troublantes, mais il y a lieu de faire remarquer qu'il faut toujours, lorsqu'on opère sur des laits individuels — et c'est le cas dans les expériences du genre de celles dont il vient d'être parlé — se méfier des oscillations butyreuses normales du lait. Est-ce vraiment la matière grasse mise en expérience par Henriques et Hansen, par Soxhlet, qui est la cause de l'élévation du taux butyreux du lait constatée par eux ; en dehors de l'ingestion de matière grasse et sans rien changer au régime alimentaire de l'animal, peut-être aurait-on pu noter des oscillations semblables ; le chiffre de Soxhlet : 5,80 % me porte à le penser.

(1) Soxhlet, *Wochenbl. des Landw. Vereins im Bayern*, 1896, n° 40.

Nous verrons dans la suite de ce travail que le cas est fréquent, mais déjà il est bon de rappeler les expériences faites à l'Université de Cornell.

A Cornell, on opéra sur 5 vaches d'âges différents gardées à la pâture et recevant une ration composée à parties égales de son et de farine de tourteau de coton, avec addition de tiges de maïs ensilé et de foin quand la pâture venait à s'appauvrir. On utilisa aussi par deux fois, dans le même but, 5 génisses de 2 ans ayant récemment vélé.

Pendant 10 semaines, ces animaux reçurent du suif tous les jours en commençant par 120 gr. par jour et en augmentant graduellement pour atteindre 900 grammes.

Les animaux n'eurent aucune difficulté à prendre le suif, leur santé se conserva bonne et leur poids resta stationnaire. Il n'y eut aucun changement marqué dans le pourcentage en matière grasse du lait et dans la quantité de celui-ci, alors même que les vaches recevaient la quantité maxima de suif. Les variations de la matière grasse furent légères ; elles ne dépassèrent pas 0,5 % et elles ne furent pas uniformes ; bref, elles furent ce qu'elles sont à l'ordinaire. Les vaches donnèrent tantôt un lait plus riche, tantôt un lait moins riche en graisse avec le maximum de suif dans la ration que celui qu'elles sécrétaient avant ou après.

Pour pouvoir affirmer que l'augmentation de la graisse dans la ration est suivie d'une augmentation du taux de la graisse du lait, *il faut des recherches nombreuses et prolongées* portant sur un *grand nombre d'animaux*, dont on aura noté, longtemps avant que l'expérience ne commence, la courbe de leur graisse lactée.

Avec un nombre important d'animaux, le facteur individuel se trouve dilué, et son intervention, amortie dans la masse constituée par l'apport du troupeau tout entier mis en expérience.

Les remarques que nous venons de présenter sont capitales dans l'étude de la question que nous soulevons ici. *Trop de recherches nécessitant beaucoup de sujets sont entreprises avec un seul animal ou un petit nombre d'animaux*, et cependant on n'en conclut pas moins des résultats obtenus. Certains expérimentateurs le font dans un sens, tels autres qui ont opéré cependant d'une façon presque identique, dans le sens opposé. Il y a là une contradiction flagrante. Comment l'expliquer ? Je pense, une fois de plus, que les uns et les autres n'ont pas tenu suffisamment compte de ce facteur dominant : la grande variabilité du taux de la matière grasse chez les femelles laitières, et ainsi leur déterminisme expérimental a été entaché d'une grave erreur dès les prémices.

Il est bon de noter encore que les expériences signalées plus haut, de Soxhlet, de Henriquez et Hansen, ont porté chez des herbivores, et que, vraiment, ce n'était pas là l'espèce animal qu'il fallait choisir. Chez ces derniers, en effet, si l'on exagère la quantité de la graisse ingérée, on observe que la sécrétion du lait diminue.

Ssubotin (1) a même constaté qu'elle peut tarir quand l'alimentation devient exclusivement grasse.

Gogitidse (2), en administrant à une chèvre et à une chienne 50 à 100 gr. d'huile de lin par jour, note que la sécrétion lactée diminue beaucoup chez la chèvre, et tarit presque chez la chienne.

Des troubles digestifs sont toujours enregistrés en pareil cas, et non seulement la sécrétion diminue, mais même, ainsi que Malpeaux et Dorez, Albrecht, Kellner l'ont constaté, il peut y avoir une diminution du taux de la matière grasse dans le lait. Les recherches semblables à celles que nous venons de critiquer sortaient vraiment par trop du cadre de la physiologie normale.

Les expériences qui ont été faites à l'Université de Cornell, qui ont duré quatre ans (1900-1904) et ont utilisé un grand nombre d'animaux, aboutissent aux mêmes conclusions que celles de Wauters (1898-1899), de Orla Jensen (3). Il faut en dire autant de celles qui ont été entreprises au Danemark et qui ont porté sur 3.000 animaux (4).

Les observations de Malpeaux et Diffloth les confirment. « *L'alimentation n'a guère d'influence sur la richesse du lait*, mais elle peut augmenter ou diminuer la sécrétion des glandes mammaires. Avant toutes choses, la richesse du lait dépend des aptitudes individuelles. »

Il est impossible d'augmenter d'une *façon permanente* la teneur du lait en matière grasse par un apport plus considérable de graisses alimentaires sous forme de tourteaux. Orla Jensen montre que l'influence de ces derniers se fait sentir plutôt sur la qualité chimique de la matière grasse que sur sa quantité, et encore les modifications sont-elles quelquefois peu marquées ; tout cela dépend de la richesse du tourteau en graisse. Quand ils sont très dégraissés, les tourteaux de graines oléagineuses employés comme aliment concentré sont, en quelque sorte, uniquement une source d'azote.

(1) Ssubotin, *Virchow's Archiv*, 1866.

(2) Gogitidse, *Zeitschr. f. Biologie*, vol. XLV, 1904.

(3) Orla Jensen. la Composition du lait peut-elle être influencée par l'affouragement? *(Ann. Agr. de la Suisse*, 1905).

(4) Lire Ch. D. Woods : *Recent experimental inquiry upon Milk secretion ;* A.-W. Bitting, *The Physiology of Milk secretion*, in *Feeding Fat into Milk or the effect of the Food upon the quality and quantity of Milk produced.* Circ. n° 75 du Bur. of An. Ind., 1905; Ch. Porcher, *De l'influence de l'alimentation sur la composition du lait.* Rapport à la Ligue contre la mortalité infantile, dans *le Bon Lait*, Masson éd., Paris, 1910.

A. Mallèvre (1) en résumant son opinion sur le rôle des matières grasses de la ration comme source de la graisse du lait apporte la véritable conclusion à ce qui précède : « *On a essayé bien des fois d'enrichir le lait des vaches en matière grasse, en augmentant la teneur des rations en aliments riches en graisse digestible, on est toujours arrivé à des résultats nuls, ce qui s'explique aisément puisque l'animal sait trouver la graisse nécessaire au lait qu'il fournit dans les matières hydrocarbonées de ses aliments.* »

***

Si donc, il n'apparaît pas que l'augmentation de la graisse du lait puisse dépendre nettement d'une augmentation de la graisse alimentaire, comment l'objectif des agriculteurs : augmenter la quantité du lait et en même temps sa richesse en graisse, peut-il être atteint ? On répondra : Par la sélection ayant comme base le contrôle laitier.

La sélection, principe de l'augmentation méthodique de la matière grasse dans le lait. — Ce que j'ai dit plus haut du « sang butyreux », le rappel que j'ai fait des recherches de Terroine sur les variations de la richesse moyenne du sang en acides gras chez les animaux de même espèce, comportent cet enseignement théorique, auquel la pratique du contrôle laitier vient donner une confirmation éclatante, que c'est uniquement dans la recherche des animaux très butyrogènes comme géniteurs qu'on trouvera la solution.

Entrer dans cette voie est d'autant plus intéressant que les innombrables documents (2) que l'on possède aujourd'hui sur les résultats du contrôle laitier nous permettent d'affirmer qu'on peut, tout à la fois, chez le même animal, poursuivre l'augmentation du rendement en litres et l'amélioration du taux butyreux du lait plus abondamment produit.

Depuis longtemps, le praticien sait que, *si la production d'un taux moyen élevé de graisse par litre est une qualité de race, elle est, dans la race, surtout une qualité individuelle.* De là à conclure qu'on doit, dans la race choisie, éliminer les animaux peu butyrogènes, il n'y avait qu'un pas, mais, pour le franchir, il fallait à sa disposition, de la méthode, de la discipline, et, avant tout, des jalons.

(1) A. Mallèvre, les Variations de la richesse butyreuse du lait et les influences dont elles dépendent. (*Société Centrale d'Agriculture de la Seine-Inférieure, Bull. trim.*, oct.-nov.-déc. 1910).

(2) Voir *le Lait*, t. II, 1922, le numéro 7-8, pp. 521-700, uniquement consacré au contrôle laitier.

Le premier de ces jalons a été posé par les recherches de Fleischmann et ses élèves, notamment Hittcher.

En pesant chaque jour le lait de chaque vache soumise à leurs recherches, et en notant chaque fois la matière grasse, et cela sur un nombre élevé d'animaux, ils ont mis en relief ce fait remarquable qu'*une vache donnait un lait dont la teneur moyenne en matière grasse est à peu près invariable pendant toute sa carrière.* Ce point de physiologie est d'une extrême importance, car, si un animal donné avait dû présenter des oscillations considérables dans les richesses moyennes de ses diverses lactations, partant dans le poids total de beurre fourni au cours de celles-ci, toute base sérieuse de sélection reposant sur le rendement en matière grasse nous échappait, la pérennité de la qualité butyreuse disparaissant. Puisque c'est le contraire qui est vrai, il est donc, d'ores et déjà, possible de conclure, à l'abri de faits innombrables, qu'une vache qui est très butyrogène au cours d'une lactation donnée, le sera aussi dans ses lactations ultérieures.

C'est qu'elle possède du « sang butyreux », et ce « sang», propriété transmise par hérédité, ne saurait changer d'une année à l'autre.

Le travail de Gowen vient apporter confirmation de ce qui vient d'être dit.

J.-W. Gowen (1) y utilise les importants documents que l' « Advanced Registry » de la race de Guernesey met à sa disposition. Le mérite d'un pareil registre, aussi bien d'ailleurs pour les autres races que pour celle de Guernesey, est de *prédire exactement quel sera le « record » ultérieur des vaches qui s'y trouvent inscrites, quand elles sont soumises à de nouvelles épreuves.* En d'autres termes, physiologiquement parlant, le mécanisme du contrôle du rendement laitier et butyreux d'une vache est tel que, lorsque ce dernier a été établi régulièrement, il permet de donner la plus complète sécurité pour la production ultérieure. Il y a deux facteurs dans cette production, la quantité de lait et le taux butyreux ; si, la quantité de lait est celui qui peut varier le plus, le taux butyreux. par contre, est celui qui reste le plus fixe.

Cela correspond donc tout à fait aux recherches de Fleischmann et ses élèves : *Le taux butyreux du lait d'une femelle laitière est la traduction pondérale d'une qualité physiologique en rapport avec le « sang butyreux », qu'elle tient de ses ascendants et qu'elle peut transmettre à ses descendants.*

Si la quantité de lait produite augmente, la quantité totale de

(1) J.-W. Gowen, Relations between the butterfat percentage of one lactation and the butterfat percentage of a subsequent lactation in Guernesey Advanced Registry Cattle *(J. of Dairy Science*, t. VI, p. 330, 1923).

matière grasse augmente en même temps, parce que le taux butyreux, lui, reste à peu de chose près constant.

Le travail de GOWEN nous montre qu'il est possible de mesurer le degré de confiance que l'on peut accorder aux « Advanced Registry », c'est-à-dire aux Registres d'élite, pour le calcul du pourcentage en matière grasse ; le chiffre de ce pourcentage est prédit plus sûrement pour une lactation ultérieure que ne l'est le rendement en litres de lait.

La richesse butyreuse moyenne du lait d'un animal donné. — *Il n'y a aucune contradiction entre ce qui vient d'être dit et les oscillations extrêmement marquées du taux butyreux du lait, dont nous parlerons un peu plus loin. Tout individu laitier, qu'il soit peu ou très butyrogène, a une courbe du taux de la matière grasse de son lait, qui est très irrégulière.*

Ce qui est important pour un animal donné, c'est la *richesse moyenne* du lait, et c'est celle-ci qui servira à le classer au point de vue de la sélection. C'est elle qui répond analytiquement à la valeur de son « sang butyreux », lequel se transmettra à la descendance.

Le facteur hérédité est donc celui que l'on doit faire jouer pour l'amélioration de la richesse en matière grasse du lait.

Pour finir ce paragraphe et marquer la distinction tranchée qui doit être faite entre l'action de l'hérédité et celle de l'alimentation, je dirai, d'accord en cela avec tous les zootechniciens qui se sont occupés du problème du rationnement, que ce n'est pas en nourrissant abondamment une mauvaise laitière, une mauvaise beurrière, qu'on augmentera notablement sa sécrétion lactée.

Sur ce point, il me plaît de faire encore appel à l'autorité de MALLÈVRE qui jugeait de toutes ces choses avec un si parfait bon sens :

« Dans la mesure où le permet l'aptitude individuelle des animaux, disait-il, l'alimentation exerce une influence très puissante sur la *quantité* de lait sécrété par la mamelle. C'est surtout, en effet, par l'augmentation ou la réduction du rendement en lait que les vaches s'adaptent à la nourriture qu'elles reçoivent.

« Par contre, l'influence de l'alimentation sur la richesse butyreuse du lait est des plus restreintes. Et l'on se tromperait étrangement si l'on croyait pouvoir modifier à son gré la teneur du lait en matière grasse en changeant la composition ou l'abondance des rations consommées. S'engager dans cette voie serait poursuivre une chimère. Encore une fois, le procédé vraiment efficace, et par conséquent vraiment pratique dont on dispose pour obtenir un lait plus ou moins riche, c'est la sélection attentive, persévérante. »

Le devoir de l'agriculteur est donc de bien nourrir des animaux bien sélectionnés.

III. — LES VARIATIONS DE LA TENEUR EN MATIÈRE GRASSE DU LAIT DANS LES CIRCONSTANCES LES PLUS VARIÉES

Dans la troisième partie de ce travail, je vais rassembler de très nombreux documents que je coordonnerai afin d'en faire mieux ressortir la valeur.

Mon exposé sera purement objectif et je ne commenterai les chiffres présentés que dans la plus faible mesure. Ils seront suffisamment probants — du moins, je le crois — pour qu'il soit inutile d'en forcer la signification. Ils convergent tous, pour ainsi dire, et leur à-propos ne saurait être, il me semble, discuté.

C'est surtout en vue de l'étude des fraudes par écrémage que je vais entrer dans le détail de la question. Je ferai toutefois remarquer que, pour atteindre pleinement ce but, on ne saurait laisser de côté l'étude des fraudes par mouillage. A rapprocher celles-ci et celles-là, tout en leur conservant leur physionomie propre, on tire de la comparaison des circonstances dans lesquelles on peut les déceler, des éléments d'appréciation du plus vif intérêt.

C'est donc l'étude du lait devant les fraudes par écrémage et par mouillage qui constituera la quatrième partie de ce travail. Le sujet est complexe, et il semble qu'on ait souvent pris plaisir à le rendre confus. On y trouve mêlé l'argument de poids et celui de fantaisie, mais je crois qu'il est possible, à la lumière des nombreux faits analytiques qui seront présentés, d'y apporter quelque discipline.

*
* *

Les oscillations butyreuses d'un lait individuel. — A la base de cet exposé se trouve cette *donnée fondamentale* confirmée par d'innombrables observations que, chez un animal isolé, et, cela va de soi, en bon état de santé, nourri comme il convient, *la richesse* (1) *en matière grasse du lait qu'il fournit présente des oscillations qui peuvent être très marquées d'une traite à l'autre*, et *d'un jour à l'autre, si l'on considère deux traites homologues*, c'est-à-dire faites à la même heure. Il s'agit bien ici d'un lait vraiment individuel, puisqu'il provient d'un seul animal.

La vache laitière qui m'a fourni les éléments du graphique joint

(1) Lorsqu'on parle dans le langage courant de la *richesse* d'un lait, il est sous-entendu qu'il s'agit de celle en matière grasse. J'estime cependant qu'il est indispensable de toujours spécifier.

Dire d'un lait qu'il est plus ou moins « riche » qu'un autre, n'a de réelle signification que si on dit par rapport à quel élément il l'est, le mot « riche » ne devant être employé qu'en l'affectant d'une explication complémentaire nécessaire.

(fig. 2 et 3), était de race normande; elle avait une excellente santé générale et locale, c'est-à-dire ni tuberculose ni mammite ; elle fut suivie par moi au laboratoire jour par jour, à quelques exceptions près, pendant plus de trois mois. Son extrait dégraissé moyen est riche ; il approche 100 gr., mais cela n'est pas rare dans la race normande. Ce que je tiens à faire remarquer tout de suite, *c'est qu'il ne s'agit pas ici d'un animal exceptionnel*. Si j'insiste même sur ce point, c'est parce que le mot *exceptionnel* a été parfois employé dans un sens péjoratif, pour jeter quelque discrédit sur certains documents analytiques qui apportaient du trouble dans l'entendement de personnes trop occupées à cataloguer purement et simplement, sans trop de discernement, les chiffres des analyses, et à leur donner une rigidité qu'en général, ils sont loin de comporter en une pareille matière.

Avant d'examiner toutes les conséquences que l'on peut tirer du graphique, je tiens à *mettre tout de suite en opposition le fait de la variabilité qui peut être très grande, même désordonnée*, — le mot est bien à sa place — *du taux butyreux d'un lait individuel, avec celui de la quasi-fixité du taux de la partie dégraissée du même lait*. J'ai déjà insisté dans certains travaux antérieurs sur cette quasi-fixité ; j'y reviendrai nécessairement plus loin. Ceci étant dit, je reste pour l'instant uniquement sur le terrain qu'offrent les variations de la matière grasse.

Que peut-on déjà conclure de celles-ci envisagées en se limitant à l'examen des fig. 2 et 3 ?

Nous allons discuter, pourrait-on nous objecter, d'un cas particulier; mais l'objection n'est pas valable, puisque nous savons formellement aujourd'hui que cette courbe n'a pas une allure différente de celle qu'on obtiendrait avec d'autres animaux ; d'ailleurs, celles qui suivront nous en apporteront la preuve une fois de plus. Si nous procédons ainsi, c'est pour la clarté de l'exposition du sujet.

a) *Le taux de la matière grasse subit des oscillations considérables.* — Si nous prenons les deux points extrêmes du graphique, nous les trouvons de 18 gr., d'une part, le 28 janvier 1918, au matin, et de 100 gr., d'autre part, le 23 décembre 1917, au soir. C'est entre ces deux nombres que tous les autres taux butyreux vont osciller ; l'examen général de la courbe nous montre que l'animal en question était une excellente beurrière dont la production moyenne en matière grasse dépassait 40 gr. par litre et se rapprochait même plutôt de 45 gr.

Le nombre des taux butyreux au litre qui, pendant les trois mois et demi qu'a duré l'observation de l'animal, ont été de 30 gr. et au-dessous, a été de 15, tous du matin, à l'exception de deux du

Le taux de la matière grasse, par litre, d'une même vache, observée journellement, matin et soir, pendant près de trois mois.

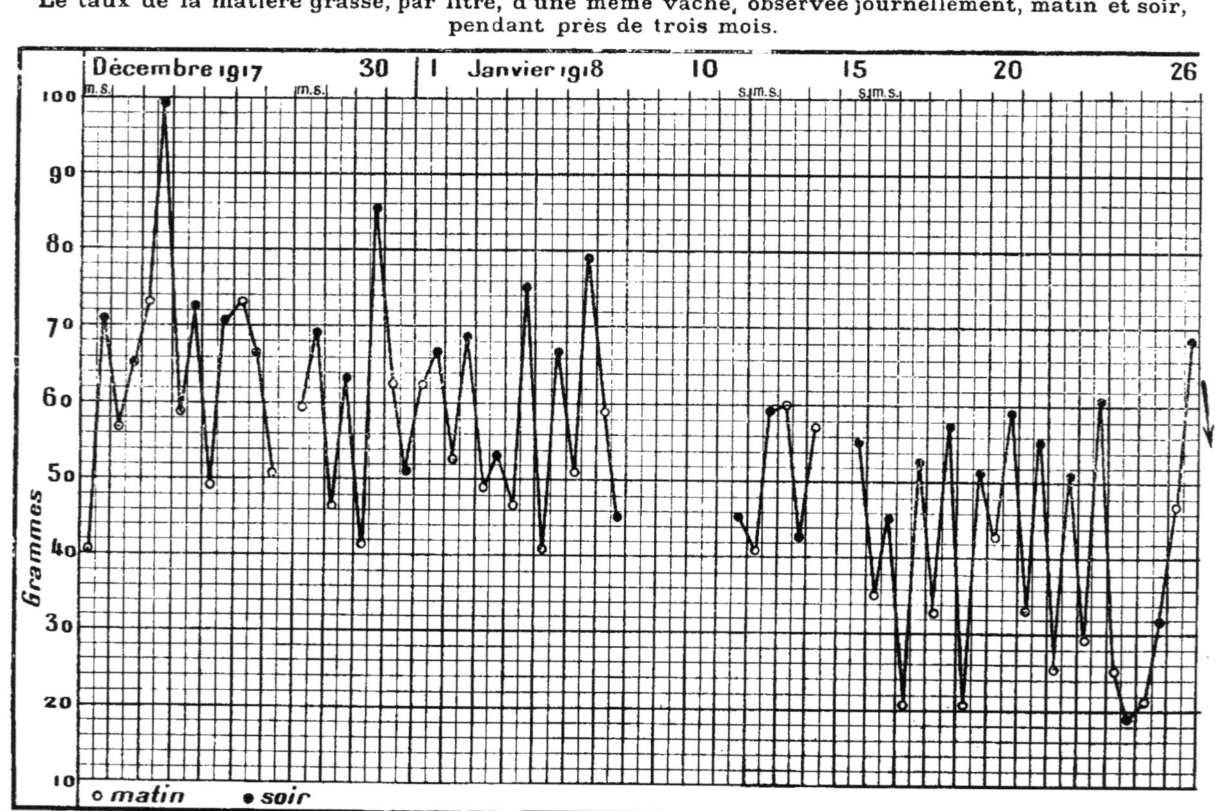

27 Janv. 30
1 Fevrier 5
10
15
20
25
1 Mars
5
s.m.s.
m.s.
100
90
80
70
60
50
40
30
20
10
Grammes
o matin • soir

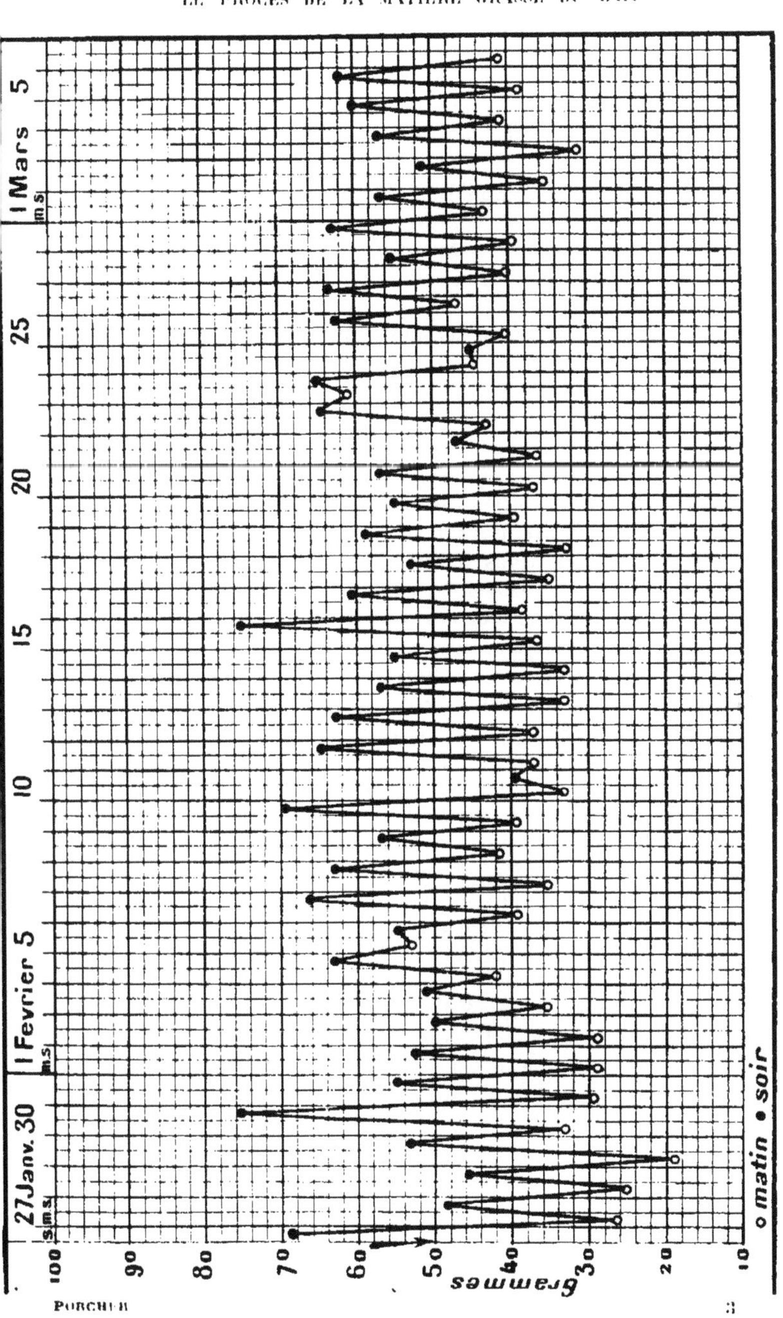

FIG. 3.

soir ; celui des taux butyreux qui ont été de 60 gr. et au-dessus, a été de 45, dont 35 pour le soir, et 10 pour le matin.

b) *D'une façon générale, le taux butyreux du lait du soir est plus élevé que celui du lait du matin.* — Si, au lieu de rassembler les deux traites dans le même graphique, j'avais séparé les taux butyreux du matin de ceux du soir, comme cela a été fait dans d'autres graphiques qui suivent, la courbe du soir eût, dans son ensemble, dominé, coiffé, encapuchonné, en quelque sorte, celle du matin ; mais, à cela, *il y a quelques exceptions*, et parfois on aurait pu constater que les deux courbes se seraient enchevêtrées.

c) *Si l'on compare entre elles les traites homologues, l'irrégularité des courbes*, — j'allais dire leur fantaisie, mais ce mot est sans doute déplacé ici, — *est tout aussi grande, et deux traites qui se suivent, donc à vingt-quatre heures d'intervalle seulement, peuvent présenter entre elles des différences très grandes.* C'est ainsi que le 23 janvier au soir, le taux de la matière grasse au litre est de 60 gr. 30, le lendemain à la même heure, il n'est que de 19 gr. 10. Si nous comparons, dans les mêmes conditions deux traites du matin, nous trouvons, le 26 janvier : 47 gr. et la veille : 21 gr. 70.

d) *Le décousu de la courbe des taux butyreux du lait d'une femelle laitière étant un fait acquis, un fait normal*, peut-on dire, on peut se demander si, considérée sur une longue période de temps, cette courbe ne présenterait pas des sortes de plateaux, soit par en haut, soit par en bas, qui se répéteraient ; en d'autres termes, s'il n'y aurait pas quelque régularité dans les irrégularités constatées, témoignant par là que celles-ci seraient peut-être conditionnées par des causes qui nous échappent et qu'il resterait à chercher. Il n'apparaît pas qu'il en soit ainsi. On constate bien parfois des *affaissements qui durent quelques jours*, mais ils ne se répètent pas avec régularité. C'est le cas entre le 24 janvier au matin, et le 29 janvier au matin Sur les 11 traites faites entre ces deux dates, 6 sont au-dessous de 30 gr. : 25,6 — 19,10 — 21,70 — 27 — 26,05 et 18,90.

Tout ce qui vient d'être dit résulte de la discussion très serrée d'un cas individuel, mais nullement anormal, ainsi que vont le prouver davantage encore les exemples qui vont suivre.

Voici quatre graphiques (fig. 4, 5, 6 et 7) empruntés à un travail extrêmement intéressant de M. CAILLOUX (1). Ils donnent les variations journalières, matin et soir, de la richesse du lait en matière grasse par litre, sur 4 *vaches examinées pendant près d'un*

(1) H.-R. CAILLOUX, *Observations relatives aux variations de la matière grasse dans le lait de la femme et de diverses espèces animales* (Thèse Pharm., Bordeaux, 1912).

mois. Ces animaux ne sont ni de la même race, ni du même âge ; l'examen de leur lait n'a pas été fait à la même période de la lactation et, néanmoins, on peut tirer les mêmes conclusions générales de l'examen de leurs courbes. Il y a un parallélisme assez régulier entre les oscillations de la traite du matin et celles de la traite du soir ; la courbe du soir coiffe celle du matin, mais il s'en faut que ce soti toujours la règle, et quelquefois les deux courbes s'entrecroisent, ainsi que cela est très marqué dans le graphique de la fig. 4.

Un autre point intéressant également dans la comparaison de ces quatre courbes, c'est qu'*elles répondent à des animaux dont les qualités butyrèuses sont très différentes.* En gros, la moyenne butyreuse du lait de la fig. 4, est plus près de 30 que de 35 ; celle de la courbe 5, près de 40 : celle de la courbe 6, de 45 ; et enfin celle de la courbe 7, oscille entre 35 et 40.

Lorsqu'un animal produit un lait relativement peu gras, les oscillations inférieures de la courbe de ces taux butyreux nous mènent à des chiffres parfois bas, et qui peuvent se répéter ; c'est ainsi que sur la courbe de la fig. 4, qui va du 25 novembre au 21 décembre avec 2 traites par jour, soit 50 traites en tout, nous en avons 10, tant du matin que du soir, qui sont au-dessous de 30 gr. ; 13 autres qui sont entre 30 et 33 gr., soit 23 traites sur 50 (46 %) qui, dans ces vingt-cinq jours consécutifs ont un taux en matière grasse au litre inférieur à 33 gr.

Quand on s'adresse à un animal très butyrogène par son lait, les courbes, tout comme avec un animal peu butyrogène, présentent de grandes oscillations, mais les descentes ne vont généralement pas aussi bas que chez ce dernier ; c'est le cas de la courbe de la fig. 6 sur laquelle nous ne notons qu'un chiffre inférieur à 35 gr. : 34.

Nous pourrions tirer une observation du même ordre des tableaux qui sont présentés par M. Bodroux (1), dans son travail et que nous avons traduits sous la forme des courbes ci-après (fig. 8, 9 et 10). Il s'agit de trois vaches de la race parthenaise, race si remarquablement beurrière. Chez la première, la teneur en matière grasse a varié, sur vingt et un jours, à la traite du matin, entre 50,7 et 58 ; à celle du soir, entre 52,2 et 60,2 ; les chiffres extrêmes, en dehors de toute question d'heure de la traite, sont donc de 50,7 et de 60,2.

Nous en avons vu de beaucoup plus considérables dans les courbes qui précèdent ; on peut donc dire que les oscillations du taux buty-

(1) F. Bodroux, les Falsifications courantes du lait, écrémage et mouillage (*Annales des falsifications et des fraudes*, n° spécial hors-série, août-septembre 1924).

Variations journalières, matin et soir, de la richesse du lait en matière grasse chez une vache (race maraîchine, 11 ans, lait de 7 mois).

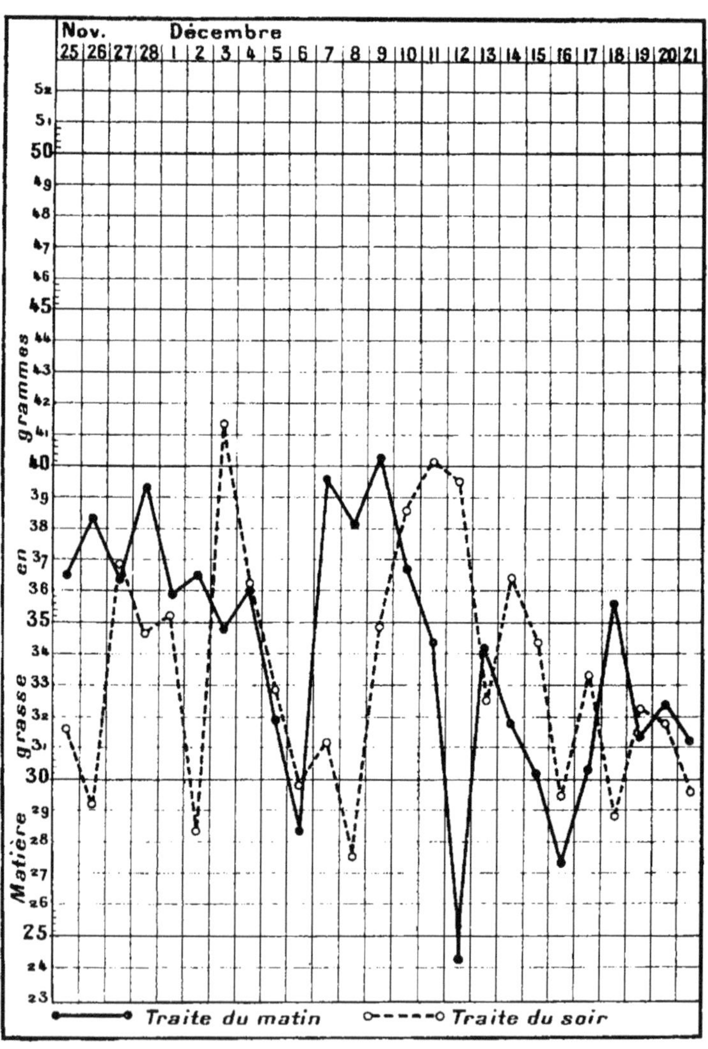

Fig. 4.

Variations journalières, matin et soir, de la richesse du lait en matière grasse, chez une vache (race maraîchine, 6 ans, lait de 3 mois).

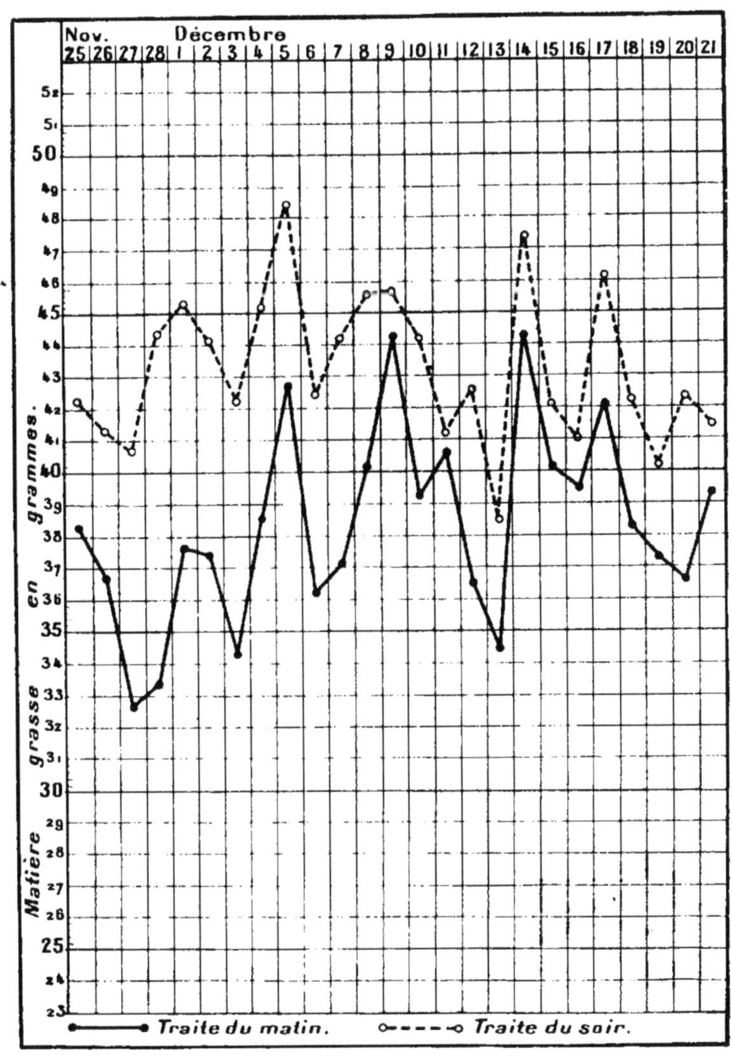

FIG. 5.

Variations journalières, matin et soir, de la richesse du lait en matière grasse chez une vache (race Durham-normande, 12 ans, lait de 8 mois).

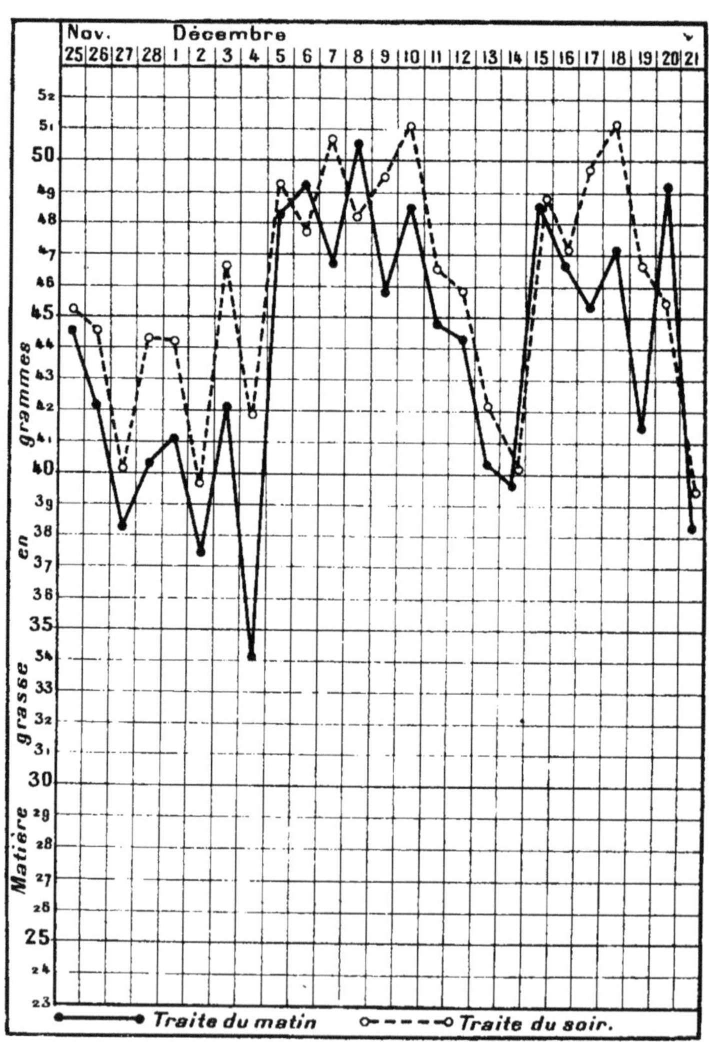

Fig. 6.

Variations journalières, matin et soir, de la richesse du lait en matière grasse chez une vache (race Normande, 7 ans, lait de 2 mois.

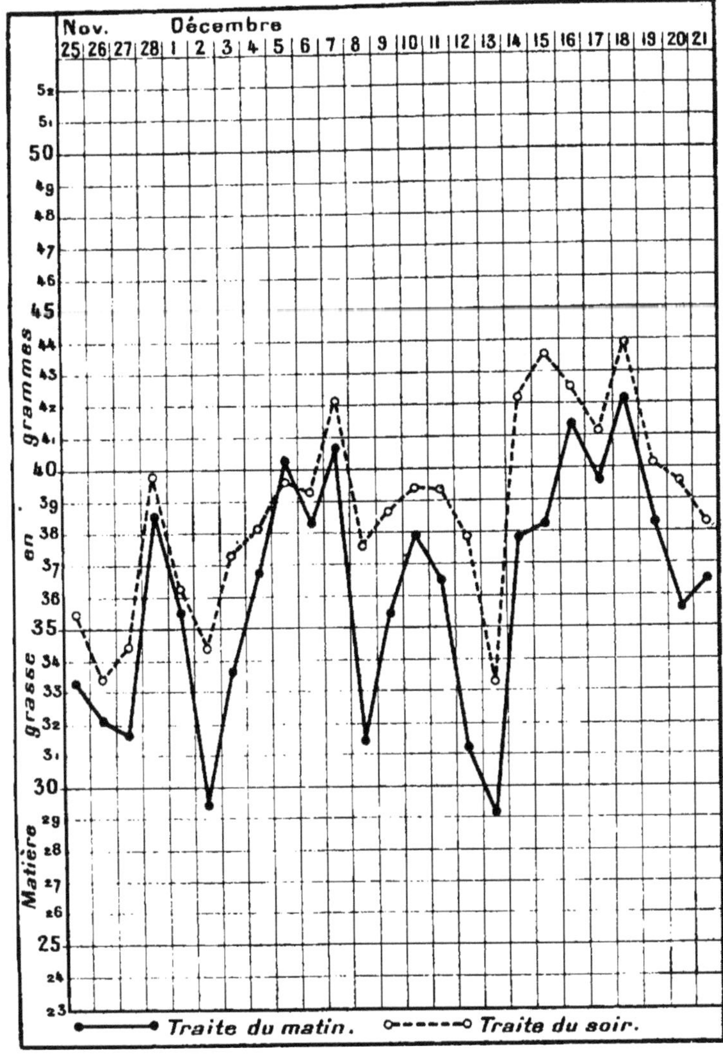

Fig. 7.

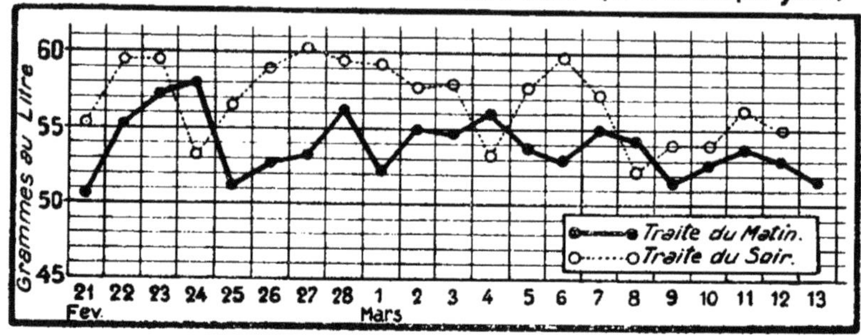

Fig. 8.

reux sont relativement réduites chez cet animal, et que, *du moins pour le temps qu'a duré l'observation*, la richesse butyreuse journalière du lait est restée à peu près constante. Mais il est de première

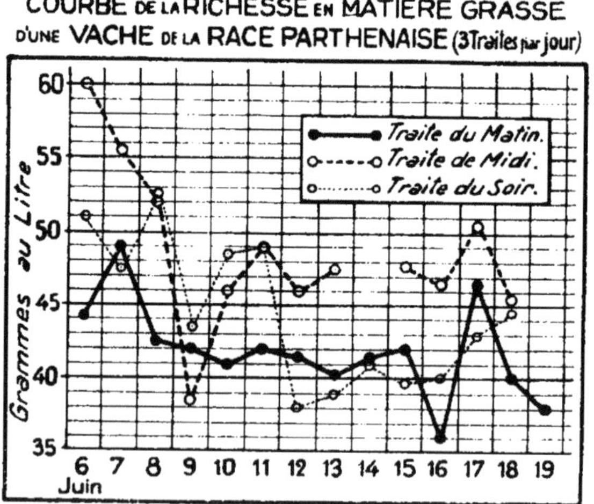

Fig. 9.

importance de revenir sur la réserve qui vient d'être soulignée, car rien ne nous garantit, — trop d'autres faits nous obligent à être circonspect, — si le lait dudit animal avait été examiné pendant une période de temps plus longue, avant le 21 février et après le 13 mars, que l'analyse n'eût pas donné des chiffres plus bas, dénotant par là des oscillations à grande amplitude.

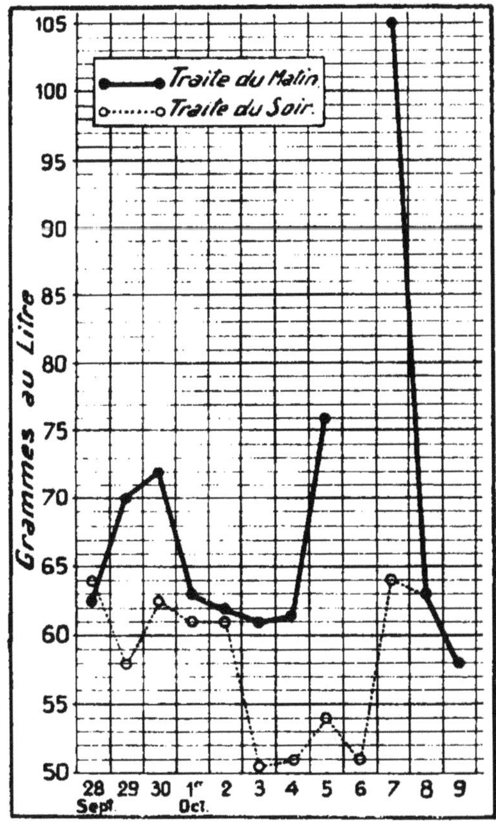

FIG. 10.

Je sais bien que des recherches de cet ordre demandent beaucoup de temps, mais lorsqu'on en veut tirer quelque chose de général, il faut accumuler les documents et faire porter les observations sur une période de temps aussi longue que possible.

Les deux autres courbes données par M. Bordoux, témoignent

d'animaux également très butyrogènes ; avec le graphique 9, il s'agit de 3 traites par jour ; avec le 10, de 2 traites par jour. Le chiffre le plus bas du graphique 9 a été obtenu le matin avec 36 gr.

Faisons remarquer que le graphique 8 est d'hiver, le graphique 9, d'été, et le 10 d'automne et notons de plus que, si la courbe du soir couvre à trois exceptions près celle du matin sur le graphique 8, c'est tout à fait le contraire sur le graphique 10. *La saison ne joue donc aucun rôle, du moins apparemment, sur l'irrégularité des courbes butyreuses, laquelle est de tous les moments de l'année.*

Les deux documents suivants (fig. 11 et 12) sont empruntés au travail allemand de KLOEPFER (1), et ils sont des plus intéressants, quoique les prises de midi aient été peu nombreuses. Il s'agit de deux vaches, l'une de la Frise occidentale, l'autre de la race de Munster, suivies pendant soixante-quinze jours consécutifs, avec 3 traites : matin, midi et soir.

Lorsqu'il y a 3 traites, on peut dire, en général, que c'est celle de midi qui est la plus riche, puis vient celle du soir et la moins riche est celle du matin.

Ce qu'il y a d'intéressant dans ces deux documents, c'est le *calcul des moyennes butyreuses sur l'ensemble des jours de l'observation*, soit deux mois et demi, et qui est reporté sur la droite des courbes. Ces moyennes sont très significatives. *Elles donnent, à n'en pas douter, la physionomie butyreuse de l'animal dont elles proviennent*, ce que ne pourraient évidemment pas faire deux, trois ou quatre chiffres dont on prendrait la moyenne et *a fortiori* une analyse prise au hasard. Les oscillations, qui sont irrégulières et de tous les jours, se fondent, se neutralisent dans un ensemble et c'est alors qu'il est permis de dire, très affirmativement cette fois, en présence des moyennes qui sont données sur la droite des courbes, et qui répondent à l'ensemble des jours que l'ordre des richesses butyreuses décroissantes de l'observation des traites, lorsqu'il y en a 3, est bien : midi, soir, matin.

Deux autres documents individuels empruntés à M. BRIOUX (fig. 13) ont une allure analogue aux précédents, mais nous constaterons que la courbe du matin et aussi celle du soir font *souvent* hernie à travers celle de midi qui, en général, les domine.

Dans un travail d'une grande richesse documentaire, ANDERSON (2) relate les recherches qu'il a faites sur des laits individuels. Il a opéré

(1) KLŒPFER, *die Schwankungen im Fettgehalt der Milch und die Milchkontrolle*, Leipzig, 1902.

(2) A.-C. ANDERSON, Studies in the range of variations of the percent of butterfat in the milk of individual cows (*Michigan Agricultural College, Experiment Station*, Bulletin spécial 71, juin 1914).

sur des animaux entretenus dans les conditions ordinaires des troupeaux, ou soignés en vue de leur inscription sur les registres des races américaines (Advanced Registry). Dans ce dernier cas, l'animal est soumis à 3 ou 4 traites, le plus généralement 4 par vingt-quatre heures — qu'il s'agisse de 3 ou de 4 traites, les traites sont *régulièrement espacées* — et il est nourri aussi bien que possible jusqu'à la limite de sa capacité digestive. Il s'agit donc d'animaux d'élite, suivis pendant l'épreuve de sept jours, avec 4 traites par jour, ou pendant l'épreuve de deux jours. ANDERSON a effectué une partie de ses recherches sur le troupeau du *Collège Agricole* du Michigan, en ayant soin d'exclure les vaches qui étaient fraîches vêlées, ou près de tarir. ANDERSON a opéré en toutes saisons.

Les graphiques 14 et 15 nous donnent des courbes ayant la même allure que les précédentes. Nous noterons cependant l'assez grande régularité de la courbe I, avec 2 traites par jour, et de la courbe II (fig. 14) avec 4 traites par jour. Les oscillations qui sont tout de même notables dans ces deux courbes, n'ont pas l'allure désordonnée qu'elles présentent dans les six autres. On en pourrait dire presque autant de la courbe VI (fig. 15), d'ANDERSON, sauf toutefois que le soir du premier jour et le soir du quatrième nous voyons le taux butyreux dépasser nettement — surtout le quatrième — la sorte de plateau irrégulier que la courbe affecte les autres jours.

Il est un point, que les derniers documents qui viennent d'être dépouillés permettent d'évoquer, c'est celui qui est relatif *à l'égal espacement des traites*. Dans quelle mesure celui-ci influe-t-il sur les oscillations de la matière grasse ? Tendent-elles à s'amortir ? En d'autres termes, les taux butyreux se rapprochent-ils les uns des autres ? Les documents d'ANDERSON nous permettent déjà de répondre à cette question, mais nous y reviendrons ultérieurement.

En dehors des courbes dont nous n'avons relevé que quelques-unes (les autres étaient aussi intéressantes par leur allure toujours désordonnée), il y a dans le travail d'ANDERSON des tableaux très suggestifs. ANDERSON y relève *le pourcentage des amplitudes de la variation des taux butyreux*, classées selon leur importance. Dans le tableau A, il s'agit de 200 animaux soumis à l'épreuve de sept jours dans les conditions d'un troupeau ordinaire.

TABLEAU A

200 *épreuves de 7 jours sur des animaux de troupeaux.*

Amplitude de la variation	0-10 ‰	11-20 ‰	21-30 ‰	31-40 ‰	41-50 ‰	51-60 ‰	61-70 ‰
Nombre de vaches . . .	55	88	43	8	3	1	2
Pourcentage.	27,5	44	21,5	4	1,5	0,5	1

Taux butyreux des diverses traites d'une vache de la Frise occidentale pendant 75 jours consécutifs.

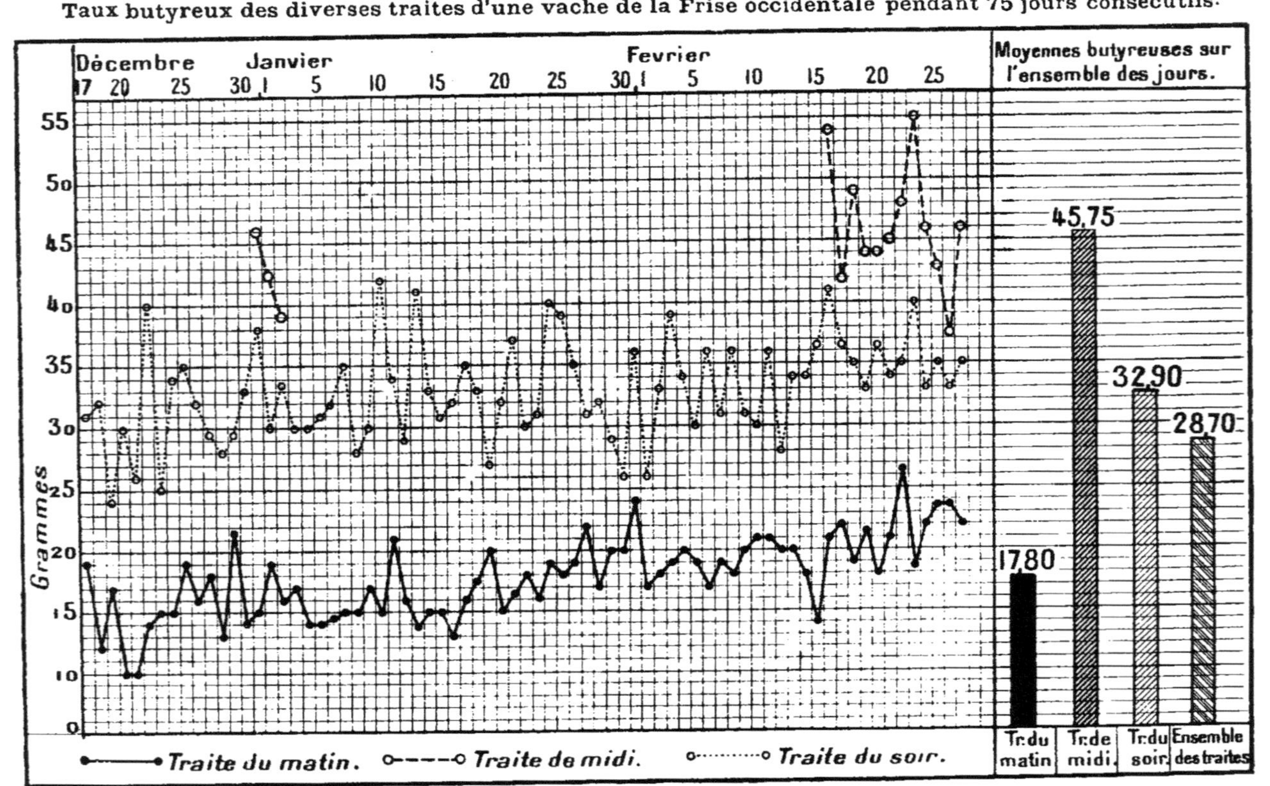

Fig. 11.

de Munster, pendant 75 jours consecutifs.

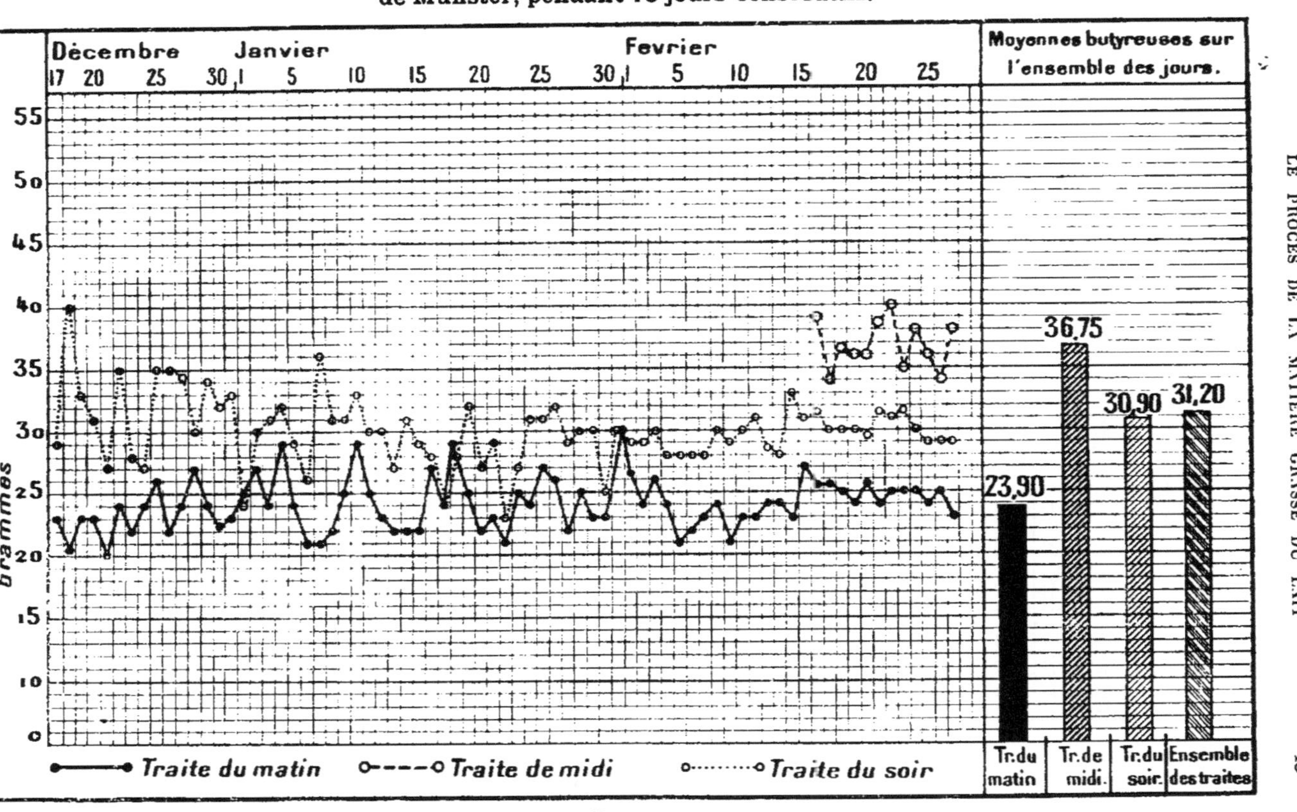

Fig. 12.

Taux butyreux du lait de deux vaches de race Normande traites trois fois par jour.

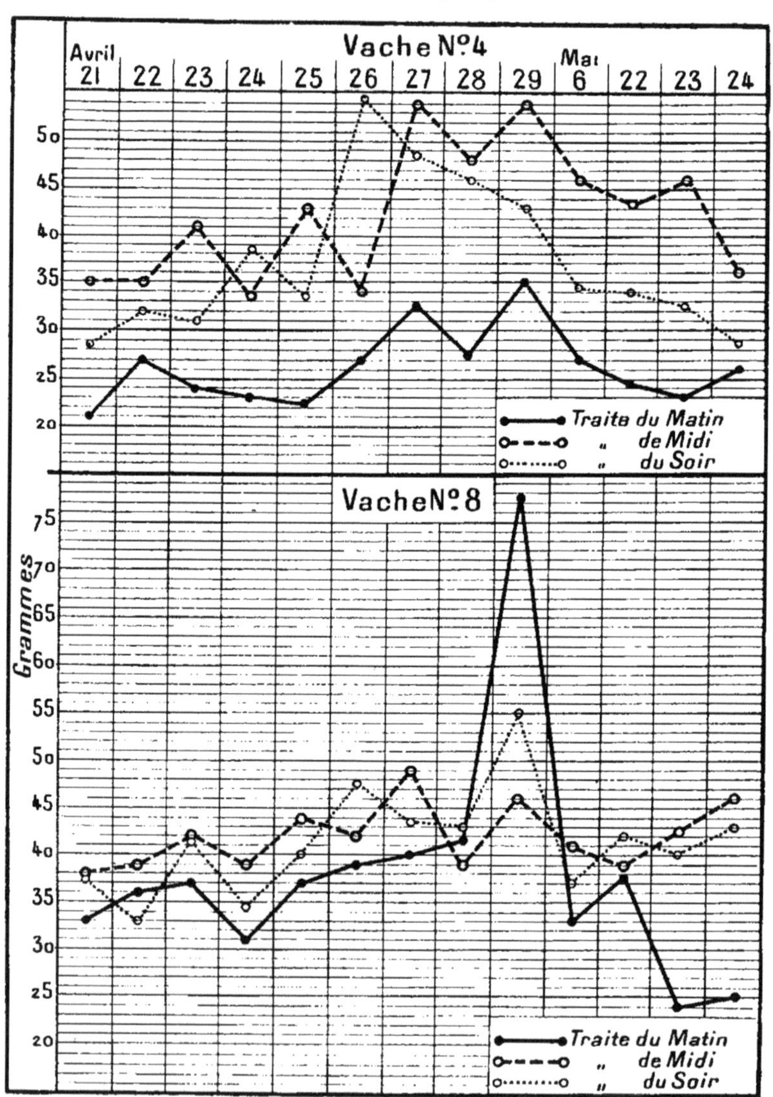

Fig. 13.

Dans le tableau B qui comprend deux parties, la classification porte sur 2.000 épreuves de sept jours d'animaux de la race Holstein pour la plus grande majorité.

Tableau B

Épreuves de 7 jours sur 1.000 vaches (Holstein-Frise en général) en vue de l'inscription sur l' « Advanced Registry ».

PREMIER MILLE

Amplitude de la variation	0-10 ‰	11-20 ‰	21-30 ‰	31-40 ‰	41-50 ‰	51-60 ‰
Sur le 1er cent . .	33	50	13	3	1	0
— 2e — . .	15	64	18	2	1	0
— 3e — . .	26	57	16	1	0	0
— 4e — . .	37	52	9	2	0	0
— 5e — . .	33	48	18	1	0	0
— 6e — . .	35	53	11	0	1	0
— 7e — . .	15	55	24	5	0	1
— 8e — . .	33	50	15	2	0	0
— 9e — . .	32	43	14	8	3	0
— 10e — . .	31	58	9	1	1	0
	290	530	147	25	7	1

DEUXIÈME MILLE

Amplitude de la variation	0-10 ‰	11-20 ‰	21-30 ‰	31-40 ‰	41-50 ‰	51-60 ‰
Sur le 11e cent . .	20	51	26	1	2	0
— 12e — . .	28	61	8	2	1	0
— 13e — . .	42	53	4	1	0	0
— 14e — . .	29	53	14	4	0	0
— 15e — . .	20	71	6	3	0	0
— 16e — . .	20	59	16	5	0	0
— 17e — . .	27	56	12	3	1	1
— 18e — . .	31	58	8	2	1	0
— 19e — . .	38	42	14	3	2	1
— 20e — . .	24	57	13	4	2	0
	279	561	121	28	9	2
Pourcentage sur l'ensemble	28,45	54,55	13,4	2,65	0,8	0,15

Dans les trois autres tableaux, C, D et E, il s'agit d'épreuves de deux jours : 1.000 sur la race Jerseyaise, 1.000 sur la race Holstein-Frise, et 600 sur des animaux de troupeaux n'étant pas de race pure.

Taux butyreux des traites journalières (2 ou 4) de laits individuels.

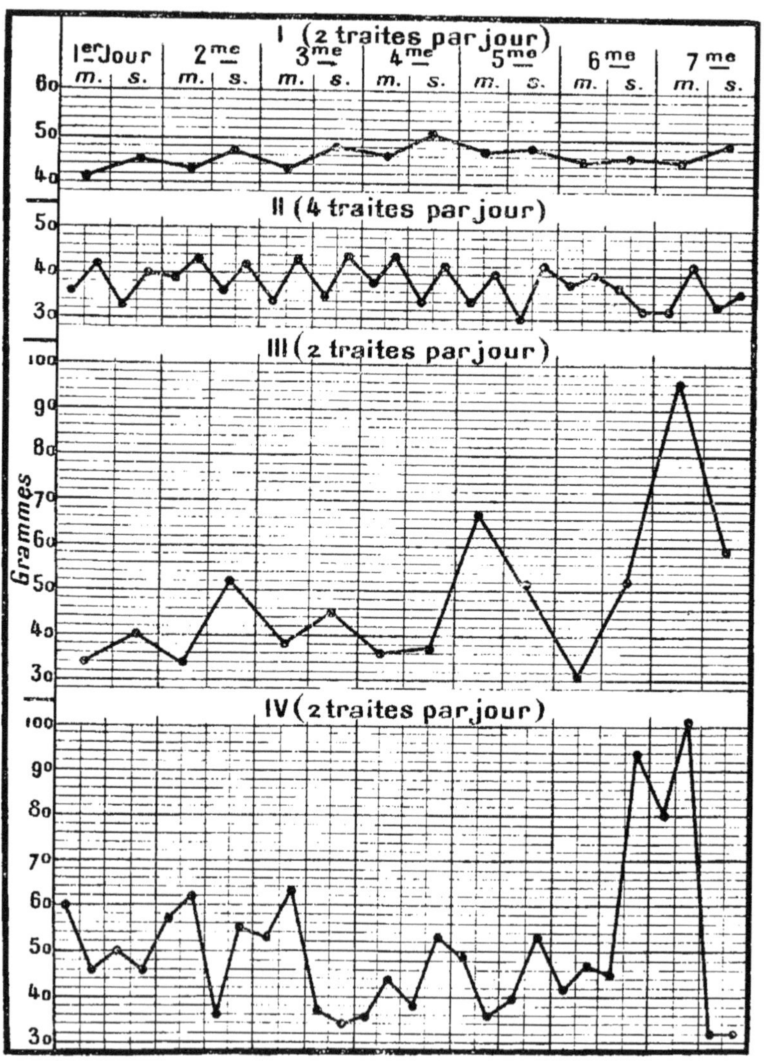

Fig. 14.

(La dernière courbe répond à 4 traites par jour et non à 2, comme il est dit par erreur.)

Taux butyreux des traites journalières (2 ou 4) de laits individuels.

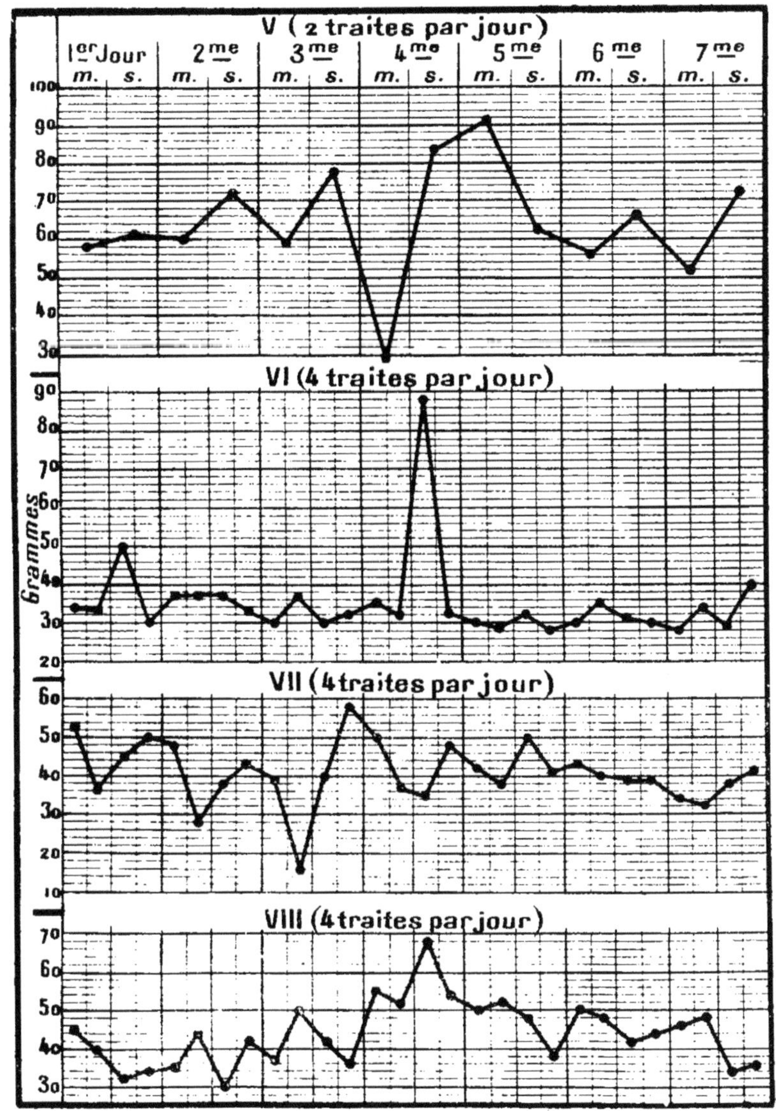

Fig. 15.

TABLEAU C

1.000 *épreuves semi-officielles de 2 jours sur des vaches de race Jerseyaise pour l'inscription sur le « Register of Merit ».*

Amplitude de la variation	0-10 ‰	11-20 ‰	21-30 ‰	31-40 ‰	41-50 ‰	51-60 ‰
Sur le 1er cent . .	61	27	10	2	0	0
— 2e — . .	54	31	13	1	1	0
— 3e — . .	65	23	9	1	2	0
— 4e — . .	57	32	9	2	0	0
— 5e — . .	71	20	8	0	1	0
— 6e — . .	64	31	4	1	0	0
— 7e — . .	69	26	3	2	0	0
— 8e — . .	60	32	4	3	1	0
— 9e — . .	66	21	8	3	1	1
— 10e — . .	65	24	9	1	1	0
Sur l'ensemble. . .	632	267	77	16	7	1

TABLEAU D

1.000 *épreuves semi-officielles de 2 jours sur des vaches de race Holstein-Friese.*

Amplitude de la variation	0-10 ‰	11-20 ‰	21-30 ‰	31-40 ‰	41-50 ‰	51-60 ‰
Sur le 1er cent . .	70	28	2	0	0	0
— 2e — . .	67	26	4	3	0	0
— 3e — . .	70	25	4	1	0	0
— 4e — . .	68	24	7	1	0	0
— 5e — . .	74	21	5	0	0	0
— 6e — . .	83	12	5	0	0	0
— 7e — . .	72	19	7	2	0	0
— 8e — . .	63	27	7	2	1	0
— 9e — . .	62	28	8	2	0	0
— 10e — . .	62	37	1	0	0	0
Sur l'ensemble . .	691	247	50	11	1	0

TABLEAU E

600 *épreuves de 2 jours sur des animaux de troupeaux.*

Amplitude de la variation	0-10 ‰	11-20 ‰	21-30 ‰	31-40 ‰	41-50 ‰	51-60 ‰
Nombre de vaches.	446	121	28	3	2	0
Pourcentage . . .	74,3	20,1	4,6	0,5	0,3	0

On voit que, lorsque les épreuves portent sur deux jours, au lieu de le faire sur sept, le chiffre le plus élevé du pourcentage des amplitudes ne se trouve pas dans la même colonne. Avec l'épreuve de sept jours, les amplitudes qui vont de 11 gr. à 20 gr. pour 1.000 gr. de lait (1) ont le pourcentage le plus élevé : 44 % dans le premier tableau, 54,55 % dans le second ; au contraire, avec l'épreuve de deux jours, le pourcentage le plus élevé porte sur les amplitudes allant de 0 à 10 gr. °/₀₀ : 632 pour les 1.000 épreuves Jerseyaises (63,2 %), 691 pour les 1.000 épreuves Holstein-Frise (69,1 %) et 74,3 % pour les 600 épreuves portant sur les animaux qui ne sont pas de race pure. Ceci s'explique aisément, car, si on augmente la durée des épreuves, on élargit la possibilité de voir s'exagérer l'amplitude des variations butyreuses.

Dans les tableaux ci-dessus d'ANDERSON, il n'est pas fait de distinction entre les différentes traites, c'est de leur ensemble dont il s'agit. Au contraire, dans le travail de BUCKLEY (2) auquel j'emprunte les éléments qui m'ont servi à construire le graphique de la fig. 16, la distinction est faite.

L'intérêt et la valeur du travail de BUCKLEY, dans lequel je puiserai beaucoup, se trouvent dans l'importance des constatations faites,

(1) Beaucoup des documents que nous relevons dans ce travail dans des tableaux ou sous la forme de graphiques sont d'origine étrangère.

Je rappellerai que nous sommes pour ainsi dire les seuls dans le monde entier à ramener la matière grasse et l'extrait dégraissé au litre de lait. En dehors de la France, et peut-être de la Belgique, tout le monde exprime les résultats en donnant le chiffre pour 100 gr. de lait. Or, comme la densité moyenne du lait est 1.030, il en résulte que, pour transformer une donnée qui se rapporte à 100 gr. de lait en la donnée correspondant à un litre, il faut multiplier la première par 10 et ajouter 3 % au produit.

Exemple : Un taux de 3,50 % (gr.) de matière grasse devient au litre :

3,50 × 10 + 3 % de 35 = 35 + 1 gr. 05 = 36 gr. 05.

Un extrait dégraissé de 8,75 % (gr.) devient au litre :

8,75 × 10 + 3 % de 87,5 = 87,50 + 2,625 = 90 gr. 125.

Ces calculs ne sont pas toujours faits par les auteurs qui puisent dans la littérature étrangère, et généralement ils transcrivent purement et simplement les chiffres empruntés.

C'est ainsi qu'on peut lire que des règlements de villes étrangères admettent un taux d'extrait dégraissé de 8,2 à 8,3 % ; cela ne veut pas dire du tout 82 gr. ou 83 gr. au litre, comme certains textes le laissent supposer, mais bien 84 gr. 50 à 85 gr. 50 en chiffres ronds.

Dans presque tous les documents étrangers que je présente ici, j'ai fait la correction indiquée plus haut. Quand il n'y a pas été procédé pour ne pas compliquer l'aspect du document, j'ai eu le soin de le signaler, mais j'ai toujours multiplié par 10 pour rapporter à 1.000 gr., afin d'avoir des chiffres du même ordre de grandeur que ceux des documents français ; le lecteur n'aura qu'à y ajouter 3 % pour avoir des données rapportables au litre de lait.

(2) M. BUCKLEY, Some observations on the Butter Fat in Cow's Milk (*Broch. de la National Clean Milk Society*, Londres, 1924).

le soin et l'intelligence apportés à présenter les résultats. J'en donne dès maintenant le plan général pour ne pas avoir à y revenir.

Les recherches furent entreprises par Buckley du 18 mai au 26 avril 1915, soit pendant trente-neuf jours, afin de s'assurer si des changements dans la composition du lait s'observeraient, tant du côté de la matière grasse que des solides non gras, sur les vaches

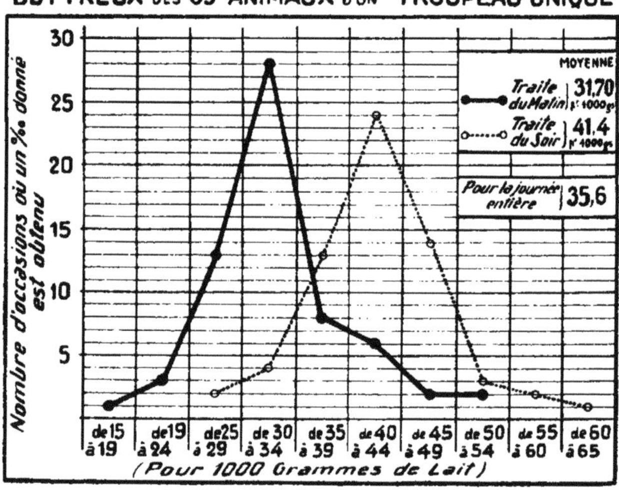

Fig. 16.

Ce graphique montre le décalage, vers la droite, de la courbe de la traite du matin, dans un parallélisme frappant, accusant une différence de 10 grammes environ entre les positions des deux courbes.

de son propre troupeau lorsque celles-ci passeraient du régime d'hiver au régime d'été, ne comprenant que de la pâture. Les analyses étaient faites par M. Slim, au nom de M. Lyster, du Service de Santé du Hampshire

Le lait de chacune des 63 vaches Shorthorn fut analysé matin et soir ; le lait était pesé et les calculs faits ensuite pour déterminer les pourcentages de matière grasse et d'extrait dégraissé dans le lait du matin et celui du soir du troupeau entier, pour chaque jour et pour la durée entière de l'observation ; les calculs furent faits également en considérant le mélange des deux traites.

Un jour donné, pris au hasard, on fit le classement des taux butyreux des 63 animaux, aux deux traites. C'est à lui que répond le graphique très suggestif de la fig. 16.

Il nous montre le décalage vers la droite de la courbe de la traite du matin pour constituer, en quelque sorte, la courbe du soir, dans un parallélisme frappant accusant une différence de 10 gr. environ entre les positions des deux courbes. Au lieu de saisir ici les oscillations butyreuses d'un même animal pendant soixante-cinq jours consécutifs, nous notons des oscillations aussi importantes *le même jour dans les laits séparés du matin et du soir de 65 individus bien nourris et de la même race.*

*
* *

Les épreuves des concours beurriers. — On retrouve les épreuves de deux jours, dont Anderson ne donne pas d'ailleurs de courbes, dans celles qui ont lieu à l'occasion des *Concours laitiers et beurriers* qui s'organisent un peu partout dans toute la France depuis quelques années, et qui ont été inaugurés dans les Charentes, à Echiré, en 1905 et la Seine-Inférieure, en 1907.

Les quatre planches qui suivent (17, 18, 19 et 20), donnent le relevé du taux en grammes par litre de lait de la matière grasse des trois traites journalières, pendant deux jours consécutifs, sur des vaches observées au concours beurrier de Rouen en 1907. Ce concours avait rassemblé 100 animaux de races diverses. Les graphiques des quatre planches affectent en général la forme d'un accent circonflexe, la traite de midi étant le plus souvent la plus riche. Mais ce n'est pas toujours le cas, comme on peut le constater, il y a 5 exceptions dans les 20 documents produits ; on jugera en même temps des grandes oscillations du taux butyreux du jour au lendemain.

*
* *

J'ai pensé qu'il était du plus haut intérêt de reproduire dans cette revue une grande partie des documents provenant des divers contrôles laitiers et beurriers qui ont lieu en France. Le concours d'Yvetôt, en 1922, a fait l'objet d'une étude de M. Labounoux (1), dans cette revue même ; celui de Dieppe, en 1921, a été également étudié dans ses conséquences. MM. Warcollier et Granvigne ont rendu compte des opérations des concours beurriers, respectivement de Caen et de

(1) P. Labounoux, le Concours beurrier d'Yvetot, en 1922 (*le Lait*, 1922, p. 563).

Taux, en grammes, par litre, de la matière grasse du consécutifs, sur des vaches observées

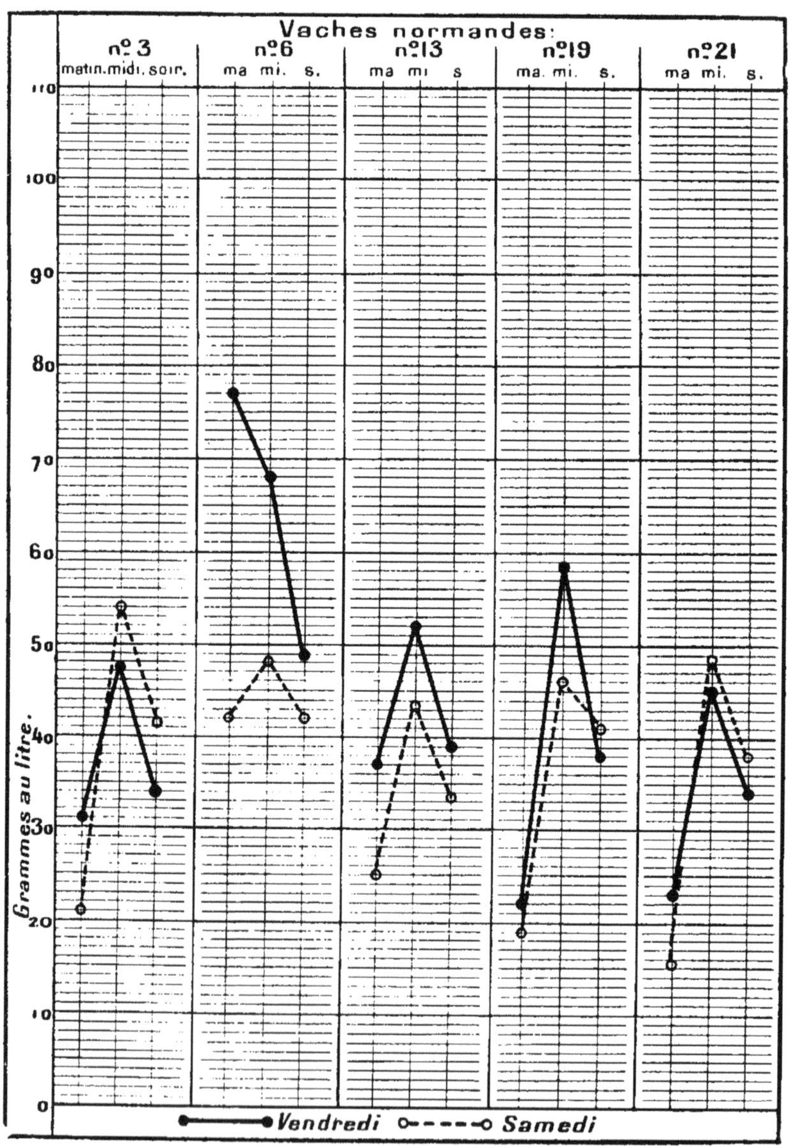

Fig. 17.

lait des trois traites journalières, pendant deux jours au Concours beurrier de Rouen (1907).

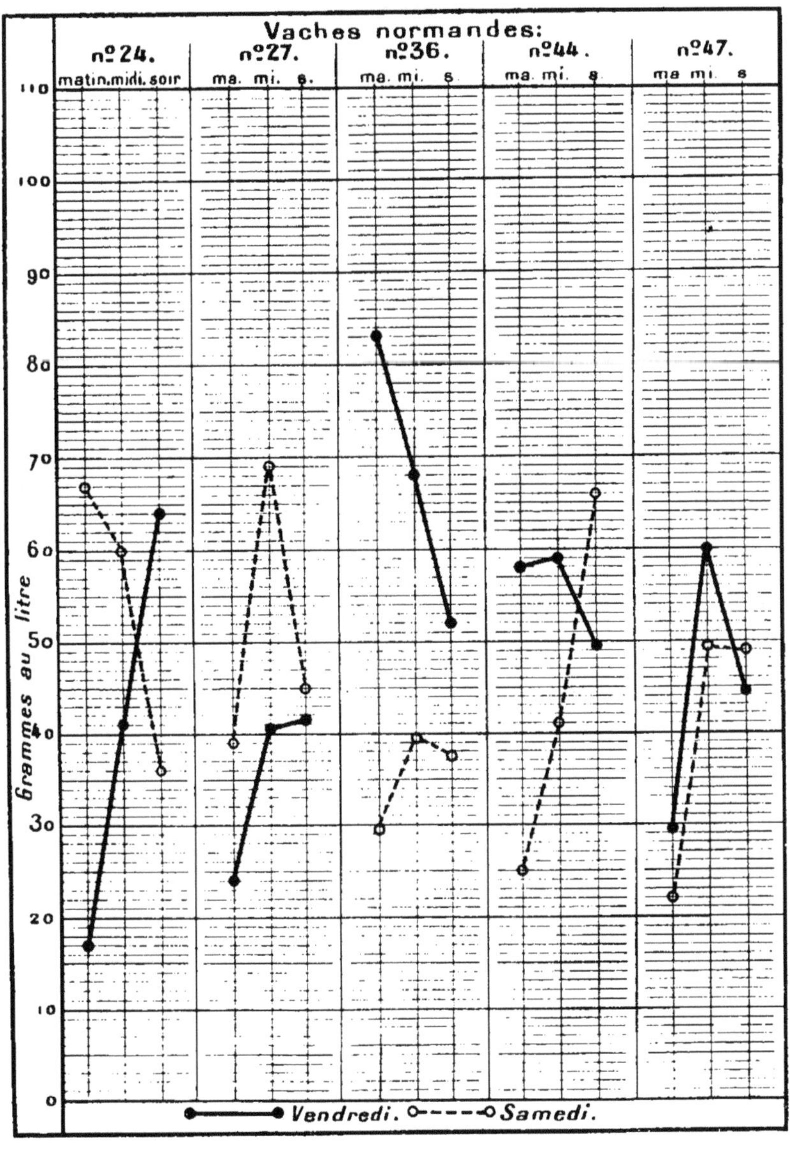

FIG. 18.

Taux, en grammes, par litre, de la matière grasse du consécutifs, sur des vaches observées

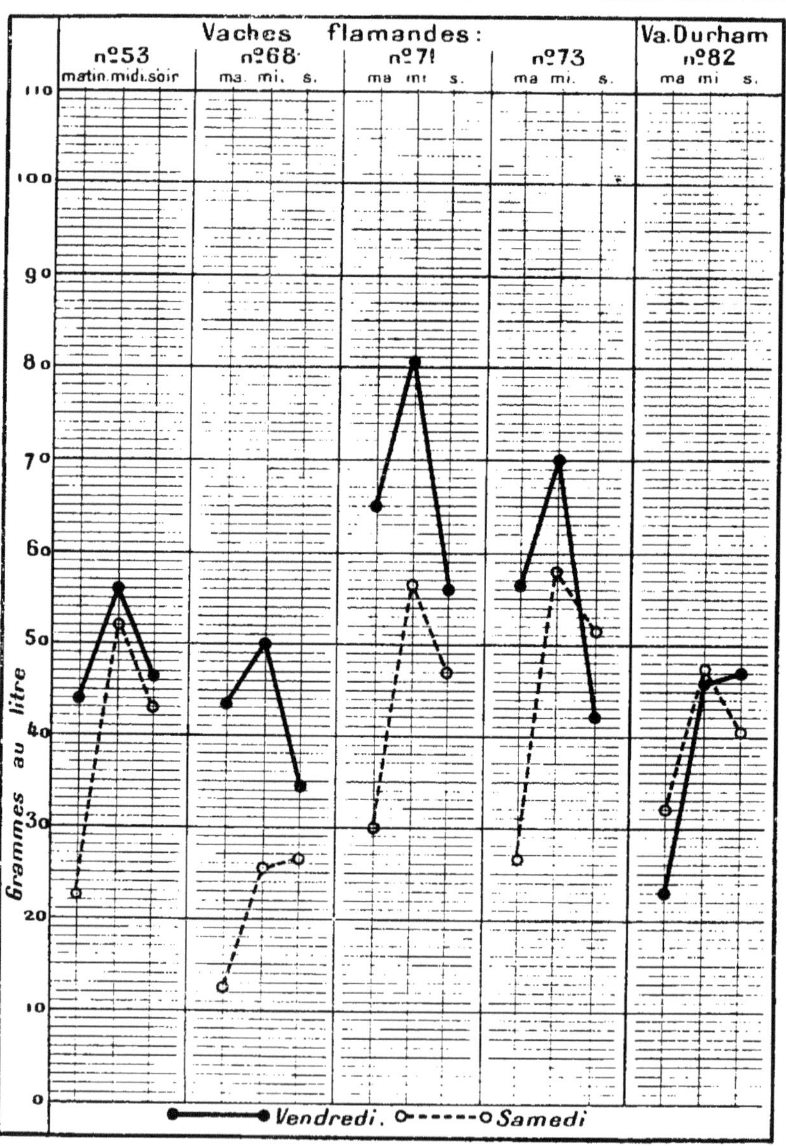

Fig. 19.

lait des trois traites journalières, pendant deux jours au Concours beurrier de Rouen (1907).

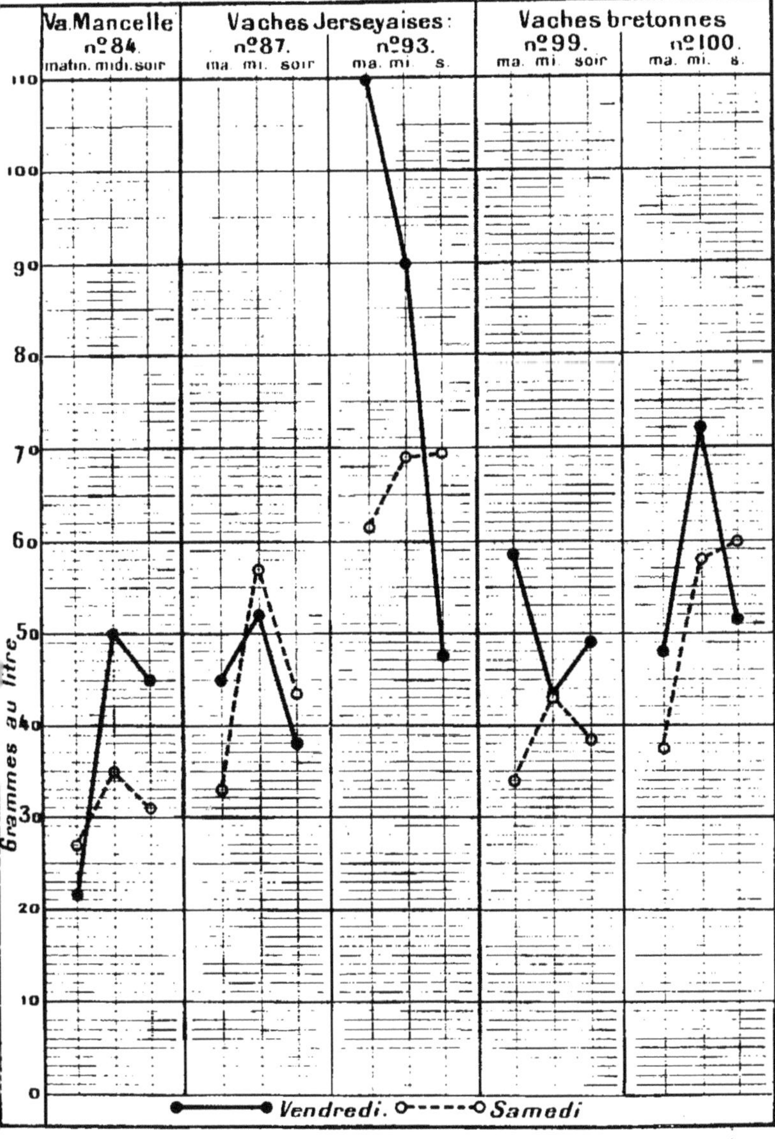

FIG. 20.

Saint-Lô, pour le premier de ces auteurs, de la Côte-d'Or et de l'Ain pour le deuxième (1) (2).

On trouvera ici même les résultats du concours laitier et beurrier de Paris en 1924 et ceux du concours d'Amiens, 1924 (3).

Evidemment, ces documents ne sont pas sans provoquer chez beaucoup de l'étonnement. Ils ne sont pas sans gêner certains esprits trop habitués à manier les chiffres des laits de mélange ; les faits sont là cependant, il faut compter avec eux et ils interviendront dans l'examen de certains résultats sur lesquels ils pourront jeter quelque lumière (4) (5).

Est-il facile de les interpréter ? Je ne le crois pas.

En effet, rien n'est plus difficile en une pareille matière que de conclure au général.

Dans la séance du 14 février 1923, M. Eug. Roux, directeur du

(1) M. Granvigne, Rapport général sur les opérations de contrôle des concours laitiers-beurriers dans les départements de la Côte-d'Or et de l'Ain pendant l'année 1923 *(le Lait*, 1924, p. 63).

(2) Warcollier, le Concours beurrier de Caen et le Concours beurrier de Saint-Lô *(le Lait*, 1924, p. 334).

(3) J. Joret, Rapport sur les résultats du concours laitier et beurrier d'Amiens, *Off. Agr. dép. de la Somme*, 1924.

(4) M. Eug. Roux constate une erreur qui se serait glissée dans les résultats du concours d'Yvetot *(le Lait*, 1922, p. 569, n° 271) ; en nous reportant au manuscrit qui nous a été envoyé, nous y retrouvons la même erreur, qui est une erreur de calcul, comme il peut s'en glisser, et non de typographie. D'ailleurs toutes les publications, même celles qui visent à rassembler beaucoup de résultats analytiques, puisqu'elles sont faites pour cela, n'en sont pas exemptes. A côté de l'erreur, l'unique, n'y a-t-il pas une quantité considérable de résultats qui la contrebalancent singulièrement ?

Si je me permets de souligner ce que M. Eug. Roux avait lui-même relevé, c'est que je craindrais fort que l'on ne vît parfois que l'erreur, et non les multiples données exactes qui l'accompagnent. J'en trouve la preuve dans le commentaire fait par M. E. Chesney, d'un jugement du Tribunal correctionnel de Morlaix *(Ann. des falsifications et des fraudes*, t. XVI, p. 445, 1923), commentaire dans lequel M. Chesney rappelle ce que M. Eug. Roux avait dit à une séance antérieure de la *Société des Experts chimistes* ainsi que dans l'étude de M. Bodroux déjà signalée. Il y a lieu de regretter cette inégale répartition des valeurs.

J'ai regardé de très près tous les chiffres des documents utilisés dans ce travail ; j'y ai trouvé des erreurs que j'ai corrigées, mais malgré toute mon application, j'en ai sans doute laissé passer encore. Que le lecteur, en m'excusant, se dise qu'elles n'entament en rien l'intérêt des observations et la valeur des conclusions.

(5) Je noterai également que les moyennes butyreuses établies pour chaque animal par traite, par jour ou pour l'ensemble des deux jours des concours, sont données pour 1.000 gr. de lait et non pour un litre. C'est là une entorse aux habitudes de notre pays et qui se comprend fort bien, parce que la pesée d'une traite, qui vient d'être faite et qui est encore très mousseuse, est plus commode que le mesurage d'un volume et donne un chiffre plus exact que celui qu'on obtiendrait avec un récipient jaugé, car la lecture serait gênée par la mousse.

Service de la répression des fraudes, fait, à l'occasion des chiffres individuels recueillis dans les concours laitiers et notamment au concours d'Yvetot, les réflexions suivantes : « La proportion des laits pauvres en beurre est maximum avec la première traite, alors que les vaches sont encore dépaysées et fatiguées par leur voyage. Elle va en diminuant pour devenir à peu près nulle le deuxième jour. »

Je me permettrai de faire remarquer tout ce que ces assertions ont de fragile. Je prendrai les chiffres de plusieurs concours laitiers, notamment ceux dont il a été parlé plus haut, et, retenant seulement la traite du matin, je les classerai comme il est indiqué dans les tableaux qui suivent :

Classement des taux butyreux à la traite du matin dans divers concours laitiers :

	10 à 20 gr.	20 à 30 gr.	30 à 40 gr.	40 à 50 gr.	50 à 60 gr.	60 à 70 gr.
ROUEN, 1907 (1). — 89 animaux.						
1er jour	2	18	25	24	10	6
Ajouter un lait entre 70 et 80 ; deux laits entre 80 et 90 ; un lait à 110.						
2e jour	5	40	32	9	1	2
YVETOT, 1922 (2). — 54 animaux.						
1er jour	7	24	22	1	0	0
2e jour	3	21	22	7	1	0
CAEN, 1923. — 28 animaux.						
1er jour	2	10	5	6	5	0
2e jour	2	13	13	0	0	0
SAINT-LÔ, 1923. — 24 animaux.						
1er jour	2	7	7	7	1	0
2e jour	0	4	12	7	0	1
PARIS, 1924. — 94 animaux.						
1er jour	11	16	33	21	9	2
A ajouter un lait entre 90 et 90 et un à 100.						
2e jour	12	28	43	8	2	1
AMIENS, 1924. — 19 animaux.						
1er jour	0	7	7	3	2	0
2e jour	3	11	5	0	0	0

(1) Taux par litre de lait.

(2) Ce concours et les suivants, par kilogramme de lait.

CONCOURS LAIT

NUMÉRO du catalogue	POIDS en kilogrammes	RACE	PRODUCTION DE LAIT EN KILOGRAMMES — VENDREDI 21 MARS				SAMEDI 22 MA		
			Matin	Midi	Soir	TOTAL	Matin	Midi	Soir
2	556	Normande . . .	9,500	5,800	5,600	20,900	10,400	6,650	6,50
5	615	— . . .	8,970	4,820	5,020	18,810	9,820	6,070	5,47
6	582	— . . .	5,310	3,310	2,910	11,530	6,560	3,060	3,26
7	522	— . . .	6,450	4,000	3,800	14,250	5,900	4,300	3,65
8	702	— . . .	4,240	2,840	2,740	9,820	5,990	3,390	5,84
10	525	— . . .	6,300	5,300	3,800	15,400	5 450	4,800	2,35
11	632	— . . .	6,680	3,380	3,280	13,340	6,680	3,680	3,58
12	483	— . . .	8,960	4,710	4,410	18,080	8,460	4,810	5,11
14	554	— . . .	8,230	4,240	4,290	16,760	9,090	4,540	4,74
16	»	— . . .	9,890	6,940	5,390	22,220	10,440	7,240	5,69
17	542	— . . .	7,710	3,710	3,860	15,280	8,010	4,160	4,31
20	643	— . . .	9,900	5,500	4,900	20,300	10,000	4,750	4,95
21	644	— . . .	9,520	4,800	5,150	19,470	10,000	5,050	5,30
22	524	— . . .	9,720	5,020	4,220	18,960	9,370	4,170	3,92
24	600	— . . .	12,040	6,390	6,140	24,570	11,440	6,040	5,76
26	552	— . . .	6,470	3,720	3,970	14,160	7,170	4,120	4,12
28	592	— . . .	11,370	6,620	6,170	24,160	10,170	6,370	6,32
29	670	— . . .	11,050	7,200	5,850	24,100	10,850	6,600	6,50
30	605	— . . .	8,950	7,300	6,850	23,100	8,850	6,200	5,60
31	655	— . . .	5,490	3,190	3,640	12,320	7,090	4,140	3,54
32	555	— . . .	12,280	7,480	6,640	26,400	11,480	7,180	6,68
36	445	Flamande . . .	9,050	4,300	4,650	18,000	9,200	4,900	5,15
37	503	— . . .	6,270	2,600	2,700	11,570	6,450	2,600	3,05
41	560	— . . .	5,500	2,660	2,900	11,060	5,950	3,750	2,90
45	526	— . . .	16,300	7,350	7,900	31,550	16,400	8,900	7,65
47	605	— . . .	12,200	5,500	5,600	23,300	11,350	6,700	6,05
48	635	— . . .	11,330	6,530	6,730	24,590	12,680	6,880	6,88
50	620	— . . .	9,630	4,680	4,680	18,990	10,030	5,780	5,23
51	640	— . . .	12,190	5,640	4,140	21,970	8,590	4,140	4,19
54	682	— . . .	10,830	6,130	6,130	23,090	12,080	7,280	6,98
55	627	— . . .	13,080	6,980	6,680	26,740	13,680	7,180	6,38
56	571	— . . .	7,990	4,140	4,040	16,170	8,940	5,990	6,24
58	551	Hollandaise . . .	12,380	6,030	6,080	24,490	12,580	7,330	6,43
59	478	— . . .	10,260	5,360	4,910	20,530	10,960	6,960	6,31
61	673	— . . .	12,880	6,980	5,530	25,390	13,130	8,480	7,73

IER DE PARIS EN 1924

RACE	MATIÈRE GRASSE EN GRAMMES PAR KILOGR. DE LAIT						Production de beurre en 48 h. (kilog.)	Moyenne du taux butyreux journalier pour 1 kg. de lait	
	VENDREDI 21 MARS			SAMEDI 22 MARS				Vendredi 21 Mars	Samedi 22 Mars
	Matin	Midi	Soir	Matin	Midi	Soir			
ormande . . .	30	62	45	26	50	34	2,029	43,856	43,175
— . . .	49	47	39	25	52	41	1,943	45,818	36,770
— . . .	40	44	43	43	52	45	1,267	41,905	41,321
— . . .	24	56	47	28	46	50	1,301	39,115	39,996
— . . .	48	54	45	38	53	47	1,371	48,899	44,794
— . . .	24	64	56	22	44	32	1,908	45,662	32,240
— . . .	41	50	40	38	49	48	1,392	43,034	43,329
— . . .	25	57	45	27	51	50	1,675	38,220	38,934
— . . .	44	55	45	38	45	36	1,781	47,038	39,214
— . . .	21	40	36	20	48	45	1,760	30,572	34,769
— . . .	29	62	54	45	64	47	1,759	39,532	50,271
— . . .	35	56	42	35	53	42	1,909	42,379	42,114
— . . .	50	66	55	56	54	49	2,558	55,267	53,680
— . . .	33	53	37	37	49	33	1,679	39,185	38,967
— . . .	19	37	42	36	42	32	1,856	29,347	34,698
— . . .	24	70	54	40	60	50	1,616	44,495	48,021
— . . .	23	43	38	12	32	44	1,634	32,310	26,394
— . . .	27	61	59	32	59	50	2,392	44,925	44,325
— . . .	14	40	70	18	51	85	2,180	38,822	46,087
— . . .	34	60	45	35	59	43	1,399	43,900	43,644
— . . .	12	41	40	20	40	36	1,742	27,259	29,726
lamande . . .	35	51	44	39	56	40	1,864	41,146	43,594
— . . .	35	48	24	48	49	38	1,135	35,354	45,694
— . . .	35	47	40	24	60	31	0,951	39,197	36,325
— . . .	16	38	39	24	49	33	2,277	26,890	32,842
— . . .	53	93	63	37	63	52	3,148	64,845	47,993
— . . .	16	45	50	31	55	47	2,249	33,006	41,408
— . . .	47	63	41	25	52	43	2,024	54,730	54,451
— . . .	39	62	28	46	65	59	2,185	42,012	53,925
— . . .	53	72	53	34	64	47	3,003	56,485	45,840
— . . .	41	58	49	34	41	57	2,822	47,436	41,232
— . . .	44	59	51	26	61	43	1,968	49,588	40,913
Hollandaise . .	16	54	43	26	47	34	1,976	32,059	33,797
— . . .	35	46	40	25	41	33	1,852	38,093	31,679
— . . .	31	41	27	19	37	30	1,923	32,877	27,107

CONCOURS LAITI

NUMÉRO du catalogue	POIDS en kilogrammes	RACE	PRODUCTION DE LAIT EN KILOGRAMMES						
			VENDREDI 21 MARS				SAMEDI 22 MARS		
			Matin	Midi	Soir	TOTAL	Matin	Midi	Soir
62	564	Hollandaise . . .	15,925	8,700	7,350	31,975	14,850	9,250	8,100
64	565	— . . .	14,200	7,050	6,200	27,450	15,500	7,100	7,550
66	591	— . . .	11,160	5,260	5,610	22,030	11,960	6,260	6,110
71	695	Bleue du Nord. .	8,340	4,740	5,040	18,120	8,390	5.940	4,490
72	580	— . . .	7,850	3,750	3,300	14,900	7,500	4,500	4,300
74	530	Brune des Alpes.	5,970	2,620	3,070	11,660	6,170	2,870	3,370
75	585	— . . .	8,380	4,530	4,380	17,290	9,530	4,280	5,530
76	512	Tachetée de l'Est.	8,930	3,670	3,520	16,120	6,770	4,570	4,170
77	484	Montbéliarde . .	8,490	3,390	3,240	15,120	6,790	3,540	3,340
78	480	D'Abondance . .	3,850	1,480	2,280	7,610	3,780	2,630	2,180
79	490	— . . .	8,020	3,770	3,820	15,610	8,520	4,270	4,320
80	740	Tachetée de l'Est.	8,240	4,840	4,090	17,170	8,890	5,190	4,940
81	620	— . . .	7,700	3,940	4,580	16,220	9,780	4,680	6,180
82	521	Montbéliarde . .	7,730	3,980	4,130	15,840	7,880	3,730	5,180
83	605	— . . .	8,370	4,520	4,520	17,410	8,720	3,770	5,720
83*bis*	671	— . . .	11,600	5,300	5,300	22,200	10,550	5,900	5,950
84	532	. . .	11,740	6,240	5,090	23,070	13,190	5,940	6,890
86	560	D'Abondance . .	8 380	3,330	3,980	15,690	8,230	4,130	3,880
88	605	Maine-Anjou . .	5,050	2,550	2,450	10,050	5,050	2,850	2,950
89	720	— . . .	7,650	4,600	4,200	16,450	8,200	4,500	3,650
90	735	— . . .	8,850	5,000	3,950	17,800	8,950	4,150	4,400
92	535	Salers	6,800	4,750	5,250	16,800	6,350	5,650	5,750
93	500	— . . .	7,810	4,660	3,810	16,280	7,010	4,210	3,860
94*bis*	553	— . . .	5,620	4,570	4,100	14,290	5,600	2,850	6,100
96	500	— . . .	7,740	3,690	3,690	15,120	7,040	4,240	5,040
97	497	— . . .	7,780	5,930	5,830	19,540	7,180	6,280	5,030
98	575	— . . .	8,240	3,710	3,240	15,190	6,940	3,940	3,990
99	616	— . . .	3,310	1,260	1,660	6,230	1,560	0,310	0,810
100	520	Ferrandaise . . .	4,080	2,800	1,730	8,610	5,380	2,280	2,280
101	598	— . . .	6,940	3,090	3,340	13,370	6,840	4,190	3,740
102	525	— . . .	8,940	4,940	4,540	18,420	7,640	4,440	4,740
104	408	Tarine	8,050	3,300	3,450	14,800	8,150	4,850	3,850
106	432	— . . .	7,200	3,350	3,650	14,200	8,000	3,550	3,700
107	520	— . . .	6,180	3,180	3,330	12,690	6,230	3,430	2,830

R DE PARIS EN 1924

RACE	MATIÈRE GRASSE EN GRAMMES PAR KILOGR. DE LAIT — VENDREDI 21 MARS			SAMEDI 22 MARS			Production de beurre en 48 h. (kilogr.)	Moyenne du taux butyreux journalier pour 1 kg. de lait	
	Matin	Midi	Soir	Matin	Midi	Soir		Vendredi 21 Mars	Samedi 22 Mars
andaise . .	17	41	26	18	41	28	1,996	25,601	27,996
— . . .	28	40	31	15	32	26	1,829	31,758	22,096
— . . .	18	41	30	25	40	34	1,588	26,729	31,367
e du Nord.	35	46	47	25	43	45	1,668	42,318	35,527
— . . .	24	48	42	38	44	36	1,351	34,028	39,128
ıe des Alpes.	40	38	37	32	73	36	1,156	37,902	42,326
— . . .	39	48	37	35	43	38	1,692	40,851	37,528
ıetée de l'Est	33	50	35	23	39	33	1,266	37,120	30,403
tbéliarde .	32	50	35	32	44	37	1,240	36,685	37,060
bondance .	32	54	39	33	51	40	0,752	38,402	40,287
— . . .	41	55	34	33	51	37	1,563	42,688	38,505
ıetée de l'Est	37	51	36	28	51	46	1,699	40,711	39,005
— . . .	42	45	37	29	41	32	1,584	41,316	31,650
tbéliarde .	30	46	51	34	48	38	1,497	39,490	37,725
— . . .	55	53	41	38	40	40	1,883	50,846	41,260
— . . .	36	43	35	30	40	36	1,885	37,432	34,317
— . . .	32	57	32	20	41	35	1,938	37,115	33,414
bondance .	55	35	31	23	43	40	1,443	44,667	32,147
ne-Anjou . .	44	59	43	37	43	38	1,061	47,363	38,848
— . . .	33	46	39	29	39	35	1,379	38,167	32,724
— . . .	42	67	56	38	50	38	1,937	53,803	40,845
rs	32	60	61	18	51	56	1,825	46,598	40,814
— . . .	62	100	61	37	60	50	2,228	72,765	46,748
— . . .	18	53	55	24	68	59	1,483	40,508	47,333
— . . .	36	50	38	28	46	34	1,377	39,904	34,529
— . . .	22	48	61	26	50	44	1,809	46,132	39,048
— . . .	46	79	57	40	57	47	1,825	55,813	46,382
— . . .	57	68	61	13	53	30	0,516	60,290	23,492
randaise . .	50	52	59	67	59	63	1,242	52,644	64,247
— . . .	40	59	43	35	51	44	1,441	45,140	41,818
— . . .	31	56	53	32	43	55	1,758	43,127	41,385
ine	48	70	69	45	69	60	2,110	50,742	55,335
— . . .	41	58	44	26	56	41	1,545	45,781	36,622
— . . .	40	71	55	38	61	52	1,474	52,413	47,488

CONCOURS LAI

NUMÉRO du catalogue	POIDS en kilogrammes	RACE	PRODUCTION DE LAIT EN KILOGRAMME						
			VENDREDI 21 MARS				SAMEDI 22 M		
			Matin	Midi	Soir	TOTAL	Matin	Midi	Sc
108	504	Tarine	7,790	3,540	3,630	14,960	6,980	3,530	3,
109	705	— . . .	9,380	4,630	4,330	18,340	9,430	4,910	5,
110	479	— . . .	10,150	4,900	4,750	19,800	10,350	5,050	5,
111	530	— . . .	9,570	3,420	4,770	17,760	8,420	5,570	5,
112	475	Villars de Lans. .	2,000	0,900	0,900	3,800	2,250	1,550	2,
114	295	Jersiaise	5,650	3,050	3,100	11,800	6,550	3,400	3,
114 bis	310	— . . .	5,680	3,180	3,130	11,990	6,430	3,280	3,
115	312	Bretonne noire. .	7,530	3,380	3,630	14,540	7,430	3,680	3,
116	253	— . . .	3,150	1,650	1,800	6,600	3,650	1,650	1,
117	226	— . . .	4,200	2,400	2,100	8,700	4,950	2,150	5,
120	426	Bretonne front	2,400	1,400	1,500	5,300	3,600	1,600	1,
121	387	— . . .	10,080	4,380	4,530	18,990	10,180	5,180	4,
122	295	— . . .	8,070	3,620	3,720	15,410	6,120	4,020	4,
123	317	— . . .	4,880	2,680	2,430	9,990	2,980	4,130	2,
124	256	Bretonne noire. .	3,800	1,800	2,200	7,800	4,300	2,100	2,
126	272	— . . .	2,610	1,510	1,510	5,630	3,460	1,660	1,
127	300	— . . .	3,710	1,910	2,610	8,230	4,460	1,910	2,
129	304	— . . .	4,250	1,850	1,700	7,800	4,750	2,200	2,2
130	262	— . . .	5,440	2,590	2,540	10,570	5,020	2,590	2,4
131	323	— . . .	3,070	1,530	1,680	6,280	3,880	2,530	1,7
132	430	Bretonne front	3,240	2,180	2,080	7,500	3,930	2,230	2,1
133	405	— . . .	4,830	2,900	2,350	10,080	4,850	2,300	5,9
134	295	— . . .	2,890	1,640	1,990	6 520	3,490	1,640	1,7
135	471	— . . .	4,060	2,450	2,300	8,810	5,100	2,700	2,7
136	333	— . . .	5,930	2,580	2,570	11,080	5,620	2,820	2,6
		CHEVRES							
140	»	Alpine	1,390	0,850	0,790	3,030	1,980	0,690	0,9
142	»	— . . .	1,830	0,450	0,430	2,710	1,380	0,680	0,7
143	»	— . . .	1,400	0,600	1,020	3,020	1,900	1,050	0,9
144	»	— . . .	1,600	0,900	0,900	3,400	1,700	0,800	1,0
145	»	— . . .	0,800	0,350	0,750	1,900	1,650	0,900	0,8

ER DE PARIS EN 1924

RACE	MATIÈRE GRASSE EN GRAMMES PAR KILOGR. DE LAIT						Production de beurre en 48 h. (kilogr.)	Moyenne du taux butyreux journalier pour 1 kg. de lait	
	VENDREDI 21 MARS			SAMEDI 22 MARS					
	Matin	Midi	Soir	Matin	Midi	Soir		Vendredi 21 Mars	Samedi 22 Mars
rine	44	67	53	34	55	43	1,602	51,626	41,540
— . . .	42	62	40	19	36	66	1,895	46,812	36,282
— . . .	27	54	37	26	51	38	1,745	36,080	33,655
— . . .	43	75	54	21	45	47	2,070	57,916	35,023
llars de Lans.	100	77	57	44	45	36	0,680	84,105	41,153
rsinise . . .	70	48	40	33	49	41	1,402	56,491	39,112
— . . .	60	93	70	47	77	63	1,912	75,533	58,631
etonne noire .	52	60	49	40	50	40	1,646	49,705	42,527
— . . .	40	51	38	36	38	24	0,597	42,204	33,988
— . . .	34	42	38	33	37	36	0,887	37,183	34,963
tonne fromt	60	65	63	47	38	66	0,776	57,811	47,765
— . . .	38	60	59	34	54	41	2,049	48,083	40,804
— . . .	35	47	37	35	46	45	1,397	38,275	41,052
— . . .	50	58	51	18	68	63	1,193	52,389	51,107
etonne noire .	40	44	40	35	45	33	0,757	46,051	48,291
— . . .	28	37	33	35	38	40	0,513	38,460	25,085
— . . .	48	50	45	27	31	46	0,818	47,512	33,140
— . . .	35	41	25	28	33	27	0,629	34,243	27,864
— . . .	13	54	45	37	48	40	0,867	30,350	40,966
— . . .	60	61	50	37	52	41	0,838	58,046	42,503
tonne fromt	86	90	71	52	68	54	1,291	83,002	56,817
— . . .	30	51	46	34	69	46	1,178	39,771	45,526
— . . .	16	63	47	37	40	33	0,586	35,320	38,121
— . . .	32	48	37	30	45	40	0,846	37,527	36,758
— . . .	40	63	49	40	69	53	1,284	47,352	49,950
CHEVRES							Matière grasse		
lpine	34	53	51	50	48	45	0,307	43,762	48,325
— . . .	52	60	42	52	91	56	0,315	51,741	62,551
— . . .	45	40	45	48	57	53	0,332	44,006	51,639
— . . .	41	54	50	41	80	66	0,362	46,813	50,000
— . . .	90	95	80	64	77	79	0,403	80,218	71,134

Quantité de lait (en poids)

Numéros du concours beurrier	VENDREDI			SAMEDI			TOTAUX pour 2 jours	Moyenne par 24 heures
	Traite du matin	Traite de midi	Traite du soir	Traite du matin	Traite de midi	Traite du soir		
	kgr.	kgr.	kgr.	kgr.	kgr.	kgr.	kgr.	kgr.
1	4,600	2,700	2,850	5,100	2,400	3,500	21,150	10,575
2	4,350	4,100	2,650	4,450	3,050	3,450	22,050	11,025
3	6,750	4,000	4,500	6,950	4,650	4,850	31,700	15,850
4	5,850	3 550	4 100	6,500	3,650	3,550	27,200	13,600
5	6,800	4,250	4,000	5,750	3,750	4,100	28,650	14,325
6	5,750	4,250	4,400	6,000	4,050	4,250	28,700	14,350
7	6,050	3,400	4,200	5,400	3,300	3,250	25,600	12,800
8	6,150	3,750	4,450	6,600	4,050	4,300	29,300	14,650
9	7,000	4,600	4,800	7,000	4,650	5,300	33,350	16,675
10	7,400	3,900	4,450	7,800	4,100	4,550	32,200	16,100
11	7,150	3,600	4,800	6,750	3,350	4 050	29,700	14,850
12	6,550	4,300	4,850	6,800	4,000	4,450	30,950	15,475
13	7,600	5,500	5,800	7,350	2,250	5,500	34,000	17,000
14	5,500	1,900	3,700	3,550	3,250	3,650	21,550	10,775
15	4,900	3,300	3,700	5,300	3,000	3,800	24,000	12,000
16	9,200	5,950	6,000	7,300	5,600	5,400	39,450	19,725
17	5,800	3,200	3,900	5,350	2,900	4,300	25,450	12,725
18	9,500	6,050	6,400	9,150	5,750	6,500	43,350	21,675
19	7,100	5,250	5,850	8,900	5,600	6,050	38,750	19,375
20	8,600	5,600	6,100	9,250	5,550	6,350	41,450	20,725
21	8,250	5,750	5,400	7,400	5,400	5,100	37,300	18,650
22	8,600	5,600	7,000	9,500	6,700	7,050	44,450	22,225
23	12,600	8,200	9,350	12,200	9,250	8,300	59,900	29,950
24	8,400	5,400	8,250	10,700	6,850	7,000	46,600	23,300
25	9,000	6,900	7,000	9,300	7,000	7,800	47,000	23,500
26	7,600	5,800	5,900	8,200	4,650	6,300	38,450	19,225
27	8,500	5,500	5,600	8,000	5,300	6,000	38,900	19,450
28	8,700	5,400	4,500	8,350	5,600	4,400	36,950	18,475
29	9,600	5,600	6,400	11,100	6,400	7,000	46,100	23,050
30	12,300	6,450	8,450	11,300	7,300	9,200	55,000	27,500
31	9,700	6,200	7,550	11,000	7,100	7,700	49,250	24,625
32	9,250	4,900	4,500	7,300	4,050	6,250	36,250	18,125
33	7,000	3,200	4,600	5,850	3,800	4,400	28,850	14,425
34	7,600	5,300	6,000	8,100	5,000	5,650	37,650	18,825
35	8,400	4,550	5,800	9,650	6,000	6,550	40,950	20,475
36	10,700	7,100	8,050	11,700	6,800	7,800	52,150	26,075
37	6,900	4,800	6,050	6,600	4,900	4,500	33,750	16,875
38	10,000	7,000	6,700	9,900	6,900	6,950	47,450	23,725
39	8,900	7,500	7,000	9,800	7,880	7,850	48,850	24,425
40	13,600	6,900	8,400	12,550	7,600	8,350	57,400	28,700
41	9,000	6,000	6,100	7,700	6,300	6,500	41,600	20,800
42	8,250	7,400	7,300	10,050	5,650	6,800	45,450	22,725
43	8,500	3,300	7,600	7,000	5,100	5,300	36,800	18,400
44	7,900	5,050	4,850	8,250	5,000	4,450	35,500	17,750
45	8,100	3,600	6,300	9,350	5,850	5,750	38,950	19,475
46	10,350	5,800	7,600	11,150	7,450	7,050	49,400	24,700
47	8,150	6,900	6,350	9,250	6,150	6,700	43,500	21,750
48	10,050	5,900	6,050	6,500	4,750	6,300	39,550	19,775
49	12,500	7,300	7,000	10.100	5,850	8,550	51,300	25,650
50	10,350	5,500	6,400	7,900	4,450	5,800	40,400	20,200
51	12,800	8,250	8,650	12,550	7,650	7,800	57,700	28,850
52	6,500	7,800	5,800	9,300	5,550	6,450	41,400	20,700
53	12,750	8,800	9,250	10,650	6,750	7,800	56,000	28,000
54	9,800	5,100	7,600	12,450	8,050	8,500	51,500	25,750
Totaux : p. traite	453,200	287,900	320,850	451,950	287,850	319,050	2.120,800	1 060,400
p. 24 h.	1.061,950			1.058,850				

D'YVETOT EN 1922

Richesse du lait en matière grasse d'après le Gerber

Nombre de grammes de matière grasse par litre de lait.

Numéros du concours beurrier	VENDREDI			SAMEDI			Richesse moyenne du lait en matière grasse d'après le Gerber (1)	Moyennes butyreuses pour 1 kg. de lait	
	Traite du matin	Traite de midi	Traite du soir	Traite du matin	Traite de midi	Traite du soir		Vendredi	Samedi
	gr.	gr.	gr.	gr.	gr.	gr.	gr.	gr.	gr.
1	37,0	55,0	33,0	35,0	38,0	38,0	38,5	40,665	27,518
2	31,0	104,0	69,0	47,5	50,0	46,0	57,5	67,036	47,723
3	29,5	52,0	45,0	33,0	54,0	44,0	41,1	39,844	42,115
4	15,0	18,0	30,0	45,0	79,5	47,0	37,7	20,344	54,709
5	28,5	48,0	31,0	28,0	40,5	35,0	34,1	34,671	33,556
6	29,0	50,5	40,5	29,0	47,0	37,0	37,6	38,859	36,475
7	36,0	57,0	52,0	43,0	53,0	44,5	46,1	46,153	46,169
8	40,0	54,0	40,0	35,0	45,0	37,0	40,5	43,658	38,351
9	35,0	47,0	40,0	35,5	46,5	39,0	39,7	39,829	39,612
10	30,0	35,0	32,0	27,0	32,0	33,0	30,8	31,809	29,960
11	33,0	33,0	32,5	37,0	45,0	41,0	36,2	32,845	40,038
12	25,5	47,0	31,5	29,0	49,0	31,0	34,0	33,242	34,829
13	37,5	64,0	43,5	23,0	52,0	97,0	38,5	47,000	32,420
14	39,0	25,5	40,5	40,5	45,0	71,0	44,6	37,189	52,125
15	34,0	47,5	40,0	38,0	47,0	43,0	40,7	39,609	44,726
16	24,0	61,0	42,0	23,0	48,5	38,0	37,5	48,026	35,195
17	26,0	35,0	40,0	29,5	34,0	48,0	34,6	32,465	34,742
18	32,0	51,0	39,0	34,5	45,0	33,0	38,1	39,277	36,865
19	16,0	44,0	30,0	29,0	41,0	34,0	31,3	28,604	33,742
20	26,0	61,0	41,0	33,5	59,0	38,0	40,9	40,168	41,544
21	24,0	53,0	44,0	31,0	53,0	36,5	38,6	38,160	39,204
22	37,0	50,0	36,0	27,0	39,0	36,0	36,4	40,103	24,583
23	28,0	47,0	38,0	19,0	41,0	33,0	33,0	35,650	29,524
24	27,0	35,0	43,0	36,0	62,0	49,0	41,2	34,945	39,221
25	25,0	47,0	32,0	24,0	40,0	36,0	33,1	33,768	32,531
26	19,0	52,0	46,0	27,0	29,0	46,0	35,8	37,170	33,266
27	29,0	63,0	50,0	30,0	56,0	49,0	43,8	44,591	37,861
28	17,0	53,0	36,5	38,0	59,0	32,0	37,5	32,169	41,362
29	25,0	45,0	33,0	32,0	39,0	36,0	33,8	32,555	31,157
30	37,0	58,0	45,5	35,0	53,5	51,0	44,8	44,473	45,021
31	34,0	49,0	38,5	31,0	44,0	32,0	37,0	39,414	34,875
32	22,0	40,0	37,0	41,0	58,0	68,0	42,1	30,348	54,500
33	21,0	34,5	36,0	25,0	39,0	35,0	30,2	28,648	31,918
34	27,0	37,0	36,5	42,0	59,0	52,0	42,6	32,820	48,480
35	24,0	32,0	40,0	47,0	74,0	49,0	43,9	30,890	54,187
36	45,0	53,0	43,0	38,5	47,0	39,0	43,6	46,610	41,150
37	27,0	40,5	42,0	25,5	45,0	35,0	34,7	35,628	34,075
38	26,0	53,0	42,0	30,0	50,0	38,0	38,3	38,535	38,151
39	18,5	43,0	32,0	19,0	47,0	46,0	33,2	30,391	33,293
40	31,0	55,0	44,0	29,5	50,0	36,0	38,7	40,509	36,872
41	31,0	51,0	38,0	25,0	44,0	37,0	36,7	38,710	34,634
42	26,0	57,5	42,0	37,0	48,5	43,0	41,4	45,167	38,145
43	19,0	28,0	47,0	31,0	44,0	30,0	32,9	31,500	35,086
44	24,0	57,0	31,0	39,0	63,5	32,0	39,7	35,265	44,217
45	39,0	38,0	36,0	38,0	53,0	38,5	39,7	37,805	42,325
46	36,0	36,0	30,0	25,0	38,0	33,0	32,4	34,080	30,974
47	22,0	40,0	33,0	27,0	46,0	38,5	33,4	31,067	35,773
48	34,0	55,0	44,0	20,0	49,0	81,0	45,6	42,381	49,747
49	15,0	45,0	41,0	27,0	32,0	43,0	31,7	29,962	33,777
50	37,0	66,0	52,5	51,5	68,0	52,0	51,8	48,627	55,705
51	38,0	58,0	47,0	27,0	50,0	47,0	42,6	46,581	38,855
52	22,0	77,0	47,0	38,0	55,0	33,5	45,7	50,556	36,418
53	39,0	53,0	48,0	35,0	62,0	54,0	46,8	67,675	48,113
54	40,0	41,0	34,0	26,5	48,5	36,0	35,6	37,183	51,310
Totaux...	1569,5	2632,0	2155,0	1749,5	2647,0	2247,5	38,8		
Moyennes p. traite	29,1	48,7	39,9	32,4	49,0	41,6			
Moyennes p. jour.		39,2			41,0				

CONCOURS LAITIER ET BEURRIER D'AMIENS (1924)

Production du lait en poids (en kilogr.)

N°s des Vaches	JOURNÉE DU VENDREDI				JOURNÉE DU SAMEDI				Production totale en 48 heures
	Traite du matin	Traite de midi	Traite du soir	Total de la journée	Traite du matin	Traite de midi	Traite du soir	Total de la journée	
1	10,400	6,490	5,700	22,59	10,200	7,300	6,550	24,05	46,640
2	7,300	4,090	4,000	15,39	8,100	5,270	4,800	18,17	33,560
3	12,220	6,640	4,800	23,66	11,230	6,720	5,200	23,15	46,810
4	10,340	6,040	5,600	21,98	10,550	6,130	4,950	21,63	43,610
5	12,100	8,350	6,800	27,25	12,270	8,870	7,470	28,61	55,860
6	10,620	6,370	5,900	22,89	10,500	5,820	6,250	22,57	45,460
7	11,500	6,570	6,300	24,37	9,950	7,850	7,050	24,85	49,220
8	11,000	8,050	5,250	24,30	11,400	7,750	6,700	25,85	50,150
9	10,090	6,590	6,400	23,80	10,150	6,700	5,720	22,57	45,650
10	9,650	5,950	5,800	21,40	10,350	6,270	5,800	22,42	43,820
15	6,900	3,420	7,400	17,72	6,870	7,270	5,220	19,36	37,080
16	9,420	6,370	6,500	22,29	8,100	5,600	5,700	19,40	41,690
17	11,720	8,290	7,400	27,41	11,870	7,600	6,800	26,27	53,680
18	9,850	5,070	7,050	21,97	9,500	5,800	6,450	21,75	43,720
19	9,390	5,950	6,200	21,54	8,470	6,870	6,420	21,76	43,300
20	9,660	6,090	5,550	21,30	10,150	6,750	5,250	22,15	43,450
21	7,000	4,500	4,750	16,50	9,750	5,250	5,270	20,27	36,520
22	7,900	5,900	6,400	20,20	10,470	6,230	5,700	22,40	42,600
23	6,800	4,190	4,700	15,69	7,750	5,800	5,400	18,95	34,640
Minimum	6,800	3,420	4,000	15,39	6,870	5,250	4,800	18,17	33,560
Maximum	12,220	8,350	7,400	27,41	12,270	8,870	7,470	28,61	55,860
Moyenne	9,67	6,04	6,130	21,65	9,870	6,620	5,930	22,43	44,070

Production de la matière grasse

Nos des vaches	JOURNÉE DU VENDREDI — Matière grasse (en gr.) dans 1 kg. de lait — matin	midi	soir	Matière grasse (en gr.) de la traite — matin	midi	soir	Matière grasse de la journée	JOURNÉE DU SAMEDI — Matière grasse (en gr.) dans 1 kg. de lait — matin	midi	soir	Matière grasse (en gr.) de la traite — matin	midi	soir	Matière grasse de la journée	Matière grasse totale en 48 heures	MOYENNE butyreuse journalière dans 1 kilogramme de lait — Vendredi	Samedi
1	49,4	71,0	53,3	513,7	460,7	303,8	1278,2	25,6	52,3	52,3	261,1	381,7	342,5	985,3	2263,5	52,15	40,96
2	34,8	53,4	49,4	254,0	218,4	197,6	670,0	24,6	49,4	40,7	199,2	260,3	195,3	654,8	1324,8	43,53	36,03
3	20,3	38,9	32,9	248,0	258,2	157,9	664,1	16,9	52,3	37,8	189,7	351,4	196,5	737,6	1401,7	28,15	31,81
4	25,1	38,8	33,9	259,5	234,3	189,8	683,6	20,3	44,5	31,9	214,1	272,7	157,9	644,7	1322,3	31,14	29,80
5	22,3	45,8	50,5	269,8	382,4	343,4	995,6	15,0	34,9	38,8	184,0	309,5	289,8	783,3	1778,9	36,53	27,76
6	31,0	63,3	52,5	329,2	403,2	309,7	1042,1	30 5	52,4	45,6	320 2	304,9	285,0	910,1	1952,2	45,52	32,65
7	32,9	58,4	57,3	378,3	383,6	360,9	1122,8	23,2	46,5	46,5	230,8	365,0	327,8	923,6	2046,4	46,07	37,17
8	23,2	44,7	38,7	255,2	359,8	203,1	818,1	24,6	54,2	50,8	280,4	420,0	340,3	1040,7	1858,8	33,66	40,24
9	27,0	49,0	45,5	272,4	322,9	291,2	886,5	36,2	69,8	39,7	367,4	467,6	227,0	1062,0	1948,5	38,27	47,05
10	33,4	60,7	50,4	322,3	361,1	292,3	975,7	30,0	50,3	49,4	310,5	315,3	286,5	913,3	1889,0	45,59	42,69
15	38,7	32,0	42,6	267,0	109,4	315,2	691,6	21,2	34,8	45,0	145,6	252,9	234,9	633 4	1325,0	39,58	32,72
16	32 9	60 3	58 3	309 9	384 1	378,9	1072,9	22,2	49,0	41 6	179,8	274,4	237,1	691,3	1764,2	48,12	35,63
17	32,8	49,0	48,5	384,4	406,2	358,9	1149,5	29,5	53,3	40,6	350,1	405,0	276,0	1031,1	2180,6	41,97	38,87
18	29,9	33,9	44,5	294,5	171,8	313,7	780,0	24,1	45,3	58,1	228,9	262,7	374,7	866,3	1646,3	35,95	46,55
19	21,7	51,4	70,9	203,7	305,8	439,5	949,0	18,8	44,5	42,7	159,2	305,7	274,1	739,0	1688,0	44,01	33,96
20	40,6	58,3	48,5	392,1	355,0	269,1	1016,2	33,9	64,5	59,2	344,0	435,3	310,8	1090,1	2106,3	47,23	49 22
21	52,2	48,4	39,5	365,4	217,8	187,6	770,8	31,8	44,9	38,2	310,0	235,7	201,3	747,0	1517,8	46,71	40,22
22	49,6	56,3	57,2	391,8	332,1	366,0	1089,9	28,0	54,2	46,4	293,1	337,6	264,4	895,1	1985,8	53,95	36,58
23	59,1	83,6	65,1	401,8	350,2	305,9	1057,9	33,8	74,7	54,3	261,9	433,2	293,2	988,3	2046,2	59,42	52,64
Minima	20,3	32,0	32,9	203,7	109,4	157,9	664,1	15,0	34,8	31,9	145,6	235,7	157,9	633,4	1324,8		
Maxima	59,1	83,6	70,9	513,7	460,7	439,5	1278,2	36,2	74,7	59,2	367,4	467,6	374,7	1090,1	2263,5		
Moyennes	34,5	52,4	49,4	321,7	316,1	293,9	932,3	25,8	51,1	45,2	254,1	336,3	269,1	859,8	1792,0		

CONCOURS BEURRIER DE ROUEN 1907

Richesse du lait en matière grasse d'après le Gerber.

(Nombre de grammes de matière grasse par litre de lait)

Races et sections	Nos des Vaches	Jeudi Traite préparatoire	VENDREDI Traite du matin	VENDREDI Traite du midi	VENDREDI Traite du soir	SAMEDI Traite du matin	SAMEDI Traite du midi	SAMEDI Traite du soir	Richesse moyenne du lait en m grasse d'après le Gerber: Moyenne véritable (en divisant la production totale de matière grasse par le volume du lait)	Richesse moyenne du lait en m grasse d'après le Gerber: Moyenne approx (Moyenne gener differents essa tenir compte d me du lait.
			gr.	gr.	gr.	gr.	gr.	gr.	gr.	gr.
Race normande. – Animaux du département de la Seine-Inférieure. 1re Section	1	39	20,5	45	49	28,5	54	52	38,64	41,50
	2	57	42	49	40	27,5	39	35	37,74	38,75
	3	100	31	47,5	34	21	54	41,5	36,12	38,16
	4	41	34	52	47	31	46	46,5	41,18	42,75
	5	49	31	34	32	29	33,5	27	30,74	31,08
	7	49	50	62,5	43	39,5	58	48	49,06	50,16
	8	39	36	47	39	34	43	39	38,56	39,66
	9	44	34	45	43	29	42	36	36,90	38,16
2e Section	6	50	77	68	49	42	48	42	51,97	54,33
	11	26	44	89,5	65	38,5	50	50,5	54,53	56,25
	12	63	29	53	45	35	52	42	41,59	42,66
	13	40	37	52	39	25	43,5	33,5	36,38	38,33
	14	41	34	49	47	31,5	47,5	42,5	41,55	41,91
	15	45	40	54	39,5	33,6	51	47	42,52	44,16
	16	28	38	67	41	26	56	41	44,49	44,83
	17	61	37	51	53	35	56	52	45,74	47,33
	18	100	50	57	46	40	70	54,5	51,84	52,91
	19	25	22	58,5	38	19	46	41	35,23	37,40
	20	36	29	42	39	21	43	37,5	34,32	35,25
	21	50	23	45	34	15,5	48,5	38	31,46	34
	22	56	65	69	37	21	52	44	46,35	48
	23	37	29	48	36	24	52	37	35,52	37,66
	24	20	17	41	64	67	60	36	47,47	47,5
	25	33	23	45	40,5	24	42,5	35	32,98	35
Race normande. – Animaux des départements autres que la Seine-Inférieure. 1re Section	26	50	51	62	60	39,5	58	52,5	52,07	53,83
	27	27	24	40,5	41,5	39	69	45	41,40	43,16
	30	32	37	39	33,5	25	37,5	37	33,79	34,63
	31	120	34	49	34	27	41	49,5	37,90	39,08
	32	32	31	57	56	20	31	47	39,78	40,33
	33	»	35	66	46	39	41,5	62	50,66	51,58
2e Section	36	60	83	68	52	29,5	39,5	37,5	47,87	51,58
	37	75	43	74	49	28	38	38,5	43,17	45,08
	38	65	37	48	47	33,5	48	38,5	40,27	42
	39	58	59	76	55	27	43	47	47,47	51,16
	40	26	49	37	29	23,5	31	38,5	34,73	34,66
	41	52	44	62	57	44,5	58	48	50,50	52,25
	43	38	45	51	40	22,5	46	43	39,66	41,25
	44	84	58	59	49,5	25	41	66	47,62	49,75
	45	58	90	83	68,5	45	55,5	48	60,74	65
	47	33	29,5	60	44,5	22	49,5	49	39,12	42,41
	48	65	53,5	60	49	39,5	64	52,5	51,47	53,06
	50	53	19,5	39	53	32	31	43	33,59	36,25

(1) Dans ce tableau, on a établi la *moyenne véritable* et la *moyenne approximative* qui est en somm moyenne des moyennes véritables des deux jours ; les deux chiffres, en général, ne sont pas très élo l'un de l'autre, mais il y a tout de même parfois des différences de près de 5 grammes ; aussi ne doit-on à mon avis, recourir à la moyenne dite approximative dans le calcul de laquelle n'intervient pas la differ des productions en litres des deux jours.

ces t ions	N°s des vaches	JEUDI Traite préparatoire	VENDREDI Traite du midi			SAMEDI Traite du matin			Richesse moyenne du lait en matière grasse d'après le Gerber	
			Traite du midi	Traite du midi	Traite du soir	Traite du matin	Traite du midi	Traite du soir	Moyenne véritable (en divisant la production totale de matière grasse par le volume du lait)	Moyenne approximative (Moyenne générale des différents essais sans tenir compte du volume du lait)
		gr	gr.	gr.	gr.	gr.	gr.	gr.	gr.	gr.
1re section	51	96	46	51	45	34	45	37	41,26	43
	52	99	50	56	45	34	48,5	42,5	46,97	46
	53	82	44	56	46,5	22,5	52	43	41,33	44
	54	45	41	43	35,5	37	32	36,5	37,53	37,5
	56	61	36	51	47	40,5	66,5	56	47,19	49,5
	57	100	65	55,5	45	26,5	46,5	37,5	44,03	46
	58	56	41	58	38	21	41	38	38,34	39,5
	59	61	32	39	38,5	24	32	38	32,37	33,91
	60	69	38,5	49	41	29	44	33,5	38,63	39,16
ce ndaise ection	61	57	46,5	41,5	36	29	34	35	35,89	37
	62	58	39	51	45	29,5	47,5	36	39,91	41,33
2e section	55	66	42	40	32,6	28	36,5	36,5	34,37	35,93
	63	100	54	70	47	29	44	40	45,59	47,33
	65	38	21	48	33	21	42,5	24,5	32,12	31,66
	66	52	66	48	41	34	41,5	42	44,56	45,21
	67	50	28	61	42,5	31	58	51	42,19	45,25
	68	58	43,5	50	34,5	12,5	25,5	26,5	30,52	32,08
	69	49	30	36	29,5	23	33	29	29,08	30,08
	70	61	40	44,5	35	27,5	31	29	33,41	34,5
	71	130	65	80,5	56	30	56,5	47	52,43	55,83
	72	87	38	54	46	27	53,5	49,5	42,44	44,66
	73	93	56,5	70	42	26,5	58	51,5	48,50	50,75
	74	100	46	53	58	31	41	36	42,07	44,16
	75	63	37	46	40	42	55,5	50,5	43,57	45,16
ce ndaise ection	76	35	27	46	38,5	21	45	36,5	32,98	35,66
	77	43	21	37,5	29	26	27,5	30	27,48	28,5
	78	77	53,5	67	61,5	55	68,5	65	60,09	61,75
	79	46	25	31	24	19,5	32	30,5	25,86	27
urham ect.on	81	50	28,5	25	32,5	34	53,5	56,5	36,80	38,33
urham ection	82	48	23	46	47	32	47,5	40,5	37,97	39,33
	83	43	38	48	38	27	40	41	37,39	38,66
ace scalle	84	42	21,5	50	45	27	35	31	31,53	34,91
ace iaise ection	85	42	34	51	57,5	39,5	61	41,5	45,68	47,41
	87	105	45	52	38	33	57	43,5	49,90	44,75
	88	67	59	46,5	47	45	38	34,5	45,51	45
	89	105	66	72	58	40,5	55	39,5	53,21	55,16
ace onne eck.on	90	61	43	58	41	35	48,5	47,5	43,99	45,5
	91	40	37,5	51,5	40	32	54	43,5	42,12	43,08
2e section	86	95	49	65,5	50	35	34	42,5	44,73	46
	92	42	43	38,5	53	31	49,5	44	41,55	43,16
	93	•	110	90	47,5	61,5	69	69,5	77,11	74,58
	94	50	66	71	78,5	44	82	63,5	65,82	67,5
	95	67	49,5	54	40	38,5	50,5	43	46,83	45,91
	96	95	54	57	48	30	32	43	46,87	44
	97	57	48	60,5	51	45,5	53	47	49,43	50,83
ace onne ection	99	75	58,5	43,5	49	34	43	38,5	43,91	44,41
	100	56	48	72	51,5	37,5	58	60	51,69	54,5
Totaux. . .			3.809	4.787	3.969,6	2.812,1	4.209	3.819	Moyenne générale	Moyenne générale
Par traite. . . .			42 gr.79	53 gr.70	44 gr.60	31 gr.59	47 gr.29	42 gr.91	42 gr. 67	44 gr. 15
Par jour. . . .			47 gr. 05			40 gr. 59				

Côte-d'Or, 1923.

16 animaux le 1er jour (le 2e jour 17 ; je retire du tableau l'animal qui n'avait pas paru au 1er jour ; il avait 54 gr. à la traite du matin).

1er jour	4	5	3	4	0	0
2e jour	1	6	9	0	0	0

(Ajouter un animal qui n'avait que 9 gr. et l'autre qui avait 54 gr. ; c'est l'animal signalé ci-dessus).

Quant aux concours de Gex et de Montluel dans l'Ain, ils n'ont duré qu'une seule journée.

Si maintenant, prenant ces tableaux, nous additionnons les nombres des deux premières colonnes, relatifs aux taux butyreux de 10 à 20 gr. et de 20 à 30 gr., puis que nous les rapportions à l'ensemble, nous avons :

Rouen :

1er jour . . . . 20 laits au-dessous de 30 gr. sur 89, soit 22,4 %
2e jour . . . . 45 — — — 50,5 %

Yvetot :

1er jour . . . . 31 laits au-dessous de 30 gr. sur 54, soit 57,4 %
2e jour . . . . 24 — — — 44,4 %

Caen :

1er jour . . . . 12 laits au-dessous de 30 gr. sur 28, soit 42,8 %
2e jour . . . . 15 — — — 53,5 %

Saint-Lo :

1er jour . . . . 9 laits au-dessous de 30 gr. sur 24, soit 37,5 %
2e jour . . . . 4 — — — 16,6 %

Paris :

1er jour . . . . 27 laits au-dessous de 30 gr. sur 94, soit 28,7 %
2e jour . . . . 40 — — — 42,5 %

Amiens :

1er jour . . . . 7 laits au-dessous de 30 gr. sur 19, soit 36,8 %
2e jour . . . . 14 — — — 73,6 %

Cote-d'Or :

1er jour . . . . 9 laits au-dessous de 30 gr. sur 16, soit 56,2 %
2e jour . . . . 7 — — — 43,7 %

Si nous laissons de côté les concours où il y a eu peu d'animaux, et si nous ne retenons que ceux de Rouen (89 animaux) et de Paris (94), les résultats relevés ci-dessus ne corroborent nullement l'opinion de M. Eug. Roux, laquelle était basée sur le concours d'Yvetot n'ayant que 54 animaux, puisque, à Rouen et à

Paris, la proportion des taux butyreux de 30 gr. et au-dessous, est nettement plus élevée le deuxième jour du concours que le premier : à Rouen, 45 au lieu de 20, à Paris, 40 au lieu de 27. A Yvetot d'ailleurs, le nombre de laits dont le taux butyreux est de 30 gr. et au-dessous, qui était de 31 le premier jour, l'est encore de 24 le second jour. On ne peut donc pas dire que la proportion s'en est « à peu près annulée le second jour ».

Si, pour serrer de plus près la discussion de ce point intéressant, nous prenons, chaque fois que cela a été donné par le concours, les taux butyreux *moyens* de la traite du *matin* des deux jours du concours, nous trouvons, pour Rouen, le premier jour : 42 gr. 79, le deuxième jour : 31 gr. 59 ; à noter la différence considérable qui atteint 11 gr. 20 pour un ensemble de 89 animaux.

J'ajouterai que, à Rouen (voir le tableau), le jeudi soir, veille du concours, on avait analysé le lait de la traite. Les chiffres examinés nous montrent qu'ils sont en moyenne très élevés, comme beaucoup de laits de la traite du soir, et qu'il n'apparaît pas, autant qu'on puisse le dire, — car en une pareille matière, la tendance à généraliser se heurte facilement à d'autres faits voisins et contraires — que le « voyage » et le « dépaysement » des animaux ait retenti fâcheusement sur la richesse en matière grasse de leur lait.

J'estime qu'il était utile de relever certains détails de tous ces documents, car il ne faudrait pas que des fraudeurs vinssent exciper plus tard du *voyage* de leurs animaux, de leur *changement d'habitudes* pour expliquer une richesse butyreuse faible pouvant relever d'un écrémage.

A Yvetot, la moyenne de la traite du matin du premier jour accuse 29 gr. 1, et celle du second jour, 32 gr. 4, ce qui est encore un chiffre faible.

Dans la Côte-d'Or, au concours de Châtillon-sur-Seine, le premier jour au matin, la moyenne de l'ensemble des 16 animaux donne 29,8 et le second jour, 30,8. Encore y comprend-on un animal supplémentaire qui, justement, ce second jour, a eu une traite extrêmement riche : 54 gr. Si on l'élimine de l'ensemble, et ceci est juste, puisqu'il n'était pas là le premier jour, on trouve que le chiffre de 30,8 se ramène à 28 gr. 60, inférieur donc au chiffre du premier jour.

A Amiens, la moyenne de la traite du matin du premier jour est de 34 gr. 5 (sur 19 animaux). Le second jour, elle n'est que de 25 gr. 8, soit une différence de près de 10 gr.

Tous ces relevés faits sur des documents dont la sincérité est indiscutable, ne seront pas sans frapper l'esprit du lecteur. Nous verrons plus loin ce qu'il faut en penser quand nous ferons rentrer les chiffres ci-dessus dans le cadre des laits de mélange.

Les *Comptes rendus de l'Académie d'agriculture* (séance du 19 novembre 1924), nous apportent, par la voix de M. de SAINT-QUENTIN, les résultats des concours beurriers de Caen et de Saint-Lô de cette année. Ils ressemblent à ceux de 1923 qui viennent d'être donnés. M. Eug. ROUX a profité de cet exposé pour revenir sur les observations qu'il avait présentées à la Société des Experts-Chimistes et que j'ai rapportées plus haut. M. de SAINT-QUENTIN avait cité les cas de deux vaches dont l'une, *Marmotte*, avait donné, par litre de lait en matière grasse, le premier jour : le matin, 28 gr., à midi, 28 gr. ; le soir 37 gr. et le deuxième jour, respectivement : 95 gr., 96 gr. et 77 gr. ; la moyenne des deux jours était de 63 gr. 4. « L'exemple cité par M. de SAINT-QUENTIN me paraît probant, dit M. Eug. ROUX, en ce sens que les deux vaches dont il a parlé ne se trouvaient plus dans des conditions normales. On se sert généralement des résultats ainsi obtenus dans les concours pour appuyer la plaidoirie des avocats des laitiers poursuivis pour écrémage, en prétendant que de bonnes vaches laitières produisent *normalement certains jours*, un lait qui ne donne que 20 gr. de matière grasse, alors qu'il s'agit de cas *exceptionnels*. »

J'ai souligné intentionnellement quelques mots dans les dernières lignes, voulant mieux en marquer ainsi l'opposition. On a vite dit qu'il s'agit là de faits *exceptionnels*, alors qu'ils sont *véritablement normaux*. Je ne dis pas qu'il est *normal* que les femelles laitières donnent *fréquemment* des laits d'un taux butyreux si faible qu'on pourrait les croire écrémés, mais il arrive *moins rarement qu'on ne le croit*, que des vaches laitières, excellentes même, ont à *certains jours*, le *matin*, des laits pauvres en graisse. Et voilà le fait ; encore une fois, il est *normal*.

Au surplus, M. René BERGE fit remarquer à M. Eug. ROUX que les faits signalés par celui-ci, et qui *sont observés en grand nombre* dans les *concours beurriers* « se trouvent vérifiés dans les *Sociétés de contrôle laitier* ; il s'agit alors de laits dont les échantillons sont prélevés à l'étable, dans les meilleures conditions pour la vache laitière ».

Des esprits aussi éclairés, aussi judicieux que MALLÈVRE, sont sujets à se tromper quand ils parlent des variations de la matière grasse, tant par en bas que par en haut. « Si l'on passe en revue les données acquises fort éparses, et qu'on envisage l'ensemble de l'espèce bovine, sans distinction de race, on est, sans doute, très près de la vérité, en admettant que les minima de richesse individuelle ne descendent guère au-dessous de 23 gr., et que les maxima dépassent à peine 66 gr. par litre. On prétend bien avoir observé des minima atteignant à peine 20 gr., mais il n'est pas certain qu'ils proviennent d'animaux en état de santé normal. »

Il y a dans un pareil texte deux erreurs : la première relative aux variations butyreuses inférieures à 23 et supérieures à 66. C'est un des mérites des *Concours beurriers*, d'avoir montré que de telles variations ne sont pas aussi rares qu'on le pensait. Enfin, la deuxième erreur est de rattacher un taux faible de matière grasse à un état de santé qui ne soit pas « normal ».

J. GROSSFELD (1), n'a-t-il pas signalé que le lait d'une ferme des environs de Recklinghausen avait donné respectivement 1,75, 1,85, 2,55, 2,05 et 1,80 % de graisse (soit 18 gr., 19 gr. 05, 26 gr. 25, 21 gr. 10 et 18 gr. 50 au litre). Un essai à l'étable avait donné 2,25 % pour le lait du soir (23 gr. 15 au litre) et 2,15 % (22 gr. 15 au litre) pour le lait du matin. L'une des vaches était la cause de la faible quantité de graisse ; elle produisait 12 à 13 litres par jour, après trois semaines de vêlage ; *elle ne paraissait nullement anormale* et il fallait admettre des circonstances individuelles.

Son lait donnait les chiffres suivants :

Lait du soir, matière grasse : 1,45 % (14 gr. 95 au litre).

Lait du matin, matière grasse : 1,30 % (13 gr. 40 au litre).

* * *

Pour en finir avec la question qui vient d'être discutée, je ferai remarquer qu'il faudrait d'innombrables documents statistiques pour apercevoir au travers, et encore cela n'est peut-être pas très certain, l'influence du changement d'habitudes de l'animal, de la distraction qu'il éprouve lorsqu'au lieu de se trouver dans une étable ou au milieu d'une prairie, il est transporté sous un hangar qui reçoit de nombreux visiteurs, etc. Quoi qu'on en ait dit, nous ne voyons pas cette influence au travers des chiffres récoltés dans les concours laitiers ; ils sont contradictoires et justifient une fois de plus ce que je disais tout à l'heure : qu'il est très difficile de décider. Il n'y a pour ainsi dire que des cas particuliers. Telle assertion valable, — et encore doit-elle être mitigée, — dans une circonstance déterminée, ne l'est plus dans une autre circonstance, alors que le cadre des observations reste, en quelque sorte, le même ; tout cela est déconcertant.

Je crois qu'il serait utile, pour s'essayer à ne plus trop discuter dans le vide, d'avoir les rendements en lait et en matière grasse de chaque traite des animaux du concours dans les jours qui précèdent l'ouverture. Evidemment, c'est là beaucoup de travail et de

(1) J. GROSSFELD, Sur le lait de vache extraordinairement pauvre en graisse (*Zeit. für Unters. d. Nahrungs u. Genussmittel.*, 1922, p. 204) ; Anal. in *Le Lait*, t. III, p. 32, 1923.

l'argent à dépenser, mais peut-être serait-ce la meilleure façon de saisir, en comparant les résultats obtenus avec ceux du concours lui-même, l'influence du déplacement et de toutes les circonstances qui l'entourent. (1)

* * *

Dans quelques-uns des documents ci-dessus et de ceux qui suivront, on peut voir que, très souvent, les chiffres empruntés aux travaux étrangers sont assez bas ; c'est que la plupart d'entre eux ont été fournis par des animaux de races peu beurrières.

Il ne faudrait donc pas conclure, comme certainement on pourrait être tenté de le faire, de l'application intégrale de ces chiffres à ce qui se passe chez nous. La superposition des résultats ne s'impose pas fatalement ; il faut tenir compte de la race avant tout, et, après, des circumfusa qui entourent le genre de vie de l'animal.

Dans cette étude, je me suis placé, on a pu déjà s'en rendre compte, à un point de vue extrêmement général ; je crois que les conclusions sont d'application à tous les cas, mais quand il s'agit de les chiffrer, il faut serrer la question de plus près, et faire intervenir, comme je viens de le dire, le facteur *race* et le facteur *individu* qui sont ceux qui jouent le plus.

* * *

Les variations butyreuses du lait chez la brebis. — Ce qui vient d'être dit de la vache laitière relativement à la variabilité du taux butyreux de son lait, ne saurait être particulier à cette espèce ; toutes les femelles laitières sont dans le même cas qu'elle.

En ce qui concerne la brebis, il faut consulter le travail de A. Trillat et H. Forestier (2) et celui de A. Burr et F.-M. Berberich (3).

(1) Ce travail était rédigé depuis longtemps quand j'ai pris connaissance du rapport de M. Granvigne, directeur de la Station agronomique de Dijon sur le contrôle laitier-beurrier de Trévoux en août-septembre 1924 *(la Terre de Bourgogne*, 29 novembre 1924) *(a)*. Le programme de ce contrôle comportait un point très intéressant : « Effectuer de huit jours en huit jours, pendant plusieurs semaines, le contrôle de la production laitière et beurrière d'un certain nombre de vaches et déterminer leur production moyenne. Comparer cette production et le classement des vaches à ceux que l'on obtiendrait ensuite pendant une journée, lors du concours où les dites vaches seraient réunies. Déterminer ainsi l'influence causée par le déplacement des animaux, les changements d'étables, d'habitudes, etc. »

Le dépouillement des résultats montre que ce qui peut être affecté, c'est le rendement en litres de lait, et non le taux butyreux.

a) Ce rapport sera analysé dans *Le Lait*.

(2) A. Trillat et H. Forestier, la Composition du lait de brebis *(Bulletin mensuel de l'Office de Renseign. agr., Ministère de l'Agriculture*, novembre 1902).

(3) A. Burr et M. Berberich, Studien uber Schaf-Milchwirtschaft (Tirage à part du *Milch. Zeitung*, 1910-1911).

A. Trillat et H. Forestier qui ont opéré dans le centre de la France relèvent de nombreuses analyses de lait de brebis. Dans l'ensemble, on doit noter la grande irrégularité des taux butyreux trouvés. Sur 171 échantillons prélevés par les soins de ces auteurs dans l'Aveyron, je lis un minimum de 22,7 et un maximum de 103,3 entre lesquels s'étagent tous les dosages dont la moyenne oscille autour de 70 gr. Ce sont des chiffres semblables que l'on trouve

Taux, en grammes, par litre, de la matière grasse du lait d'une chèvre au troisième mois de la lactation, sur les deux traites journalières.

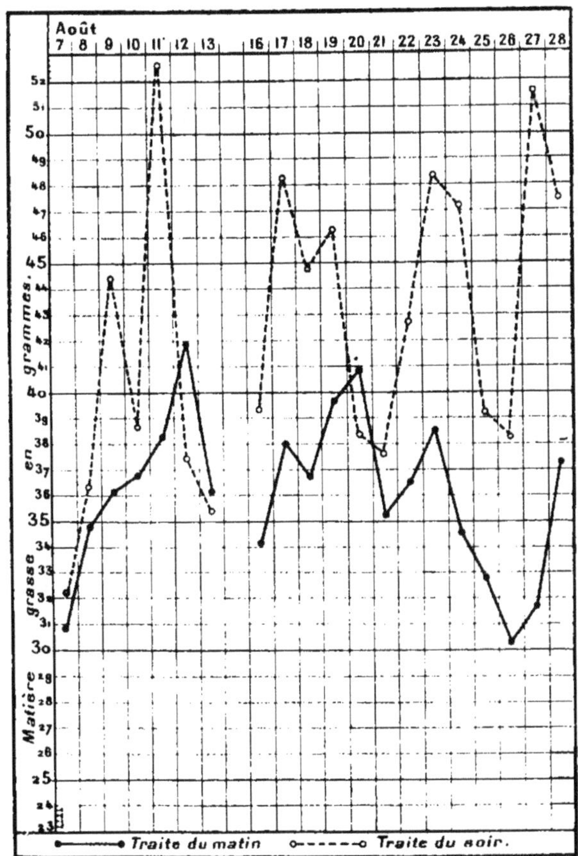

Fig. 21.

dans l'étude de BURR et BERBERICH : un minimum de 23,4, un maximum de 120,1.

BURR et BERBERICH ont rassemblé tous les documents qu'ils ont pu trouver dans la littérature sur cette question.

***

Les variations butyreuses du lait chez la chèvre — Le graphique (fig. 21, p. 77), emprunté à la thèse de CAILLOUX nous donne le taux en grammes par litre de la matière grasse du lait d'une chèvre au troisième mois de la lactation sur les deux traites journalières. Nous noterons, comme dans le cas de la vache, que la traite du soir est, en général, plus riche que celle du matin. Ici cependant, sur les vingt jours qu'a duré l'observation, trois fois la traite du matin est plus riche que celle du soir.

***

Les variations butyreuses du lait chez la femme. — Lorsqu'il s'agit d'étudier, au point de vue qui nous occupe en ce moment, la sécrétion lactée de la *femme*, une difficulté se présente, que nous n'avons pas jusqu'ici rencontrée : c'est l'impossibilité, dans l'espèce humaine, d'avoir un échantillon réellement moyen.

Chez toutes les femelles domestiques orientées vers la production industrielle du lait : vache, chèvre, brebis, il est facile d'effectuer la traite complète et, par suite, d'avoir un échantillon moyen qui soit vraiment le reflet de l'ensemble.

Je n'en dirai pas autant de la truie et de la chienne, femelles sur lesquelles la mulsion est extrêmement difficile à faire. Si l'on veut obtenir une quantité assez notable de lait, il faut séparer la mère des petits, laisser s'engorger les mamelles ; or, une telle pratique n'est pas sans entraîner de la rétention lactée, et l'on sait par mes recherches sur cette question que le lait obtenu dans ces conditions ne saurait ressembler à celui qui a été réellement sécrété.

Les difficultés que l'on rencontre avec les deux femelles dont il vient d'être parlé, la chienne et la truie, nous les retrouvons chez la femme. *Il est toujours facile de parler du taux en graisse d'une traite donnée, chez la vache, chez la chèvre, puisque la traite est effectuée à fond* ; *il l'est infiniment moins d'en parler chez la femme.* Ici l'échantillonnage est fort difficile et, conséquemment, les auteurs qui se sont occupés de la question ont opéré dans des conditions qu'il est toujours possible de discuter, dès l'instant où l'on prend comme terme de comparaison celles dans lesquelles on fait les prélèvements chez la vache.

Nous saisirons mieux tout à l'heure, lorsque nous étudierons les variations du taux butyreux d'une même traite, de son commencement à sa fin, les raisons qui nous font critiquer les différents procédés préconisés pour s'assurer un échantillon moyen chez la femme.

Pour l'instant, nous nous contenterons de donner un document très intéressant (fig. 22), emprunté au travail de PLAUCHU et RENDU (1). Il rassemble les moyennes journalières du taux butyreux du lait d'une nourrice observée du 15 décembre au 20 février, soit pendant plus de deux mois. Nous y retrouvons ce que nous avons vu sur les graphiques antérieurs relatifs aux autres espèces : Des variations quotidiennes considérables, *énormes* disent les auteurs, du taux de la matière grasse dans le lait de femme ; il y a des sautes très brusques d'un jour à l'autre (il s'agit ici de la moyenne journalière, car il n'y a pas eu séparation des tétées) ; on serait donc exposé à déclarer aujourd'hui mauvaise la même nourrice que l'on trouverait excellente le lendemain, si notre jugement — et ce serait une faute grave, impardonnable — devait être basé sur une seule donnée analytique du dosage de la graisse dans le lait. Nous aurons à revenir sur ce point.

La variabilité du taux butyreux du lait de femme est affirmée à nouveau dans le travail de DENIS et TALBOT (2) et dans celui de YOUNG (3).

Dans un tableau relevé à la page 82, DENIS et TALBOT donnent le pourcentage en matière grasse (que je traduis ici en chif-

(1) E. PLAUCHU et R. RENDU, Etude du beurre (*a*) dans le lait de femme par la centrifugation (*Arch. de Méd. des Enfants*, 1911, p. 582).

(*a*) Dans beaucoup de travaux on parle de *beurre* dans le lait. Evidemment, l'habitude est prise par beaucoup de sous-entendre là qu'il s'agit de matière grasse. Toutefois, je ferai remarquer que nous sommes les seuls à faire cette confusion. En langue anglaise, on distingue très nettement le beurre : *butter*, de la matière grasse: *butter fat*. En dépit des habitudes prises, on doit reconnaître qu'il y a là une incorrection de langage qu'il est facile de corriger.

Cette observation se justifie d'autant mieux que dans les concours beurriers, on tend à substituer aux chiffres du rendement en matière grasse ceux du rendement en beurre en multipliant les premiers par le coefficient 1,18. Il importe donc de distinguer nettement *beurre* et *matière grasse du lait*.

(2) M. DENIS et F.-B. TALBOT, A Study of the lactose Fat and Protein Content of Women's Milk (*The Am. J. of Diseases of Children*, août 1919, t. XVIII, p. 93-100).

(3) YOUNG HULBERT, la Teneur en graisse du lait de femme, (11e Rapport annuel de l'*International Association of Dairy and Milk Inspectors*, 11 octobre 1922, p. 129-132).

Variations du taux butyreux du lait d'une nourrice observée du 15 décembre au 20 février.

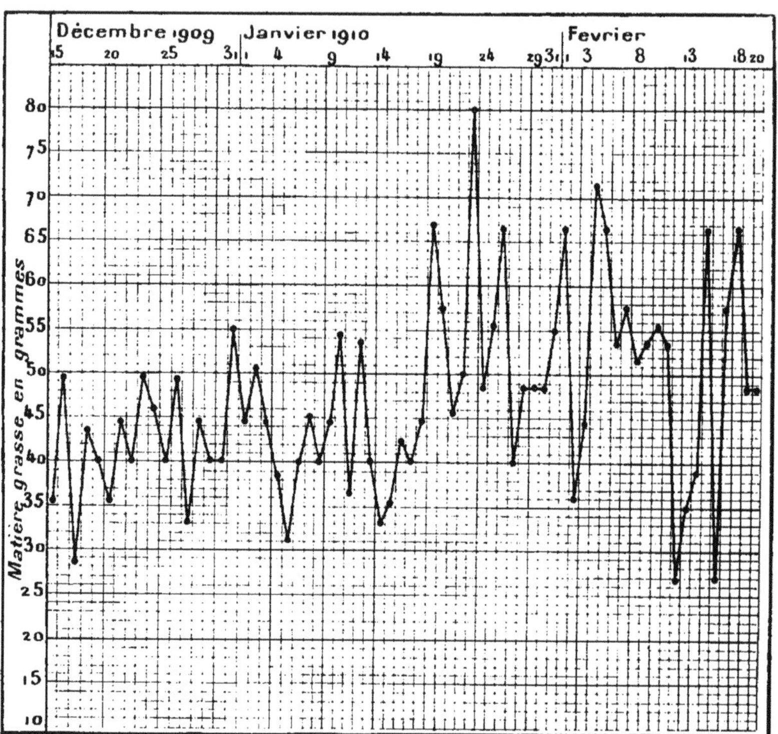

Fig. 22.

ffres pour 1.000 gr. de lait), l'âge de l'enfant, celui de la mère et, si possible, le nombre d'accouchements de celle-ci.

Les graphiques de la figure 23 nous donnent les richesses en matière grasse des 6 prises de lait effectuées toutes les trois heures dans le cours de la même journée chez des nourrices différentes.

Le graphique 24 nous donne le classement, selon leur taux butyreux, de 460 échantillons de lait de femme analysés par Young Hulbert. Le plus grand nombre de ces laits s'étale entre 20 et 45 grammes.

Tandis que Richmond estime la teneur moyenne du lait de femme en matière grasse à 3,3 % (34 gr. au litre), Heinemann, à 3,78 %

(38 gr. 80 au litre). YOUNG obtient une moyenne de 3,2 % (33 gr. au litre). De ses recherches, il conclut :

1° *L'examen d'un seul échantillon de lait de femme ne donne que peu d'indications sur la véritable teneur butyreuse moyenne de la sécrétion lactée de cette femme* ;

2° *Il y a dans le lait de femme des écarts butyreux beaucoup plus grands qu'on ne le pensait jusqu'ici* ;

3° La teneur en graisse d'un échantillon isolé peut être conforme à la teneur moyenne, ou bien s'en écarter très notablement.

Ces conclusions sont identiques à celles que l'on pourrait tirer des analyses des laits de femelles domestiques.

***

De tous les documents qui précèdent, nous sommes en droit de tirer des conclusions extrêmement importantes.

a) *Les différences si marquées qui existent, en général, entre les taux butyreux des laits du matin, de midi et du soir, interdisent tout rapprochement entre ces différentes traites*, quand il s'agit d'un lait individuel. Nous verrons plus loin qu'il en est de même dans les cas de laits de mélange.

b) *La comparaison n'est pas moins interdite, même si elle doit porter sur deux traites homologues.* Et cependant, si l'on rémonte à certains graphiques publiés plus haut, nous voyons qu'il peut arriver que pendant un nombre de jours plus ou moins grand, se suivant quelquefois, sept ou huit jours, peut-être même plus, les variations du taux butyreux pour des traites homologues ne subissent pas de grandes oscillations. Cette sorte de régularité de richesse en matière grasse s'observe donc ; mais elle n'est pas la règle, la règle étant, sans jeu de mots aucun, dans l'irrégularité.

Dans la figure 1, les 22, 23, 24 et 25 janvier au matin, nous avons des richesses butyreuses toutes au-dessous de 30 : 25,7, 29,25, 25,6, et 21,70, et nous retrouvons le 27, le 28 et le 29 janvier, à la même traite, respectivement les chiffres 26,05, 25.45 et 19,90.

Si nous examinons maintenant les courbes tirées du travail de BODROUX, nous voyons, pour la courbe 8, que du 2 au 8 mars inclus, c'est-à-dire pendant sept jours, la richesse butyreuse du lait oscille le matin, seulement entre 53 gr. et 56 gr. Sur le même document, le taux en matière grasse, le soir, du 26 février au 3 mars, c'est-à-dire pendant six jours consécutifs, oscille seulement entre 57,7 et 60,2. Sur la courbe 9, le matin, nous voyons pendant huit jours consécutifs, du 8 au 15 juin inclus, le taux butyreux

Age de l'enfant	Age de la mère	Nombre de grossesses	Matière grasse en grammes pour 1.000 grs. de lait	OBSERVATIONS
4 jours.	»	»	8	N'a jamais teté.
5 —	»	»	38	Lait couleur jaune foncé.
6 —	»	»	15	Mère a une pneumonie. Le bébé n'a pas tété.
11 —	»	»	18,1	
14 —	»	»	15	
17 —	26 ans.	»	33	
17 —	24 —	3	24,3	
17 —	»	»	31,6	Prématuré de 7 mois.
18 —	20 —	1	15	
21 —	21 —	1	16,6	Echantillon avant tetée.
21 —	16 —	2	58	Bébé profitant normalement.
21 —	16 —	2	99	Bébé profitant normalement.
21 —	20 —	1	18	
21 —	18 —	1	38	
21 —	»	»	64	Echantillon avant tetée.
21 —	»	»	95	Echantillon avant tetée.
25 —	23 —	1	42	
26 —	25 —	2	40	
27 —	20 —	1	18,1	
4 semaines.	»	1	46,5	Enfant a un eczéma de la face.
4 —	»	1	26	
4 —	16 —	2	60	Enfant venant d'une façon satisfaisante. B digestions.
4 —	16 —	2	74	
4 —	18 —	1	60	
4 —	18 —	2	92	
4 —	18 —	1	64	
4 —	19 —	1	31	
4 —	21 —	3	21,8	
5 —	29 —	3	38	
5 —	»	2	88	Mère ayant plus de lait que le bébé ne pe prendre.
5 —	18 —	2	63	
5 —	22 —	1	70,5	
5 —	25 —	1	22	Simple échantillon pris avant la tetée.
6 —	16 —	1	63,6	
6 —	35 —	3	22,5	
7 —	21 —	1	49	
8 —	»	»	8	Simple échantillon pris avant la tetée.
9 —	»	2	34	
9 —	»	1	50	Pas tout à fait assez de lait pour le bébé.
9 —	22 —	1	99	
11 —	»	2	38	Bébé sevré à cause de pneumonie.
13 —	17 —	1	53	
18 —	28 —	1	16,4	Bébé a de l'eczéma.
18 —	21 —	1	7,9	Simple échantillon avant tetée.
20 —	»	3	33	
22 —	»	2	30	Bébé bien, selles régulières avec faibles grume
26 —	35 —	3	24	
29 —	35 —	3	40	Mère et enfant normaux.
30 —	»	»	22	Simple échantillon avant tetée. Bébé bien.
39 —	»	»	93	Bébé normal avec selles normales.
40 —	»	3	41,3	Bébé, 7 kgr 700. Bonnes conditions géné Deux selles jaunes par jour.
40 —	»	6	53,3	Selles normales.
43 —	»	»	39	Bébé au-dessous du poids. A bronchite et vertes.
49 —	»		42,5	

CHEZ DES FEMMES DIFFÉRENTES OBSERVÉES A DES ÉPOQUES VARIÉES DE LA LACTATION
Grammes
E.L. 22ans. 4e mois
B.R.H. 23ans. 2e mois
M.N. 20ans. 2e mois
M.H. 20ans. 3e mois ½
S. McG. 23ans 2e mois
R.M. 23ans 8e mois

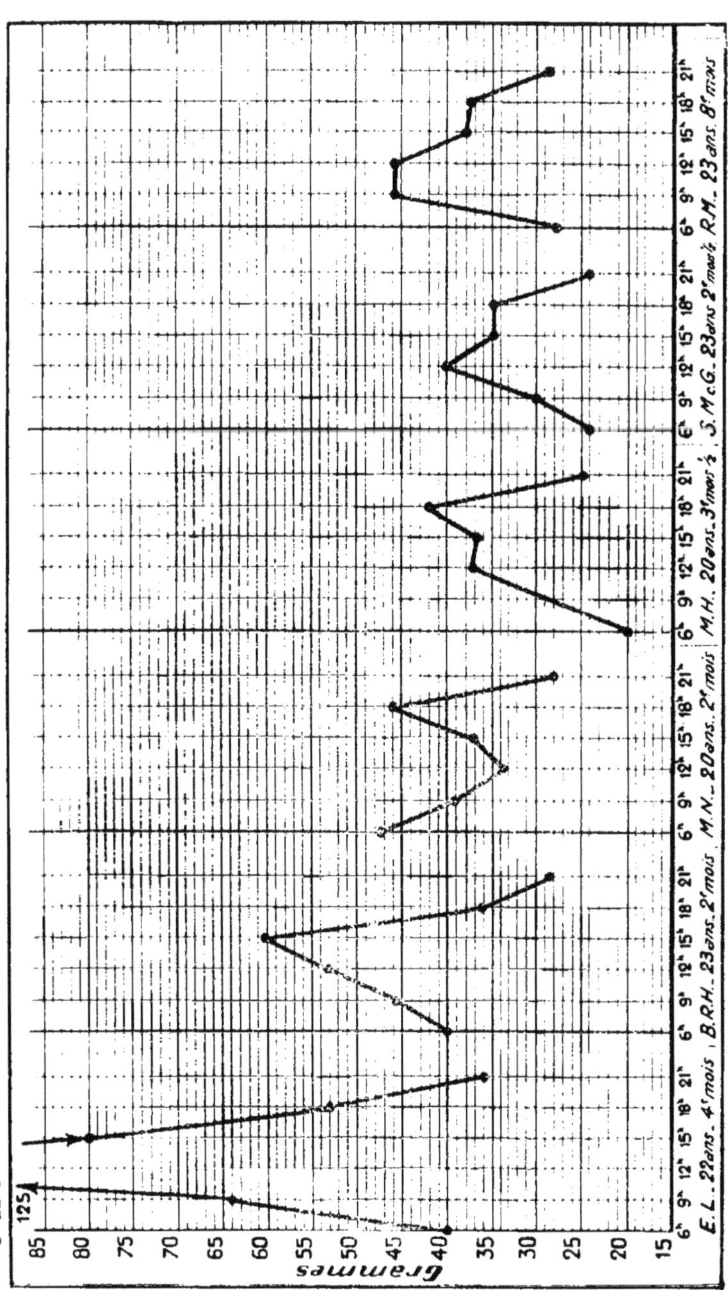

Fig. 23.

osciller, seulement entre 40,2 et 42,5. Dans ces trois derniers cas, le
espèces, peut-on dire, sont tout à fait comparables, et un prélèvemen
de comparaison effectué sur la même traite, dans les six, cinq o

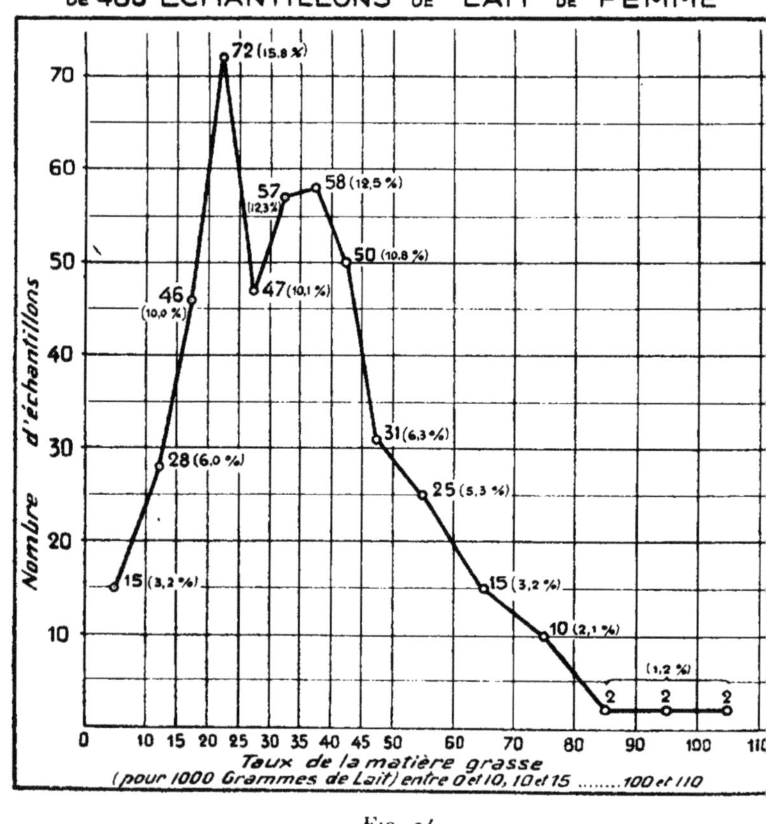

Fig. 24.

sept jours qui suivraient le premier prélèvement, montrerait e
l'absence de toute fraude, la régularité de richesse en matière grass
du lait ; mais il s'en faut qu'il en soit toujours ainsi ; je dirai mêm
que c'est plutôt l'exception. Il s'en faut également que les prélève
ments de comparaison se fassent aussi rapidement, et, comme c'es
toujours une suspicion de fraude qui les provoque, on voit l'imposs
bilité de conclure devant la variabilité considérable des taux buty

reux d'un lait individuel, qui peut s'observer pour la même traite, d'un jour à l'autre.

Je rappelais tout à l'heure le cas de la figure 1. Nous avons vu que du 22 janvier au 29, soit pendant huit jours consécutifs, le lait a, le matin, moins de 30 gr. en matière grasse, sauf un seul jour, le 26, qui s'intercale presque au milieu, et qui donne, toujours le matin, un lait ayant 47 gr. On voit tout de suite combien varierait la façon d'interpréter, si le hasard voulait, hasard tout théorique, je le reconnais, mais qui n'est pas impossible, que le prélèvement de comparaison, par rapport au lait du 22 janvier, fût fait le 26 janvier au lieu de l'être le 23, le 24, le 25, le 27, le 28 ou le 29.

J'ai rapproché ici le prélèvement de comparaison du prélèvement original, parce que l'occasion se trouvait d'insister sur ce fait que, quelquefois, plusieurs jours se suivant, les traites homologues ont la même richesse. Mais *la bizarrerie des courbes*, — et ce mot est bien à sa place ici, — est telle que l'on peut voir par l'examen des documents antérieurs que le prélèvement de comparaison, à quelque époque qu'il soit effectué, ou peut justifier le chiffre bas du prélèvement original, parce qu'il donne lui-même un chiffre plus bas encore, ou, au contraire, charger l'inculpation, parce qu'il se trouve qu'il est très riche en matière grasse.

Il m'est inutile de donner ici des exemples, on n'a qu'à se reporter aux graphiques invoqués ; ils y abondent.

***

Les grandes oscillations du taux de la matière grasse chez un même animal, répondent à un fait connu, dira-t-on, mais j'avance sans crainte d'être contredit, qu'il n'a pas encore suffisamment pénétré dans l'esprit de certains chimistes, experts, agents du service de la Répression des Fraudes et magistrats.

« On croit communément, fait remarquer ANDERSON dans son travail, que le taux de la matière grasse du lait d'une vache ne varie que peu, ce que l'on traduit en disant : « une vache à 4 % est toujours une vache à 4 % », exprimant par là qu'une vache, dont le taux de la matière grasse du lait, d'une traite donnée, est de 4 %, sera approximativement de 4 % aussi à une autre traite de comparaison, qui suivrait de peu, une ou deux semaines par exemple, la première. »

« Cette croyance est telle qu'on a vu, continue ANDERSON, dans un procès, un inspecteur du lait avancer à la barre du Tribunal que le taux du lait en matière grasse d'une vache saine qui est de 5 %, pourra atteindre 5,10 % et rarement 5,20, et qu'il est impossible, disait cet inspecteur, qu'il atteigne 5,3 ; il pourra également s'abaisser à 4,9 et très rarement à 4,8. »

C'est là un témoignage regrettable, parce que tendancieux, inexact, mais je crois que cette mentalité d'outre-mer pourrait se rencontrer également de ce côté de l'Atlantique.

Une des raisons pour lesquelles Buckley a rédigé son importante étude, se trouve dans des faits analogues à ceux qu'évoque Anderson.

Devant les considérants quelque peu fantaisistes d'un jugement qui heureusement fut rejeté en appel et qui faisait dépendre la déficience du lait en graisse de la façon dont le demandeur avait nourri ses vaches, devant le fait juridique que cette déficience était de 9 % seulement, Buckley rassembla, très judicieusement, les résultats numériques fournis par son troupeau homogène et bien nourri. J'en reproduis dès maintenant les conclusions importantes, bien que quelques-unes d'entre elles se rapportent au lait de mélange.

« La circulaire du Conseil du comté d'Essex, que j'ai citée tout à l'heure suggère : « qu'il serait probablement mieux de fixer un raisonnable *standard* (1) minimum pour le lait, et de faire le vendeur responsable d'un lait qui serait au-dessous de ce *standard.* »

« Je crois, dit Buckley, que cela pourrait toujours être obtenu sans addition de matière grasse, si les laits du matin et du soir étaient toujours mélangés. Cette pratique n'est cependant pas toujours réalisable dans beaucoup de cas ; elle réclame nécessairement des délais dans la délivrance au consommateur, ce qui ne peut que nuire à la qualité hygiénique du lait. »

« La circulaire dit également : « Dans les troupeaux mélangés, on y arrivera (à cette constitution *standard)* par la sélection des vaches, au moins pour la qualité du lait, plutôt que pour la quantité, et les propriétaires auraient à garder seulement les vaches dont le lait serait au-dessus du *standard.* »

« Il y a, dit Buckley, extrêmement peu de vaches (et encore moins de troupeaux, si tant est qu'il en existe) *dont la production laitière sur l'année entière*, a une moyenne butyreuse inférieure à à 3 % ; mais j'imagine que les rédacteurs de la circulaire prétendent que le contenu en graisse ne doit *jamais* être moindre que le *standard* présumé de 3 %. Or, il est clair, d'après les documents publiés dans cette étude, que *très souvent* des vaches et moins souvent un troupeau, donneront du lait dont le taux en matière grasse sera inférieur au *standard.* Sur quelles bases alors estimera-t-on qu'un animal doit être éliminé ?

« Je serais extrêmement navré si la publication de cette étude

(1) *Standard* s'entend ici par *taux butyreux.*

avait pour but de protéger un simple individu malhonnête et qui frauderait son lait, mais le progrès ne peut pas avoir une base qui soit contraire aux faits. »

« L'opinion que chaque producteur peut obtenir de ses vaches du lait qui soit conforme, *en toutes circonstances*, au *standard* en matière grasse, est insoutenable.

« Les conclusions que je tire des documents produits dans ce travail, sont :

« 1° Le pourcentage en matière grasse du lait d'une vache individuelle :

« *a)* varie *considérablement* de jour en jour, alors que la production du lait se fait apparemment dans des conditions semblables ;

« *b)* augmente au fur et à mesure que la lactation s'avance ;

« *c)* augmente d'autant plus que l'intervalle qui sépare une traite de la précédente est plus petit ;

« *d) est affecté seulement très légèrement quand l'alimentation passe de la ration d'hiver à l'herbe* ;

« *e)* peut être fréquemment moindre que 3 %, particulièrement le matin ;

« *f)* ne devrait jamais être calculé en vue d'établir des *records* sur la base des analyses du lait faites pendant une période aussi courte que vingt-quatre heures (1) ;

(1) Des réflexions du plus vif intérêt, et qui méritent d'être retenues, accompagnent cette conclusion de Buckley :

Le contrôle laitier, qui a pour but d'établir le rendement en lait et en beurre des femelles laitières, est souvent obligé de se contenter pour le dosage de la matière grasse des seules traites de un jour par mois, et c'est la moyenne de ce jour qui servira de base pour le calcul du rendement mensuel. On conçoit qu'une variation, dans un sens ou dans l'autre, de cette moyenne, influera beaucoup sur ce rendement. C'est pourquoi certains auteurs, auxquels je me joins, ont fait remarquer que cette période de vingt-quatre heures était trop courte ; ceux qui ont la pratique du contrôle laitier sont d'ailleurs les premiers à le reconnaître, mais font observer en même temps que ce sont des raisons budgétaires qui les mettent dans l'obligation d'espacer et de raccourcir les épreuves du contrôle. Celui-ci ne peut donc donner du rendement d'un animal qu'une approximation, qui tend d'autant plus vers la vérité que les épreuves sont plus rapprochées et de plus grande durée.

Voici les taux butyreux moyens journaliers d'une vache hollandaise contrôlée toutes les trois semaines *(le Lait*, t. II, p. 605, 1922) :

1er décembre : 33 kg. 3/4 de lait avec 4,05 % de matière grasse.

22 décembre : 34 kilogrammes de lait avec 3,60 % de matière grasse.

13 janvier : 38 kilogrammes de lait avec 3.15 % de matière grasse.

3 février : 37 kg. 1/2 de lait avec 3,50 % de matière grasse.

Les grandes variations des taux butyreux moyens aux divers jours du contrôle justifient donc la conclusion de Buckley et les observations dont je l'accompagne.

« 2° Le pourcentage en matière grasse du lait mélangé d'un troupeau de vaches Shorthorn :

« *a)* peut être moindre que 3 % le matin, mais selon toutes probabilités jamais moindre que 3 % le soir ;

« *b)* excèdera 3 % sur une période de vingt-quatre heures ;

« 3° il n'est pas possible de classifier le lait sur la base du taux butyreux, comme cela est requis par le Ministère de la Santé d'Ecosse pour le lait certifié, à moins qu'il y ait des facilités pour mélanger les laits du troupeau entier, pour analyser le mélange et ajouter ensuite de la matière grasse toutes les fois que le pourcentage butyreux serait moindre que celui qui est prescrit ; or, ceci est impraticable. »

Dans un article, R. Gouin (1) rappelle des recherches qui ont été faites sur l'étendue des variations dans la composition du lait, *d'une traite à l'autre*, par M. Touchard, directeur de l'Ecole d'agriculture de Pétré (Vendée). C'est au sujet d'une expertise contestée que ce dernier fut amené à les entreprendre : « Un échantillon de lait provenant *d'une seule vache*, prélevé sur la livraison d'un fournisseur, ne dosant que 31 gr. 4 de matière grasse, est considéré comme douteux. Le lendemain, à la traite du soir, on fait un prélèvement dont l'analyse donne 46 gr. 8. Conclusion : le lait a été écrémé. Protestations véhémentes du fournisseur ; on revient trois jours de suite, et chacun des laits fournit respectivement à l'analyse : 28,9, 30,95 et 38,1. On est donc obligé de se rendre à l'évidence et de reconnaître que la vache sécrète un lait de composition *très irrégulière*. M. Touchard, frappé de cette observation, *se demanda si l'on se trouvait en présence d'une anomalie individuelle, ou si le phénomène était d'ordre général* ; il fit plusieurs recherches à la vacherie de l'Ecole ; toutes furent concluantes. Je citerai particulièrement les chiffres reproduits dans l'une de celles-ci *où toutes les conditions de milieu sont restées les mêmes* ; c'était en mars 1904, les animaux étaient à l'étable et l'état hygrométrique de l'atmosphère n'a pas sensiblement varié pendant les quatre jours que dura l'observation. »

J'ai souligné dans le texte qui précède quelques mots qui prennent de l'importance dans les observations présentées. Le fait signalé par M. Gouin est de tous les jours, peut-on dire, et c'est pourquoi j'ai tenu à le rappeler dans son contexte. Il s'agissait d'une seule vache ; son lait n'est nullement de « composition irrégulière ». Il ne s'agit pas d'une « anomalie individuelle », l'observation présentée est « d'ordre général ». Voici les chiffres relevés par Gouin ; ils

(1) R. Gouin, Variations dans la composition du lait d'une traite à l'autre (*Journal d'Agriculture pratique*, 1922, t. II, p. 473).

s'ajoutent encore aux documents antérieurs, mais nous estimons bon de les présenter vu les commémoratifs qui les précèdent.

« Si le lait de la vache A obtenu le 11 mars au matin, dit Gouin, avait été soumis à l'examen d'un expert, celui-ci, étant donnée sa faible teneur en matière grasse (29 gr. 44), aurait sans doute cru nécessaire de faire un prélèvement comparatif à l'étable ; dans les délais les plus courts, c'est le 13 au matin qu'il aurait pris l'échantillon. En constatant, de retour au laboratoire, un dosage de 43 gr. 88, il aurait conclu à un écrémage de 30 %. »

CHES	8	9			10			11			12			13
	Soir	Matin	Midi	Soir	Matin	Midi	Soir	Matin	Midi	Soir	Matin	Midi	Soir	Matin
. . . .	51,09	29,97	56,12	49,07	31,52	40,29	»	29,44	53,04	41,30	35,12	47,45	47,91	43,88
. . . .	46,57	35,67	47,00	46,55	31,57	41,36	53,20	35,66	52,65	44,41	35,65	49,02	48,03	21,71
. . . .	42,39	39,77	»	40,34	33,09	»	47,56	34,63	»	42,38	40,32	»	44,46	33,08
. . . .	48,50	48,00	»	50,04	32,55	»	56,37	46,46	»	57,24	51,09	»	49,56	34,60
. . . .	»	45,44	»	»	44,42	»	»	44,93	»	»	42,35			31,50
antillon noyen 5 sujets		35,26	»	47,95	33,23	»	»	35,73	»	45,71	38,35	»	47,44	33,00

Trop de personnes admettent encore que, dans les mêmes conditions d'habitat et de régime alimentaire, le lait d'un même animal ne subit pas de grandes variations — variations de la matière grasse s'entend — à vingt-quatre heures ou même à quelques jours d'intervalle. C'est sur cette opinion que repose l'idée, admise à tort, disons-le hautement, par un certain nombre d'agents du Service de la Répression des Fraudes, et aussi d'experts, qu'un prélèvement à l'étable, effectué à la même heure, le lendemain ou dans les quelques jours, — voire huit jours, — qui suivent la traite dont on suspecte l'échantillon saisi, ne peut être qu'un reflet de celle-ci, en admettant bien entendu qu'il n'y ait pas eu fraude.

Il est bien vrai, et nous l'avons vu avec M. Bodroux, que cela peut se rencontrer, mais c'est plutôt rare. Dans les observations de M. Bodroux, il s'agissait de vaches au lait très butyreux ; avec des nimaux peu butyrogènes, la même remarque est à faire.

C'est tout à fait gratuitement, et sans références solides, très étayées par les faits, qu'experts, agents, magistrats, estiment que le prélèvement de comparaison n'est valable, pour les uns, que dans les deux jours qui suivent le premier prélèvement ; pour les autres, que dans les quatre jours, pour d'autres encore, que dans les huit jours. Tous seraient bien en peine de dire pour quelles raisons ils fixent si nettement le délai au delà duquel, à leur avis, le prélèvement de comparaison ne peut plus avoir de valeur.

En nous appuyant sur l'ensemble des documents qui précèdent, et sur certains qui suivront, on voit que le prélèvement de comparaison, serait-il effectué le lendemain même du premier, et à la même heure, que le rapprochement, toujours en ce qui concerne le côté butyreux de la question, ne s'impose pas. Remarquons qu'il peut y avoir concordance des chiffres, ou à peu près — nous l'avons noté — mais ce n'est pas fatal, car on pourrait tout aussi bien observer — et les graphiques nous l'ont montré — des discordances considérables.

Que faut-il entendre par échantillons d'un même lait. — Ainsi donc, quand on regarde les choses de près, la réponse à cette question : « *Que faut-il entendre par échantillons d'un même lait ?* » est d'allure paradoxale.

C'est justement dans les conditions où, par exemple, deux échantillons paraîtront plus étroitement d'un même lait— : ils proviennent du même animal, à peu de jours, même à vingt-quatre heures d'intervalle, et moins encore, l'un étant du matin et l'autre du soir de la même journée, — qu'ils seront chimiquement, au point de vue butyreux, les plus dissemblables. Et inversement, c'est dans les conditions où les deux échantillons seront très dissemblables par leur origine —: ce sont des laits de grand ramassage, provenant de départements ou d'arrondissements différents, — qu'ils auront la composition chimique la plus voisine.

Lors donc qu'il s'agit d'un lait dit individuel, lait qui est essentiellement d'une seule traite d'un même animal, tout rapprochement, en vue de les calquer l'un sur l'autre, est non seulement interdit avec le lait d'une traite non homologue chez cet animal, mais aussi avec le lait d'une traite homologue, celle-ci serait-elle la plus voisine dans le temps, c'est-à-dire séparée seulement de vingt-quatre heures de la précédente.

Le lait de la « même vache ». — Le lait d'une « même vache » n'est donc pas chimiquement, et pour être plus précis, *butyreusement*, un aliment uniforme. Quand on parle du « lait de la même vache », pour la nourriture d'un enfant, on sous-entend une provenance unique durant tout son élevage. Ce n'est pas au point de vue chimique qu'il faut se placer dans ce cas, mais bien au point de vue sanitaire. Ce qui importe avant tout, c'est de donner à l'enfant non alimenté par sa mère le lait d'un animal bien portant, bien nourri, non tuberculeux, ayant la mamelle saine ; ceci réalisé, il n'y a pas lieu de se préoccuper du côté chimique de son alimentation ; si l'on procédait à des analyses fréquentes du lait de cet animal, on noterait dans ce liquide des variations butyreuses parfois très grandes; mais n'en serait-il pas de même du lait de sa mère ou de sa nourrice ?

Dans son article, GOUIN fait une réflexion qu'il importe de souligner : « Un grand nombre de médecins ignorent totalement *cette grande variabilité de l'aliment frais.* Peut-être ce phénomène est-il la conséquence de ce que, par l'excitation de la mamelle en dehors des besoins naturels du jeune, nous avons accru la production et troublé la fonction. Il serait intéressant de savoir si la même irrégularité peut être observée chez des femelles satisfaisant exclusivement à l'alimentation de leurs petits. » Renseignons sans tarder M. GOUIN sur ce point ; la femme rentre bien dans le cadre de ces dernières. Or, nous savons combien est variable également la richesse en matière grasse de son lait. Encore une fois, le phénomène est général, et nous le constaterons mieux encore quand nous nous emploierons à le placer dans son cadre physiologique.

*
* *

La variabilité de composition du lait au point de vue de sa matière grasse, ne peut pas être contestée, *mais il est essentiel de ne pas en jouer plus qu'il ne convient.* On a dit à la « Journée du Lait » de Paris, en février 1923 :

...« La composition d'un lait naturel est extrêmement variable, « suivant la composition de l'étable, la race des vaches, leur alimen- « tation, leur état de santé, leur période de lactation, le régime de « stabulation, suivant l'heure de la traite, suivant que le lait pro- « vient du commencement ou de la fin de la traite, suivant mille « circonstances enfin qu'ignore le plus souvent l'agent chargé du « prélèvement... »

Dans un rapport à la *Ligue contre la mortalité infantile*, DE BRÉVANS (1) dit : « la composition du lait est essentiellement variable » ; puis plus loin :

« Les variations que l'on remarque dans la composition du lait dépendent des conditions physiologiques dans lesquelles l'animal producteur se trouve placé. Les principaux facteurs de ces variations sont : la race, l'individualité, le moment de la traite, l'âge, le nombre de parts, l'époque de la lactation, l'alimentation, la saison, le climat. »

(1) DE BRÉVANS, la Composition chimique du lait de vache. Rapport à la Commission de la Ligue contre la mortalité infantile *(le Bon Lait.* Paris, 1910, p. 123).

Il y a un peu de tout dans ces citations. Quand on cherche ce à quoi elles peuvent répondre, on s'aperçoit vite que telles expressions visent le lait individuel, telles autres, le lait de mélange ; on y trouve confondu ce qui a trait au lait sain, ce qui a trait au lait malade ; ce qui touche au normal et ce qui vise l'anormal ; bref, il s'agit d'espèces différentes et une telle confusion ne peut que servir à la défense de la fraude. Je m'élève très énergiquement contre l'emploi abusif du mot *extrêmement* sans que l'on prenne soin de spécifier les conditions dans lesquelles on l'utilise. S'agit-il d'extrait dégraissé ? S'agit-il de matière grasse ? Il faut de toute nécessité préciser. Je proteste non moins contre des phrases comme celles-ci, trop souvent rencontrées dans des rapports d'experts, insuffisamment éclairés pour ne pas dire plus ; « ...les théories admises jusqu'à ce jour prou- « veraient que le lait d'une vache pourrait être entièrement modifié « dans l'espace de trois semaines et ceci dans des conditions nor- « males... » « Le lait est un produit le plus susceptible de variations « sensibles, etc... ». On joue de certains adverbes avec facilité ; on veut trop prouver.

De quelles théories peut-il s'agir ? Est-ce qu'une théorie a jamais prouvé ? Et enfin, c'est aller trop loin que de dire que le lait peut être *entièrement* modifié. En lisant ces phrases et bien d'autres encore, on s'aperçoit vite que les auteurs ont eu en vue plus que vraisemblablement les variations de la matière grasse, mais il importait qu'ils l'eussent dit très explicitement. L'animal qui nous a fourni le graphique de la fig. 1, nous a montré que le taux de la matière grasse de son lait variait *extrêmement* sur l'ensemble de l'observation ; ici, le mot *extrêmement* est donc à sa place, mais nous verrons plus loin que son extrait dégraissé, lui, n'a pour ainsi dire pas varié. Il est quasi fixe, et il en est ainsi peut-on dire du lait de toutes les femelles laitières *saines, bien nourries, bien entretenues, traites toujours aux mêmes heures* et *à fond.*

Comparaison des laits des quatre quartiers chez la vache. — Dans les pages qui précèdent, où il était question des laits individuels, il s'agissait du *lait de mélange de la traite complète des quatre trayons.*

Si l'on considère maintenant les quatre trayons séparément, on s'aperçoit qu'il y a des différences marquées entre les laits qu'ils fournissent.

Les documents ne manquent pas sur ce point : Babcock, en 1890, Hofmann, Ackermann, Svoboda, en 1905, R. Hanne (1), arrivent

(1) R. Hanne, Einiges über Zusammensetzung der Kuhmilch bei einer Melkung aus den Verschiedenen Strichen (*Milchwirtschaftliches Zentralblatt*, I, n° 8, 1905).

dans leurs recherches à des conclusions toutes semblables que des travaux ultérieurs ont corroborées. D'abord les quatre trayons ne donnent pas la même quantité de lait, parce que leur volume est différent.

Svoboda cité par Popp (1), a trouvé que la richesse du lait en matière grasse variait selon les quartiers : les antérieurs donneraient, le plus souvent, un lait moins gras que les postérieurs. Sans doute, dirai-je, parce que, sur les postérieurs plus gros, plus faciles à manier, on pousse mieux à fond la traite.

Si la traite est pratiquée en même temps sur les deux quartiers du même côté, les latéraux droits donnent plus que les gauches, parce que, en général, l'homme, se plaçant sur la droite de la bête, a mieux à sa portée les quartiers droits qu'il trait plus aisément que les gauches.

Svoboda note aussi que des modifications dans les taux butyreux des divers prélèvements se produisent parfois très brusquement.

Mais les laits séparés des quatre trayons de la même glande sont en outre *qualitativement différents, au double point de vue de la matière grasse et de l'extrait dégraissé*, à un point tel qu'on pourrait croire qu'il s'agit là de quatre laits de quatre vaches différentes.

L'étude de cette question se lie étroitement à celle des *variations de la richesse en matière grasse depuis le commencement jusqu'à la fin de la traite.*

Le taux butyreux des prélèvements successifs d'une même traite. — C'est un fait bien connu et indiscuté que le taux butyreux du lait s'élève depuis le commencement jusqu'à la fin de la traite. Mais pour saisir le mieux possible la marche de cette augmentation de la richesse du lait en matière grasse, du commencement à la fin de la mulsion, il est préférable de séparer les laits de chaque quartier ; ces derniers ayant, comme nous le verrons, des taux butyreux différents et le mélange de leurs laits lors du fractionnement de la traite complète, ne pouvant pas se faire en quantités toujours proportionnelles à la production totale de chaque trayon, on ne serait pas certain d'avoir des prélèvements successifs très comparables entre eux.

Cette séparation des laits des quatre trayons n'a cependant pas toujours été faite, mais on n'en saisit pas moins d'une façon nette cet enrichissement progressif du lait à mesure que la mulsion s'avance. Les graphiques ont été établis d'après les documents puisés dans

(1) Popp, der Einfluss des Melkens auf die Zusammensetzung der Milch. (*Molkerei-Zeitung*, XIX, n° 20, 1905).

Variations de la composition du lait pendant la traite.
Taux butyreux des diverses portions de la traite entière fractionnée chez quatre vaches différentes.

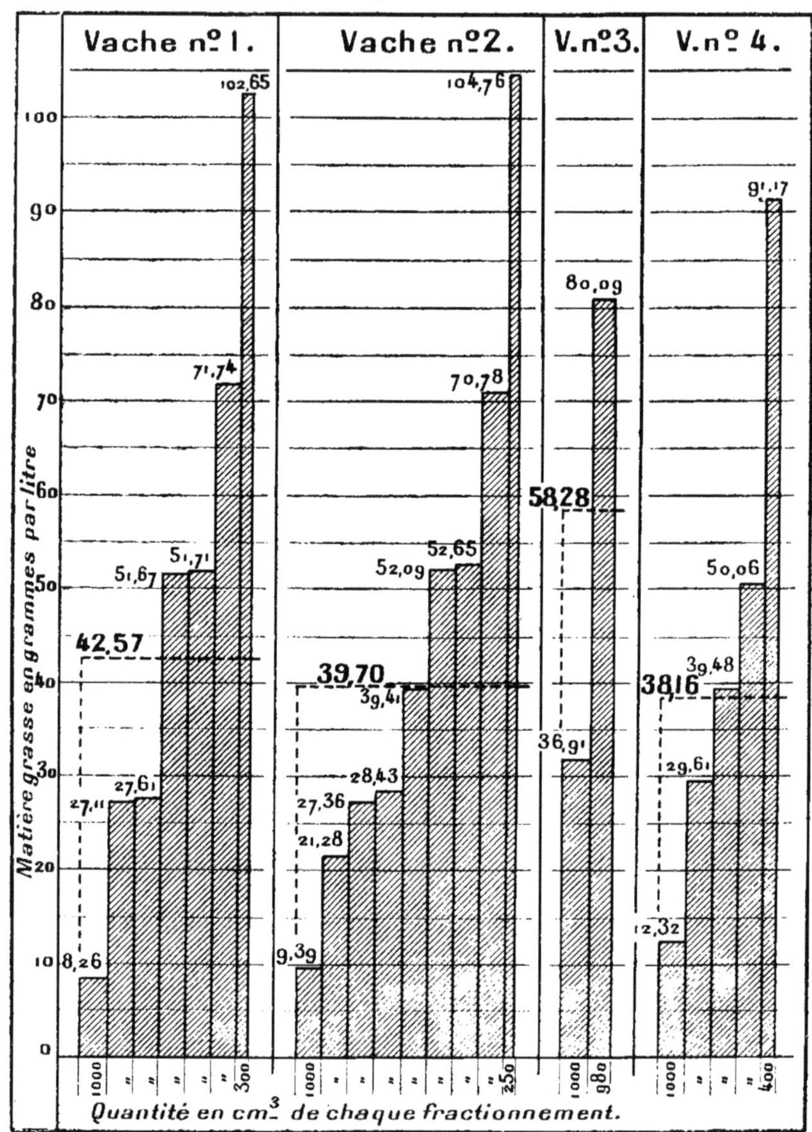

Fig. 25.

le travail de CAILLOUX. Les prélèvements ont été régulièrement de 1.000 cc., sauf le dernier qui, bien entendu, est de valeur variable.

On notera la différence considérable qui existe entre le premier

Taux, en grammes par litre, de la matière grasse dans les divers fractionnements de la traite effectuée séparément sur chaque quartier de la mamelle d'une vache.

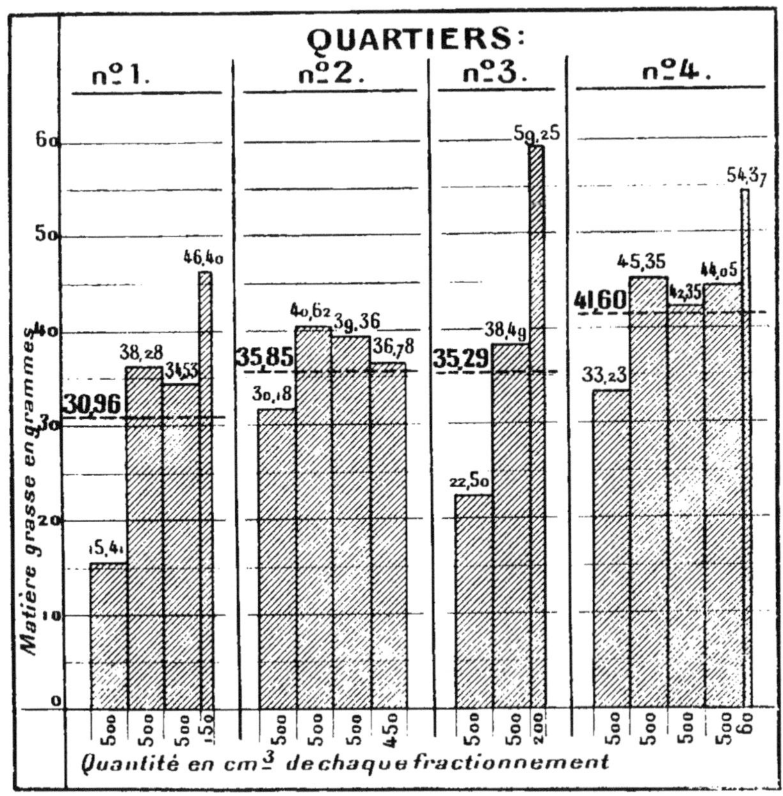

FIG. 26.

prélèvement et le dernier ; elle est d'autant plus marquée que la sécrétion lactée est plus abondante.

Si maintenant, nous nous employons à rechercher quelle est la différence la plus grande que l'on puisse constater entre deux prélèvements successifs, nous la trouvons surtout entre les deux der-

Taux, en grammes par litre, de la matière grasse du lait des diverses portions de la traite fractionnée sur les quatre quartiers de la même vache.

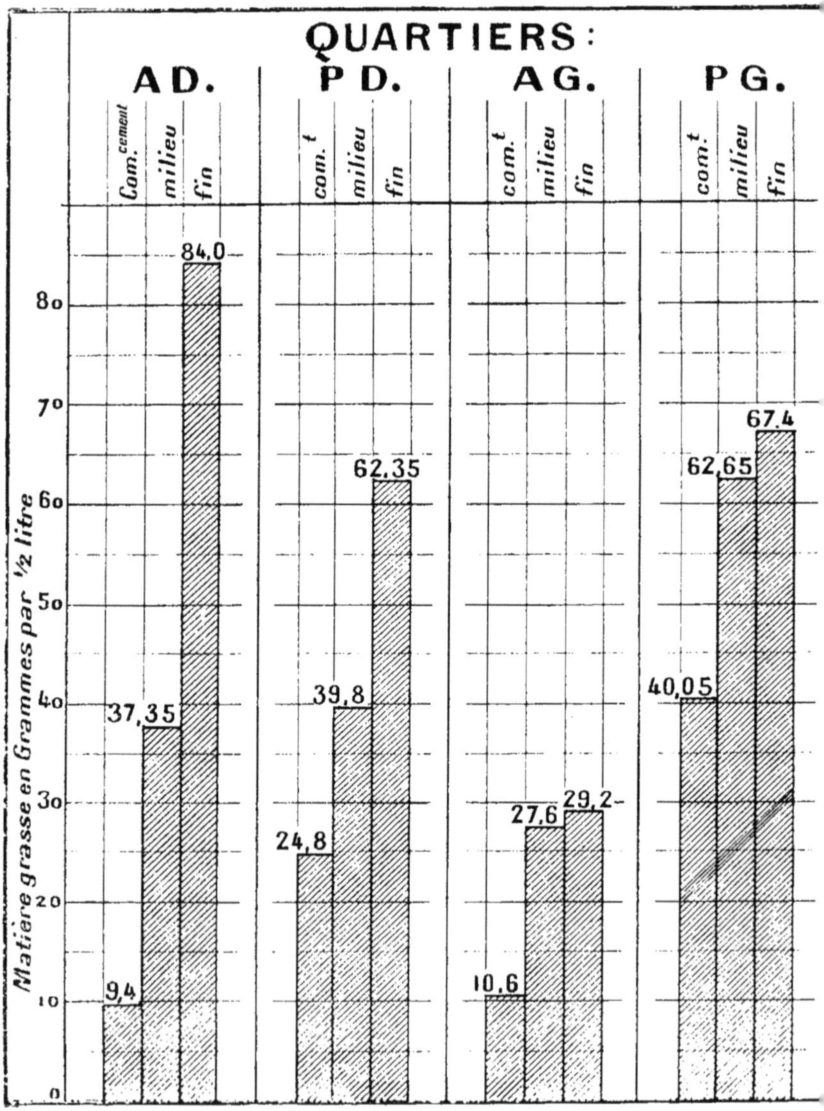

QUARTIERS :

	AD.			PD.			AG.			PG.		
	Com.cement	milieu	fin	com.t	milieu	fin	com.t	milieu	fin	com.t	milieu	fin
Matière grasse en Grammes par ½ litre	9,4	37,35	84,0	24,8	39,8	62,35	10,6	27,6	29,2	40,05	62,65	67,4

Fig. 27.

niers. Le fait est très net sur ces graphiques, mais il est moins marqué lorsqu'au lieu de considérer des prélèvements successifs provenant des quatre trayons, nous envisageons les prélèvements successifs de chaque quartier séparément (fig. 26 et 27), ainsi que le montrent les graphiques qui suivent, les premiers empruntés à Cailloux, les seconds à mon travail sur la rétention lactée.

Dans les figures 25 et 26, on donne en chiffres plus gras la richesse moyenne du lait de la traite total, soit des quatre quartiers mélangés (fig. 25) soit des quartiers séparés (fig. 26).

Lorsqu'on considère les quatre quartiers de la même glande chez la vache, on peut donc dire qu'il s'agit bien de quatre laits différensts, butyreusement parlant. Chaque quartier fonctionne donc indépendamment des autres. Je tirerai de cette remarque les plus intéresantes conséquences quand j'envisagerai le côté physiologique de mon exposé.

Dans un travail, particulièrement méritoire, par les soins que son auteur a apporté à faire les prélèvements (1), Gilchrist arrive aux mêmes conclusions. Cet auteur a souvent fractionné la traite par *gill* et par *pint*. (Une *pint* = 0 litre 5679 = 4 *gills*. Le *gill* = 0 litre 142 (1/7e de litre).

En opérant ainsi, le document montre que la courbe d'enrichissement du lait, depuis le commencement jusqu'à la fin de la traite, n'est nullement régulière comme certains auteurs seraient trop enclins à le penser ; les graphiques de Cailloux, relatifs à l'examen de chaque quartier d'une même vache le montrent déjà. Les chiffres de Gilchrist ajoutent encore à cette observation, puisque chez une vache, le matin, le onzième prélèvement est moins riche en matière grasse que le dixième, et le treizième moins que le douzième.

Si la multiplication des fractionnements n'est pas aussi poussée et si l'on se contente de comparer des quantités importantes du premier et du dernier lait, par exemple, les 3 premiers litres et les 3 derniers (sur 6 litres 1/2, traite totale), comme le fait A. Bruno (2), à l'aide de documents fournis par E. Vitoux, on voit combien il est important de ne juger d'une traite que sur l'ensemble du lait recueilli. Le terrain sur lequel se plaçait A. Bruno était celui de la recherche de la fraude, nous aurons à nous y retrouver ultérieurement.

* * *

Tous les faits dont il vient d'être parlé posent quelques questions auxquelles nous devons répondre.

(1) D.-A. Gilchrist, Composition of first-drawn and last-drawn milk (*the J. to the Board of Agriculture*, t. XX, p. 97, mai 1913).

(2) A. Bruno, Remarques sur la teneur du lait en matière grasse (*Ann. des Falsif. et des Fraudes*, 1923, p. 528).

La cause de l'enrichissement du lait en matière grasse du commencement à la fin de la traite. — On doit d'abord se demander pourquoi le lait s'enrichit ainsi, plus ou moins régulièrement, mais d'une façon très nette, du commencement à la fin de la traite. On ne saurait invoquer, comme Sanson et plusieurs autres l'ont fait autrefois, la différence de densité entre la matière grasse et la partie aqueuse du lait et de laquelle résulterait l'ascension des globules graisseux dans les parties supérieures des canaux galactifères.

Pour Kirchner (*Handbuch der Milchwirtschaft*, 1888), les globules sont retenus mécaniquement dans les fins canaux de la glande et c'est dans le dernier lait trait qu'ils passent en plus grande quantité. Ils se collent contre les parois et en sont détachés petit à petit par le flux lacté appelé par la mulsion. Si, au courant centrifuge en question, on ajoute le fait d'agiter, de soubattre la glande, et dont l'influence s'accroît au fur et à mesure que la traite s'avance, on conçoit que les laits s'enrichissent du commencement à la fin, une quantité de plus en plus grande de globules se trouvant détachés des parois des canaux par la continuité et l'exagération des causes qui ont commencé à en produire le décollement.

Il est d'ailleurs fort difficile de recueillir toute la graisse, et la mamelle d'une vache, tuée de suite après une traite poussée à fond, montre encore, dans les plus fins canaux lactifères, un résidu de lait très riche en matière grasse ; il est même probable que toute la graisse sécrétée n'est jamais soutirée, apporterait-on à la traite toute l'application voulue. Eckles et Shaw, dans un intéressant travail (1), acceptent l'idée de Kirchner, et ils ajoutent que, en général, plus une vache donne de lait, plus la différence entre le premier lait tiré et le dernier est grande, parce que, avancent-ils, chez une forte laitière la congestion en quelque sorte physiologique de la glande tend à obstruer les canaux d'évacuation du lait.

Le soubattage de la glande mammaire avant la mulsion. — Chez une petite laitière, dirai-je de mon côté, la différence s'atténue parce qu'il y a davantage de place pour loger le lait, et *le soubattage de la glande pendant la mulsion tend à donner mécaniquement un mélange homogène avant même que le lait ne soit sorti de la glande.* Sur ce point particulier, il y a lieu de citer une courte étude de Ragsdale, Brody et Turner :

A.-C. Ragsdale, S. Brody et Ch. W. Turner (2) se sont adressés

(1) Ch. Eckles et Roscoe-H. Shaw, Variations in the Composition of Milk from the Individuals Cows (*Bull.* 157. *Bur. of Ann. Ind., Dept. of Agriculture,* Washington, 1913).

(2) A.-C. Ragsdale, S. Brody et Ch.-W. Turner, the Variation in the percent of Fat in successive Portions of Cow's Milk (*The J. of Dairy Science,* t. IV, p. 448, 1921).

à une vache Jerseyaise et ont fait des prélèvements successifs de 100 cc. sur un seul quartier, dans des circonstances différentes :

a) Immédiatement en arrivant à l'étable, venant de la pâture ;

b) Après un séjour de deux heures dans la tranquillité à l'étable ;

c) Après un séjour de même durée, mais en ayant soin, avant

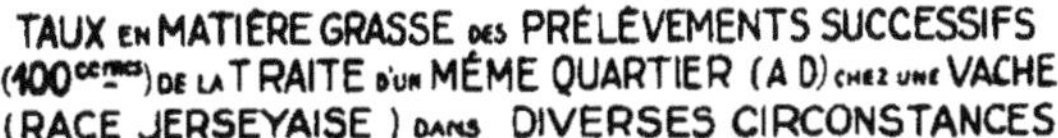

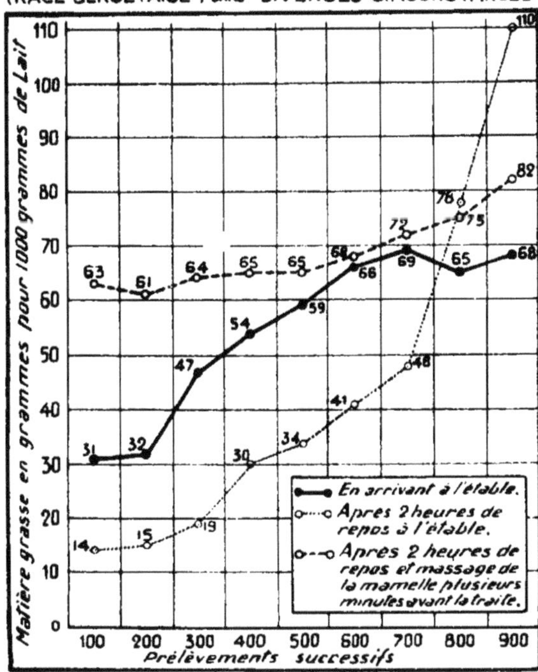

FIG. 28.

la traite, de *masser fortement la mamelle pendant quelques minutes, dans le but de mélanger le lait qu'elle contient.* Le graphique joint fig. 28 nous donne tous les renseignements numériques utiles; il est extrêmement suggestif. Il nous montre combien *le massage de la mamelle avant la traite tend à uniformiser le taux butyreux des divers prélèvements, notamment des premiers.*

L'égalité des taux butyreux des divers prélèvements n'est évidemment pas assurée jusqu'à la fin, parce qu'on n'agite pas une mamelle comme une éprouvette dans laquelle la matière grasse serait en train de monter.

Les auteurs prennent acte des chiffres donnés par leurs recherches et de ceux qu'ils ont recueillis en faisant des prélèvements dans une éprouvette pleine de lait à différentes hauteurs, soit au bout d'une heure et demie de repos du lait, soit au bout de trois heures pour donner la même cause aux résultats obtenus dans la mamelle, d'une part, et dans l'éprouvette, d'autre part; c'est revenir à la théorie de Sanson qui admet que c'est la différence de densité entre la matière grasse et le lait écrémé qui intervient dans la mamelle, chez l'animal vivant, aussi bien que dans le récipient en verre.

Je me permettrai d'être d'un avis tout à fait différent, en faisant remarquer que les situations sont loin d'être les mêmes. Nous avons dans la mamelle, en considérant le sens centrifuge, des canaux dont le diamètre s'exagère au fur et à mesure que l'on s'écarte des acini mammaires ; l'adhérence des globules contre les parois des canaux les plus éloignés de la porte de sortie du lait est évidemment beaucoup plus forte, en raison de l'extrême petitesse du diamètre de ces derniers.

J'ajouterai que la théorie, qui suppose que la cause principale des variations du taux butyreux des divers prélèvements de la traite tient à l'adhérence des globules gras contre les petites parois lactifères, trouve un appui dans deux faits, l'un qui est relatif à l'accroissement du diamètre des globules gras, à mesure que la traite s'avance, — nous en parlerons tout à l'heure —, l'autre qui nous montre qu'il en est pour les leucocytes comme pour les globules gras ; le taux leucocytaire des divers prélèvements s'élève au fur et à mesure que l'on approche de la fin de la traite, parce que la gymnastique à laquelle est soumise la glande pendant cette opération et la continuité du flot lacté dans le sens centrifuge finissent par décoller les leucocytes.

Le graphique 28 montre que plus longue est la durée du repos auquel sont soumis les animaux, quand ils sont rentrés à l'étable, avant la traite, plus grande est la différence dans le taux butyreux du premier et du dernier prélèvement.

Il n'est donc point besoin d'avoir recours ici à la différence de densité entre la matière grasse et le lait écrémé ; faisons simplement remarquer, ce qui est aussi très plausible, que le repos ne peut que faciliter l'accolement des globules gras contre les parois des canalicules les plus fins de la glande.

Dans le travail cité plus haut, Eckles et Shaw montrent que *les gros globules sont plus facilement retenus que les fins* ; aussi sont-ils en plus forte proportion dans le dernier lait; c'est dans le lait du début que l'on note les plus grandes variations dans les dimensions des globules, les plus petits s'y trouvant surtout. La fig. 29 reproduit graphiquement le cours de l'enrichissement du lait du commencement à la fin de la traite, chez des vaches de races diffé-

Le lait du début et celui de la fin de la traite comparés à celui de la traite entière.

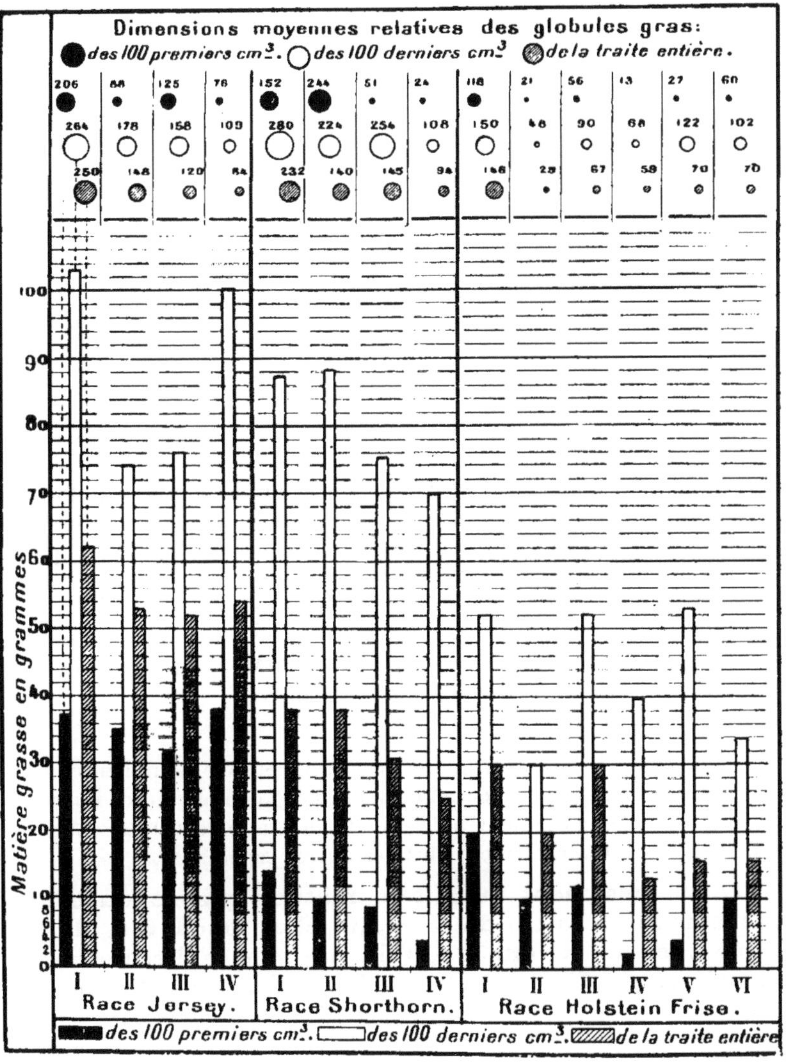

FIG. 29.

rentes, en même temps qu'il nous donne les dimensions moyennes relatives des globules gras dans les cent premiers et les cent derniers centimètres cubes recueillis, comparées à celles des globules de la traite entière.

Nécessité de faire la traite à fond. — Les variations, si grandes parfois, entre le premier lait recueilli et le dernier, montrent combien il importe d'opérer la traite à fond, tant au point de vue économique, afin de recueillir le dernier lait, le plus riche en matière grasse, qu'au point de vue pénal.

Le lait, pour répondre à la définition qu'en donnent les règlements officiels dans tous les pays — et c'est le cas du décret du 25 mars 1924, pour la France, — doit provenir d'une traite complète. Les derniers documents ci-dessus nous montrent péremptoirement que *toute traite incomplète peut fournir, et fournit dans la grande majorité des cas, un lait ayant les caractères d'un lait écrémé.* Souvent le fraudeur, pour expliquer la faible richesse en matière grasse du lait saisi, avance que la traite a été mal effectuée, incomplètement poussée à fond, par un vacher inexpérimenté ou pressé de finir son travail, et que lui ne saurait, en bonne justice, en être rendu responsable.

Ce raisonnement, évidemment, a sa valeur, — et remarquons en passant qu'il ne peut s'appliquer qu'à un lait individuel, — mais il ne saurait être retenu, d'abord parce que le producteur doit endosser la responsabilité de son personnel, et ensuite j'ajouterai que le fait pour lui de reconnaître que le lait de la fin de la traite est le plus riche en matière grasse ne saurait disposer le juge en sa faveur puisqu'il n'ignore rien du geste qui lui est reproché.

Faire une traite incomplète, ou du moins ne livrer que le produit d'une traite incomplète, c'est, comme le dit M. Bodroux, faire de l' « *écrémage au ventre* », opération qui est illicite.

*
* *

L'unicité de la fonction mammaire étant établie pour l'ensemble des espèces mammifères, l'enrichissement progressif du lait en matière grasse, du commencement à la fin de la traite, constaté chez la vache, s'observera également chez les autres espèces.

L'enrichissement du lait en matière grasse du commencement à la fin de la traite chez la chèvre, de la tétée chez la femme. — Voici une suite de documents empruntés encore à l'excellent travail de Cailloux. La fig. 30 est relative à la chèvre. Dans la fig. 31, on trouvera les variations de la richesse butyreuse du lait sur les divers prélèvements d'une tétée faite à fond chez une femme, pendant plusieurs jours, se suivant ou rapprochés, au sein droit. Sur les fig. 32 et 33, ce sont les variations journalières de la tétée fractionnée du sein droit (fig. 32), du sein gauche (fig. 33), pendant vingt-cinq jours consécutifs.

Notons, en passant, ce fait important que la fig. 31 nous révèle :

Taux, en grammes, par litre, de la matière grasse dans les trois fractionnements de la traite effectuée chez une chèvre, sur chaque quartier séparément.

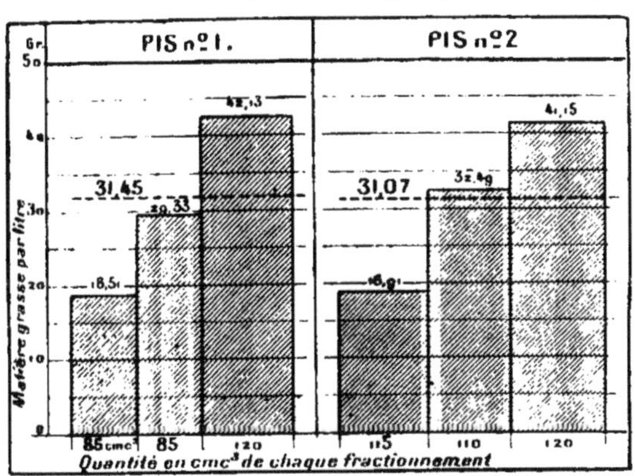

Fig. 30.

il s'agit d'une femme dont le lait est peu butyreux, ainsi qu'en font foi les 7 moyennes butyreuses du lait total en 12 jours, moyennes qui sont données en caractères plus gros; au contraire, l'allure des courbes des fig. 32 et 33 nous indique qu'il s'agit d'une femme dont le lait est nettement plus riche en matière grasse.

La fig. 34, qui résume des observations du travail de Plauchu et Rendu, et dans lesquelles il n'est tenu compte que des laits du commencement et de la fin de la tétée, et non pas de l'ensemble des prélèvements, comme dans les observations de Cailloux, présente, malgré cette lacune, un grand intérêt. Il apparaît bien que les deux premières nourrices, Les... et Mont... ont un lait qui est moins riche que celui de la troisième nourrice, Jacq... Les trois nourrices en question ont été examinées plusieurs fois, quatre pour la première et la seconde, cinq pour la dernière. Dans l'ensemble, les analyses de chacune sont concordantes, aussi la conclusion que nous venons d'en tirer est-elle valable. Toutefois, il importe de faire remarquer, afin de passer à côté de l'erreur dans laquelle certains pourraient tomber, que, pour apprécier la richesse moyenne d'un lait — et, bien entendu, ce n'est que d'un lait de traite complète qu'il peut s'agir, chez la femme ou une autre espèce, — il ne faudrait pas se contenter de faire la moyenne du lait du début et du lait de la fin de la traite ; on risquerait de se tromper étrangement. Une pareille moyenne ne peut être équitablement établie que si l'on tient compte des quantités sécrétées aux divers prélèvements successifs, en affectant à chacun son taux butyreux propre ainsi qu'il a été fait pour les fig. 25, 26, 30 et 31. Or, nous allons voir que cette

Variations de la richesse butyreuse du lait pendant la tétée. Taux, en grammes, par litre, de la matière grasse dans le lait des divers fractionnements de la tétée chez une femme peu beurrière (sein droit).

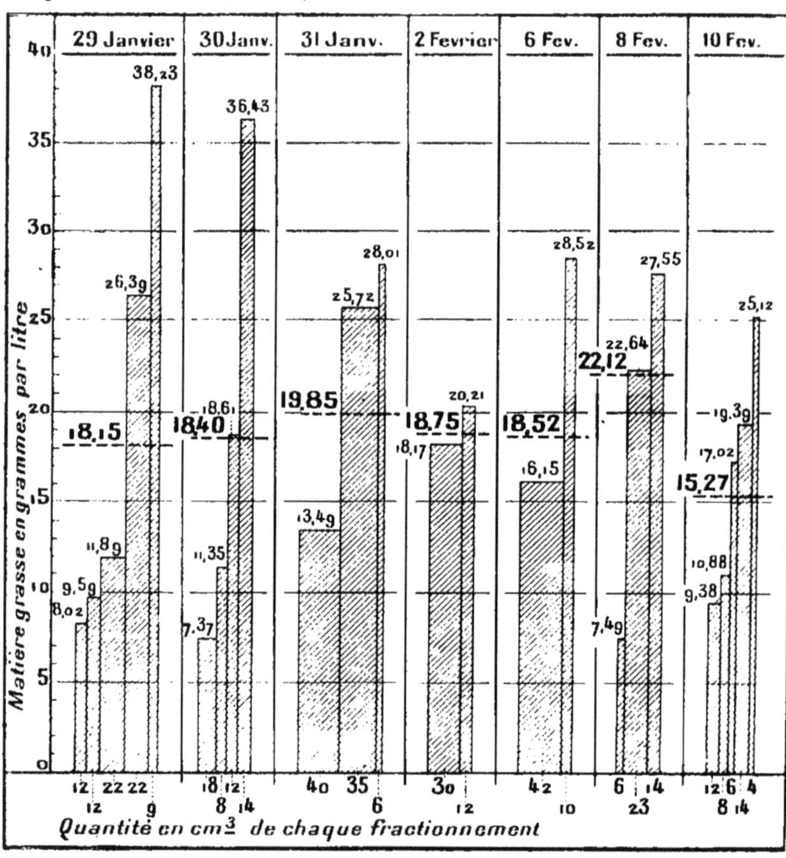

Fig. 31.

erreur, malgré toutes les précautions prises, est faite, en général, pour le lait de femme, dont elle charge ainsi les chiffres de l'analyse d'une inconnue difficile à apprécier.

*
* *

L'échantillon moyen chez la femme. — Ainsi que nous l'avons fait remarquer plus haut, s'il est toujours facile d'avoir un échantillon moyen sincère avec la vache, la chèvre et la brebis, la chose est fort difficile, pour ne pas dire, dans l'immense majorité des cas, impossible, lorsqu'il s'agit de la femme. Aussi, le prélève-

Variations journalières de la traite fractionnée du même sein (droit) chez une jeune femme quadripare de 32 ans, pendant 25 jours consécutifs.

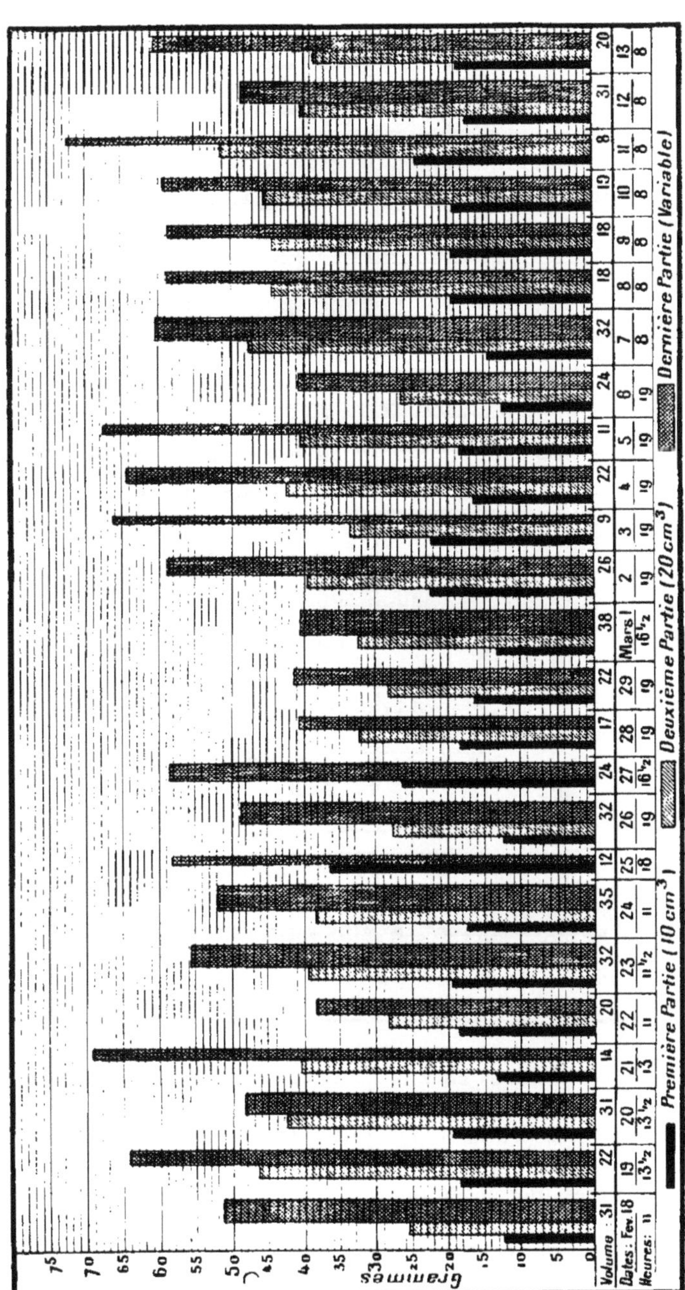

FIG. 32.

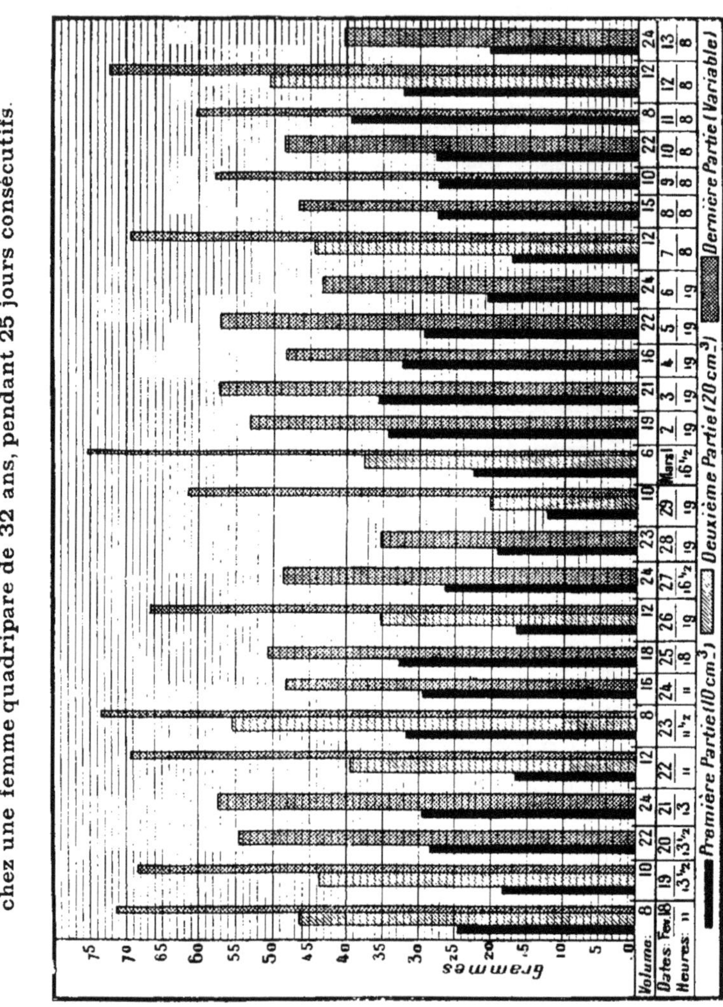

FIG. 33.

ment des échantillons chez la nourrice a-t-il de tout temps préoccupé les chercheurs.

Dans sa thèse (Paris, 1859), COUDEREAU dit : « Il faudrait, pour avoir une moyenne vraie de sa composition (lait de femme), prélever à chaque tétée une petite quantité de lait au commencement et à la fin du repas de l'enfant. » Je viens de faire remarquer ce qu'une pareille technique peut comporter d'erreur, en m'appuyant sur les documents qui précèdent.

Taux, en grammes, par litre, de la matière grasse, du début et de la fin de la tétée, chez plusieurs nourrices.

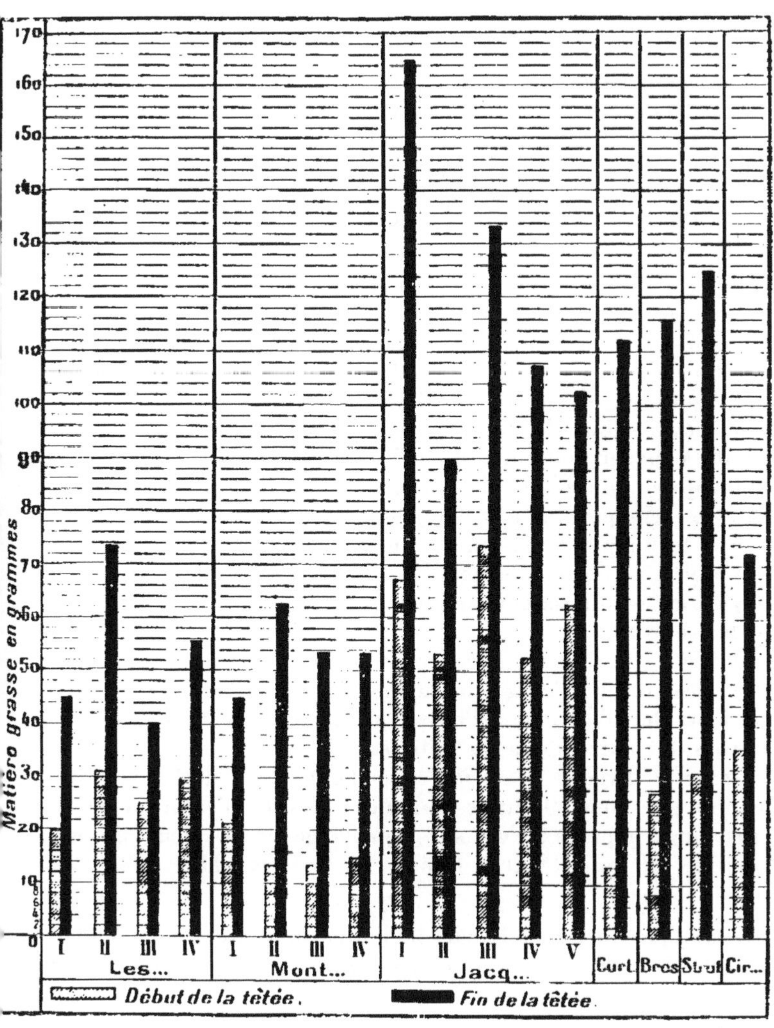

Fig. 34.

Je ferai un reproche du même ordre au procédé de Mme Brès (1) qui, pour obtenir l'échantillon moyen destiné à l'analyse, prélevait une petite quantité de lait avant et après la tétée, et du mélange

(1) Mme Brès, *De la mamelle et de l'allaitement*, Thèse de Paris, 1875.

qu'elle en obtenait, prenait une quantité proportionnelle au poids de lait absorbé par l'enfant à la tétée correspondante.

Ch. MICHEL prélève 20 cc. au commencement d'une tétée du matin, 20 cc. au milieu d'une tétée de midi et 20 cc. à la fin d'une tétée du soir (Ch. MICHEL, *Obstétrique*, mars 1906) et l'analyse était faite sur le mélange de ces trois prélèvements.

Ch. MARCHAND (De la composition anormale que peuvent présenter certains laits de femme, *Ass. Franc. pour l'Avanc. des Sciences*, le Havre, 1877, p. 877) croit nécessaire que le temps écoulé depuis la dernière traite n'excède pas deux ou trois heures, et il prélève l'échantillon après que l'enfant a tété quelques instants.

GUIRAUD (1), prenant exemple sur H. FÉRY, suit une technique un peu analogue à celle de MARCHAND. Il prélève l'échantillon le matin, une heure et demie à deux heures après que l'enfant a tété; met l'enfant au sein pendant quelques instants afin de provoquer la sortie du lait, pour que la récolte s'effectue mieux.

PLAUCHU et RENDU, dans leurs recherches qui ont porté sur 3.450 échantillons de matière grasse, ont toujours pris le lait du début : « On sait toujours, disent-ils, quand est le début d'une tétée, tandis qu'on ignore quand c'est le milieu ou la fin. » Cette réflexion est trop facile pour ne pas être juste, mais il n'en est pas moins vrai que la technique de ces auteurs est entachée d'une faute, puisque les analyses ne portent toujours que sur un lait, dont le moins qu'on puisse dire est que sa composition ne saurait être comparée à celle du lait moyen.

Malgré cette réserve, nous avons vu que la courbe de la richesse butyreuse du lait chez une même femme subit des oscillations considérables d'un jour à l'autre, et rentre ainsi dans le cadre des courbes des autres femelles laitières.

DENIS et TALBOT *(loc. cit.)* recueillent 30 gr. de lait avant que l'enfant tète, puis 30 autres grammes après que l'enfant a tété pendant vingt minutes; c'est sur le mélange de ces deux prises que l'analyse est faite. (Voir le tableau de la page 109.)

***

Ce que j'ai dit tout à l'heure de l'importance qu'il y a à soubattre la mamelle avant de tirer le lait, afin de produire une agitation mécanique susceptible de décoller les globules gras fixés sur les parois des petits canaux lactifères, porte à penser que le malaxage du sein, effectué pendant plusieurs minutes avant la traite, nous permettrait sans doute d'avoir un premier prélèvement dont la composition serait plus voisine, au point de vue de la matière grasse, de celle du lait moyen, que celle du premier lait tiré, sans malaxage

(1) GUIRAUD, *le Lait de femme*, Thèse de Bordeaux, 1897.

préliminaire. Il m'apparaît possible que l'on pourrait, guidé par ce qui vient d'être dit, effectuer des expériences analogues chez la

Analyses de laits du commencement et de la fin d'une seule tétée.

AGE DE L'ENFANT	AGE DE LA MÈRE	NOMBRE DE GROSSESSES	MATIÈRE GRASSE pour 1.000 gr. de lait	
			Premier lait	Dernier lait
3 semaines . . .	18 ans	2	53	64
3 — . . .	18 —	2	89	109
2 — . . .	18 —	1	15	52
9 — . . .	38 —	1	50	134
9 —	»	»	5,8	74
17 jours	18 —	1	67	71
4 semaines . . .	16 —	2	71	49
4 — . . .	16 —	2	74	74
4 — . . .	18 —	1	40	80
3 — . . .	18 —	1	64	160
27 — . . .	»	»	24	80
4 — . . .	18 —	2	74	110
4 —	»	»	56	52
4 —	»	»	24	38
26 semaines . . .	26 —	2	25	44
18 jours	20 —	2	16	14
18 semaines . . .	28 —	1	20,6	12,2
5 — . . .	18 —	2	56	71
5 — . . .	22 —	1	56	91
7 — . . .	21 —	1	32	66
6 — . . .	16 —	1	45,2	80
9 — . . .	22 —	1	64,8	133
9 —	»	»	24,8	54
9 —	»	»	15	29
40 semaines . . .	»	3	35	47,6
22 — . . .	»	2	32	27
22 —	»	»	42	72,4
40 semaines . . .	»	6	6,6	100
43 — . . .	»	»	42	36
49 — . . .	»	»	15	80
26 jours	25 —	2	29	51
25 —	23 —	1	42	41
39 semaines . . .	»	»	55	131
39 —	»	»	29	55
10 semaines . . .	29 —	3	30	45
3 — . . .	24 —	3	16,6	32
3 — . . .	»	1	26,4	36,8
2 — . . .	26 —	3	1	33
25 jours	20 —	1	16	20,2
4 semaines . . .	19 —	1	26	36
26 — . . .	35 —	3	20	28
2 — . . .	24 —	1	17	40
4 — . . .	21 —	3	19	24
4 —	»	»	84	84
4 —	»	»	17	46
4 —	»	»	13,9	36,8

(Tableau emprunté au travail de DENIS et TALBOT, v. p. 108).

femme et les femelles laitières ; jusqu'ici, on n'a que celle de Ragsdale, Brody et Turner sur la vache.

Au surplus, quand on y réfléchit, on peut penser que l'argument avancé par Plauchu et Rendu, et avec lequel ils justifient leur manière de procéder, n'est pas aussi valable qu'il semble l'être à première vue. Il aurait quelque valeur si l'importance de la tétée entière était, à peu de chose près, invariable ; mais il n'en est pas ainsi, et les premiers 10 cc. d'une tétée dont le total doit atteindre 50 cc., ne sont nullement comparables aux mêmes 10 premiers centimètres cubes de la tétée totale du même sein, un autre jour, si celle-ci devait atteindre 70,80 ou même 100 cc. ; aussi, sans paradoxe aucun, on peut dire que l'on ne sait pas plus quand c'est le commencement de la tétée que lorsque c'est la fin. Dans un cas, comme dans l'autre, la question de relativité des valeurs des divers prélèvements retentit grandement sur l'importance que l'on doit attacher à l'échantillon prélevé.

Cailloux, dont les recherches ont porté sur des tétées totales, ce qui lui a permis de constater combien variable était la teneur en matière grasse aux différents prélèvements de la traite, s'est servi du tire-lait de Budin relié à un tube à vide, et, pour diviser la traite, le flacon dans lequel on recueille le lait comporte un dispositif semblable à celui qu'on utilise dans les laboratoires pour les distillations fractionnées dans le vide.

Si, chez les femelles laitières orientées en vue du fonctionnement intensif de leur glande mammaire, il est interdit de recourir à un simple échantillon, serait-il même un échantillon moyen d'une journée entière pour apprécier la qualité butyreuse de l'animal, une pareille interdiction s'impose davantage encore chez la femme, en raison de l'absence presque régulière chez celle-ci de l'échantillon moyen.

On doit *toujours faire preuve d'une grande circonspection lorsque l'on veut donner au choix de la nourrice une base analytique chimique.* Il faut multiplier les prélèvements, comme l'ont fait Plauchu et Rendu pour les nourrices Lès..., Mont... et Jacq... En opérant ainsi, on se garde dans une certaine mesure des erreurs d'interprétation dans lesquelles on pourrait tomber avec l'analyse d'un seul prélèvement et l'on tend à se rapprocher de la vérité.

Il faut toujours avoir à l'esprit les chiffres surprenants que l'on obtient avec la vache, et qui nous interdisent d'apprécier celle-ci sur la base d'un seul examen chimique, et se dire que chez la femme il en est plus qu'ainsi, puisqu'aux difficultés produites par la grande variabilité du taux butyreux, s'ajoutent celles du prélèvement.

Je dirai encore, au sujet de la nourrice, que nous laissons de côté, n'ayant en vue ici que la matière grasse, la partie non grasse du lait ;

or, celle-ci a tout autant d'intérêt que celle-là ; les erreurs de jugement dans le choix d'une nourrice, qui dérivent de l'interprétation incomplète et tendancieuse d'un seul lait qui peut être mal prélevé, peuvent être donc grandes.

*
* *

La variabilité du taux butyreux du lait en face du facteur alimentation. — La lecture du grand nombre de documents que nous venons de donner n'aura pas été sans faire naître dans l'esprit du lecteur quelques réflexions, mais il en est une qui n'aura pas manqué de surgir presque tout de suite : *puisque le taux de la matière grasse varie dans des limites aussi considérables, alors que l'animal, en bonne santé, vit dans des conditions toujours semblables, et reçoit une alimentation constamment la même en qualité et en quantité, il semble donc très difficile d'établir des relations directes, étroites, de cause à effet, entre l'alimentation et la matière grasse du lait, au point de vue quantitatif.*

Dans la première partie de cette étude, nous avons, en nous appuyant sur des considérations physiologiques de bonne qualité, croyons-nous, et sur des expériences auxquelles on peut accorder tout crédit, développé les raisons pour lesquelles l'aliment ne pouvait avoir qu'un retentissement faible, très lointain, sur la quantité de la matière grasse sécrétée par la mamelle. Nous avons vu dans quelle mesure l'aliment agissait *qualitativement*, mais nous avons moins insisté pour voir dans quelles mesures il lui est possible d'agir *quantitativement*, parce que nous attendions d'avoir fait étalage de tous les chiffres qui précèdent, pour discuter avec intérêt de ce point particulier.

Tandis que la cause ou la prétendue cause : l'alimentation, à laquelle beaucoup d'esprits, plutôt mal que bien éclairés, donnent tant d'importance reste constante, et il suffit pour cela d'assurer à l'animal des repas identiques, qualitativement et quantitativement, pendant une période assez longue de temps, que voyons-nous ? Le taux en matière grasse de son lait osciller considérablement, d'une traite à l'autre, d'un jour à l'autre, et si nous serrons davantage encore le problème, *pour la même traite, d'un quartier à l'autre.* Où placer ici, en présence de telles variables, l'influence de l'aliment ?

Les problèmes les plus difficiles de la physiologie animale sont, sans nul doute, ceux qui touchent au métabolisme. Le champ très vaste des recherches qui portent, d'une part, sur la dislocation des molécules alimentaires et, d'autre part, sur la reconstruction des molécules de l'être vivant aux dépens des morceaux des premières, est extrêmement difficile, pour ne pas dire impossible à aborder directement.

C'est par des moyens indirects que l'on peut parfois résoudre les problèmes posés ; aussi les réponses à la question de savoir quelle est l'origine des principes du lait, et notamment celle de la matière grasse, ne peuvent être que partielles.

Nous avons vu en commençant que la croyance la plus simpliste, ou du moins la plus ancienne, était que la graisse du corps, tout comme celle qui est éliminée par le lait, provenait directement de la graisse des aliments, par un simple transfert en quelque sorte de celle-ci aux tissus de l'organisme ou à la mamelle.

Une telle hypothèse n'est justifiée que dans une certaine mesure ; elle est invraisemblable prise dans son acception totale, et cela éclate tout de suite aux yeux quand on constate qu'avec des aliments identiques la femelle laitière fera des graisses différentes : suif, graisse des os, beurre. Rappelons, pour montrer la complexité du problème, qu'il est hors de contestation que la graisse peut se former, et c'est indiscutable chez les herbivores, aux dépens des hydrates de carbone.

La physiologie animale nous dit qu'à l'heure actuelle on sait relativement peu de choses encore sur le métabolisme des matières grasses; on en sait davantage sur celui des hydrates de carbone, et aussi sur celui des matières protéiques, depuis que nos connaissances sur la constitution de ces dernières se sont très élargies.

Il serait évidemment guère scientifique de prendre acte du peu que nous savons sur le métabolisme des matières grasses pour nier une influence alimentaire quelconque, mais quelle est la grandeur de cette influence, dans quel sens agit-elle ? Nous n'avons jamais que des ébauches de réponse à ces questions.

Chez la vache, chez la chèvre, chez la brebis, la graisse n'est pas seule à intervenir ; les hydrates de carbone, nous le savons, vont faire des graisses de réserve qui, à leur tour, serviront à faire de la graisse du lait ; il y a donc là une transformation intermédiaire qui complique une interprétation à laquelle des esprits superficiels ne trouvent évidemment aucune difficulté.

Si j'insiste sur ces points — trop même dira-t-on — c'est parce que *les fraudeurs font jouer l'influence de l'alimentation plus que de raison.* En général, quand survient un changement de régime, il n'y a pas que l'alimentation qui varie ; de nombreux circumfusa tenant à l'atmosphère, la température, l'humidité, le climat, etc., interviennent. Un changement de régime ce n'est pas seulement une modification dans l'apparence extérieure de la ration des animaux; il y a bien des inconnues qui nous échappent. Quand on substitue le régime vert au régime sec, la nutrition reçoit un coup de fouet. Ce que nous savons aujourd'hui de l'influence de certaines vitamines dans le métabolisme de la chaux, par exemple, ne nous permet-il pas de penser que derrière l'influence des grosses molécules alimentaires se rattachant à un type connu : hydrates de carbone, graisses et protéines, il en est d'autres relevant de principes sur lesquels qualitativement et quantitativement nos connaissances sont faibles ?

Dans un travail plein de suggestions intéressantes (1), MAYNARD et MYERS, étudiant les facteurs qui jouent dans les expériences relatives à l'influence de l'alimentation sur la richesse du lait en matière grasse, distinguent entre les facteurs mesurables et les facteurs non mesurables. Dans les premiers, ils reconnaissent l'espèce et la quantité de l'aliment, la méthode qui préside à l'alimentation : heures des repas, etc. Il est d'autres de ces facteurs qui, bien que ne pouvant pas être évalués exactement, rentrent cependant dans le même groupe, telles que les conditions de vie : à l'intérieur ou au dehors, la température, etc.

Dans les facteurs non mesurables, il faut placer toutes les particularités physiologiques : qualité de la nutrition, valeur de la production, qui toutes se rattachent à l'individualité. Celle-ci ne peut pas être contrôlée ; elle se constate, mais du moins en peut-on mesurer les effets.

MAYNARD et MYERS font remarquer, avec juste raison, combien l'interprétation des résultats se heurte à beaucoup plus de difficultés quand il s'agit de lait que lorsqu'il s'agit de viande ; *a fortiori*, dirai-je, quand on envisage un seul constituant du lait, celui qui est le plus variable : la matière grasse.

Quand on vise à faire de la viande, c'est l'augmentation du poids de l'animal qui est avant tout recherchée, et toute nourriture, consommée en sus de celle qui est nécessaire pour assurer l'entretien, est profitable. Dans l'alimentation de la femelle laitière, seul, ce qui intéresse, c'est la production de la glande mammaire ; aussi, l'augmentation du poids de ladite femelle au cours d'expériences d'alimentation est-elle indésirable ; tout engraissement ne peut que tendre à nuire à l'activité de la glande mammaire, parce qu'il dérive ailleurs une partie plus ou moins importante de ce qui est réclamé par cette dernière.

La production du lait est sujette, beaucoup plus que celle de la viande, à de plus larges variations et à l'influence de facteurs qui viennent rapidement la troubler.

ARMSBY, dans son livre (*the Nutrition of Farm Animals*, 1905, p. 500), dit : « L'alimentation de la femelle laitière est, dans une certaine mesure, un facteur secondaire en laiterie ; le succès dans la production laitière dépend : 1° de l'individualité de l'animal et

(1) L.-A. MAYNARD et W. MYERS, the Refinement of feeding experiments for milk production by the application of statistiscal methods. (*Bull.* 397 de *Cornell University*, avril 1918).

de toutes les circonstances qui permettent à celle-ci de jouer librement. L'alimentation ne peut pas stimuler grandement la production, bien qu'elle puisse cependant la diminuer s'il y a manque de substances nutritives. Les rations impropres, suffisantes quantitativement, mais insuffisantes qualitativement, peuvent nuire à la production du lait et favoriser celle de la viande... »

La sécrétion lactée est tout d'abord une fonction périodique, et son allure présente des irrégularités, difficilement explicables, soit qu'on la considère chez différents animaux ou chez le même animal au cours de lactations différentes.

* * *

L'appréciation d'une femelle laitière au point de vue butyrogène en face des oscillations du taux en matière grasse de son lait. — A première vue, de l'irrégularité de la courbe du taux butyreux du lait chez une femelle laitière, il semble qu'on puisse en déduire la grande difficulté à apprécier celle-ci au point de vue butyrogène. Toutefois, si l'on se reporte aux documents de cette étude, on constate, et le fait est assez net lorsque l'observation englobe un grand nombre de jours, qu'il est possible, derrière cette irrégularité qui comporte des oscillations très grandes et désordonnées, de juger si l'animal est un bon ou un médiocre producteur de matière grasse par son lait. Un pareil jugement doit s'appuyer sur des chiffres indiscutables, lesquels seront fournis par la mesure de tout le lait produit et la détermination de sa richesse en matière grasse.

Dans l'importante étude que *le Lait* a consacrée au Contrôle laitier (1), nous trouvons un grand nombre de ces chiffres qui sont, à n'en pas douter, éminemment suggestifs. Leur importance est liée étroitement à quelques données physiologiques qui ont été mises en valeur par les recherches de Fleischmann et de ses élèves.

A. Mallèvre, dans une conférence remarquable (2), relève toute l'importance de ces dernières. Il est bien vrai que, empiriquement, on connaissait déjà très bien l'influence de l'individualité sur la richesse du lait, mais pour l'utiliser comme il convenait, « la faire servir, dit Mallèvre, aux progrès de l'élevage et de la production laitière, on doit pouvoir l'apprécier, la mesurer et, conséquemment, la chiffrer. »

Pour éliminer les influences soupçonnées, mais si difficiles à préciser,

(1) *Le Lait* n° 7-8 de 1922 uniquement consacré au contrôle laitier, brochure de 180 pages.

(2) A. Mallèvre, Les variations de la richesse butyreuse du lait et les influences dont elles dépendent. Conséquences relatives à la production du lait et à la recherche de l'écrémage frauduleux (*Société Centrale d'agriculture de la Seine-Inférieure. Bull. Trimestriel*, octobre-novembre-décembre 1910).

qui font varier si bizarrement la richesse du lait en matière grasse, il faut, de toute nécessité, établir la teneur moyenne butyreuse de l'animal pendant une lactation entière. Le moyen le plus certain, c'est celui auquel ont eu recours Fleischmann et son élève Hittcher ; ils ont pesé chaque jour le lait de chaque traite des vaches en expérience, et chaque fois ont dosé la matière grasse. Ils ont donc pu, en toute sûreté, avoir la richesse moyenne, et sont arrivés à cette remarquable conclusion : c'est qu'*une vache donnée sécrète un lait dont la teneur moyenne butyreuse est à peu près invariable pendant sa carrière,* à la condition, bien entendu, que la santé de l'animal ne subisse aucune atteinte, et que la nourriture soit suffisante.

Ce point de physiologie est d'une extrême importance, car, si un animal donné avait dû présenter des oscillations considérables dans les richesses moyennes de ses diverses lactations, être bon beurrier à l'une, moins bon à une autre, médiocre à une troisième, toute base sérieuse de sélection reposant sur le rendement en matière grasse échappait, puisque la pérennité de la qualité butyreuse disparaissait. Puisque c'est le contraire qui est vrai, il est donc, d'ores et déjà, possible de conclure qu'une vache qui est très butyrogène au cours d'une lactation donnée, le sera aussi dans ses lactations ultérieures. Et *comme sa puissance butyrogène est susceptible de se transmettre à sa descendance,* elle pourra servir de géniteur, soit par ses filles, soit par ses fils, car le mâle, plus encore que la femelle, est susceptible de transmettre les qualités laitières que possédaient ses ascendants femelles.

Mais, si la pesée et le dosage journaliers de la matière grasse du lait ont une valeur indiscutable comme base de la sélection des femelles laitières, un grave obstacle se pose devant leur utilisation régulière, du fait de la grande difficulté pratique à suivre, jour par jour, traite par traite, les rendements en litres de lait et en grammes de graisse à beurre sur chaque animal. On pouvait donc craindre que, dans la pratique, on allait se trouver contraint d'abandonner ce moyen de sélection idéale, à moins que des recherches ne vinssent établir qu'on pouvait substituer au contrôle journalier, laborieux et coûteux, un contrôle périodique dont les épreuves s'échelonneraient sur la durée entière de la lactation, et qui pût donner de la valeur laitière et butyrogène d'une femelle une approximation satisfaisante.

Quelle sera la périodicité de ce contrôle ? Quelle devra être la durée des épreuves à chaque période de ce contrôle, pour que les chiffres du rendement total annuel obtenus en multipliant les moyennes trouvées par le nombre de jours dans le mois et en additionnant les rendements mensuels ainsi calculés, répondent assez fidèlement aux résultats que donnerait le contrôle journalier, au point de pouvoir se substituer à eux ?

Les uns parlent d'un contrôle de un jour par mois, ou de un jou par quinzaine, de un jour toutes les trois semaines ; les autres, d'u contrôle portant sur deux jours consécutifs par mois, etc.; plusieu combinaisons sont donc offertes, et je répèterai avec MALLÈVRE que « Il ne faut pas se dissimuler que ce qu'on gagne alors en commodité on le perd en sécurité et en exactitude. » Aussi, cet auteur conseille-t-i d'adopter le contrôle une fois tous les huit ou dix jours.

Derrière la périodicité du contrôle, c'est-à-dire le point de savoi si l'épreuve sera faite tous les mois, toutes les trois semaines, tous le quinze jours, tous les huit ou dix jours, se greffe une autre question la périodicité étant choisie, quelle sera la durée de l'épreuve ? u jour ou deux jours ? En combinant les deux données, périodicité e durée, on arrive à se poser une autre question : vaut-il mieux un épreuve mensuelle qui dure deux jours, qu'une épreuve tous le quinze jours, ne durant qu'un jour ?

Nous pouvons être guidés dans un pareil choix par les épreuve des concours beurriers. Si nous nous reportons au concours de Rouen lequel a réuni 88 animaux, nous voyons qu'il peut y avoir de différences assez marquées d'un jour à l'autre dans le taux butyreu moyen du lait de toute la journée. Déjà, lorsque le calcul porte su l'ensemble des trois traites de la journée, nous voyons disparaître en quelque sorte, ou du moins s'atténuer fortement, les gros écart qu'il y a entre les richesses butyreuses de chacune des trois traites ; ils viennent se fondre dans une moyenne qui répond mieux à la valeur butyrogène de l'animal. Néanmoins, il y a entre deux jours qui se suivent des différences assez marquées parfois ; aussi, en faisant la moyenne des résultats obtenus pendant ces deux jours, on se rapproche encore davantage de la richesse butyreuse moyenne de la lactation toute entière. Aussi, j'estime qu'il est préférable d'avoir une épreuve qui dure deux jours par mois, que deux épreuves d'un jour tous les quinze jours.

On diminue l'influence du hasard qui pourrait faire décider l'épreuve un jour où la matière grasse du lait subit un fléchissement inexplicable, semblable à celui que nous avons rencontré dans les documents antérieurs (1).

TROY, dans son étude citée plus loin, confirme les résultats d'ANDERSON et autres auteurs.

Les *Associations de contrôle* relatent des variations importantes d'un mois à l'autre, sur la base d'une épreuve se ramenant à l'examen, chaque mois, du lait de deux traites qui se suivent. TROY donne 4 tableaux de 6 vaches de races différentes, faisant mention des pourcentages mensuels.

(1) A ce sujet, voir la note de la p. 87.

TYREUX MENSUELS (SUR DEUX TRAITES PAR MOIS) DU LAIT DE 6 VACHES

RACE HOLSTEIN.

Juin	Juillet	Août	Septemb.	Octob.	Novemb.	Décemb.	Janvier	Février	Mars	Avril
36	51,5	57,7	vêlage	41,2	37	39,1	43,2	40,1	39,1	39,1
44,3	64,9	64,9	vêlage	47,3	47,3	41,2	46,3	46,3	45,3	46,3
29,9	32,9	40,2	39,2	49,5	53,6	57,7	49,5	49,5	vêlage	41,2
44,3	54,6	56,6	43,2	43,2	47,4	46,4	41,2	41,2	42,2	43,2
25,7	29,9	39,2	30,9	34	40,1	48,4	48,4	»	»	36
41,2	41,2	44,3	47,4	46,3	vêlage	41,2	41,2	50,5	45,3	45,3

RACE GUERNESEY.

Juin	Juillet	Août	Septemb.	Octob.	Novemb.	Décemb.	Janvier	Février	Mars	Avril
52,5	59,75	59,75	vêlage	48,4	44,30	47,4	46,35	44,3	43,2	51,50
42,25	44,30	45,30	57	75,2	»	vêlage	38,10	39,1	43,2	36
48,4	51,5	59,75	51,50	64	64	»	48,4	42,2	52,5	53,5
43,2	42,2	43,2	41,2	44,3	43,2	44,3	47,4	56	56	»
49,5	54,6	59,7	64	58,7	60,8	60,8	64	60,8	67	60,8
60,5	47,5	52,5	51,5	43,2	64	68	59,7	56,6	62,9	58,70

RACE JERSEY.

Juin	Juillet	Août	Septemb.	Octob.	Novemb.	Décemb.	Janvier	Février	Mars	Avril
53,6	54,6	52,5	60,7	61,8	67	70	79,3	vêlage	53,6	53,6
50,5	53,6	47,4	58,7	55,6	63,9	58,7	76,3	»	50,5	50,5
52,5	57,8	57,8	53,6	57,8	53,6	54,6	63,9	56,6	76,3	92,7
45,3	55,6	44,3	62,8	42,2	45,3	51,5	48,4	63,9	»	»
53,6	51,5	47,4	53,6	58,7	70,9	65,9	61,8	61,8	68	»
46,3	43,2	44,3	57,8	57,6	74,2	81,40	67	vêlage	59,7	50,50

RACE SHORTHORN.

Juin	Juillet	Août	Septemb.	Octob.	Novemb.	Décemb.	Janvier	Février	Mars	Avril
37,1	43,2	41,2	43,2	79,3	vêlage	34	38,1	37,1	43,2	39,1
39,1	39,1	39,1	41,2	44,3	45,3	45,3	42,2	42,2	41,2	42,2
47,4	50,1	49,4	55,6	59,70	60,8	69	72,1	vêlage	46,4	42,2
46,3	46,3	44,3	54,6	58,7	57,7	57,7	»	»	42,2	42,2
45,3	39,1	39,1	44,4	47,4	56,6	56,6	56,6	54,6	58,7	»
42,2	53,6	60,8	vêlage	39,1	39,1	40,1	42,2	43,2	46,4	42,2

e graphique suivant (fig. 35), établi sur des documents qui m'ont communiqués par M. Brioux, corrobore les résultats des 4 ta-aux de Troy. Il y a de grandes variations d'un mois à l'autre et st plus que probable que si au contrôle mensuel on substituait contrôle tous les jours, on aurait des courbes d'une allure plus ulière.

e graphique de la figure 36 se rapporte à la chèvre. Il est éressant en ce qu'il s'agit ici d'un même animal suivi pendant q lactations consécutives. Evidemment, les cinq courbes sont assez assées mais elles n'en ont pas moins chacune une allure propre érente de celles des autres. Un taux butyreux mensuel vraiment yen, c'est-à-dire établi sur la base des taux de tous les jours du

Vache 65. Production totale en 10 mois : 4.134 kilogrammes de lait ; 189 kilogrammes de matière grasse.

Vache 66. Production totale en 19 mois : 5.524 kilogrammes de lait ; 163 kilogrammes de matière grasse.

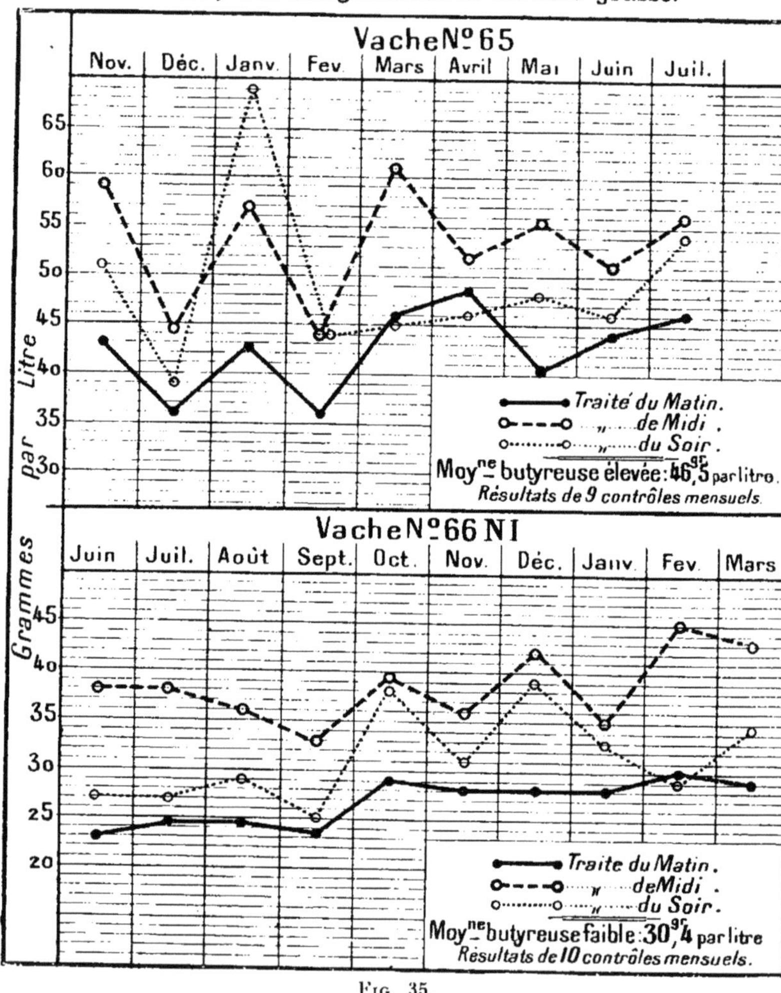

Fig. 35.

mois, aurait donné des courbes plus régulières et plus serrées l'une près de l'autre.

* * *

En dépit des innombrables documents que nous fournit le classement des animaux sur les registres de leur race dans tous les pays

Taux butyreux mensuel moyen du lait de la même chèvre pendant cinq lactations consécutives.

(Institut zootechnique de l'Ecole vétérinaire de Dresde).

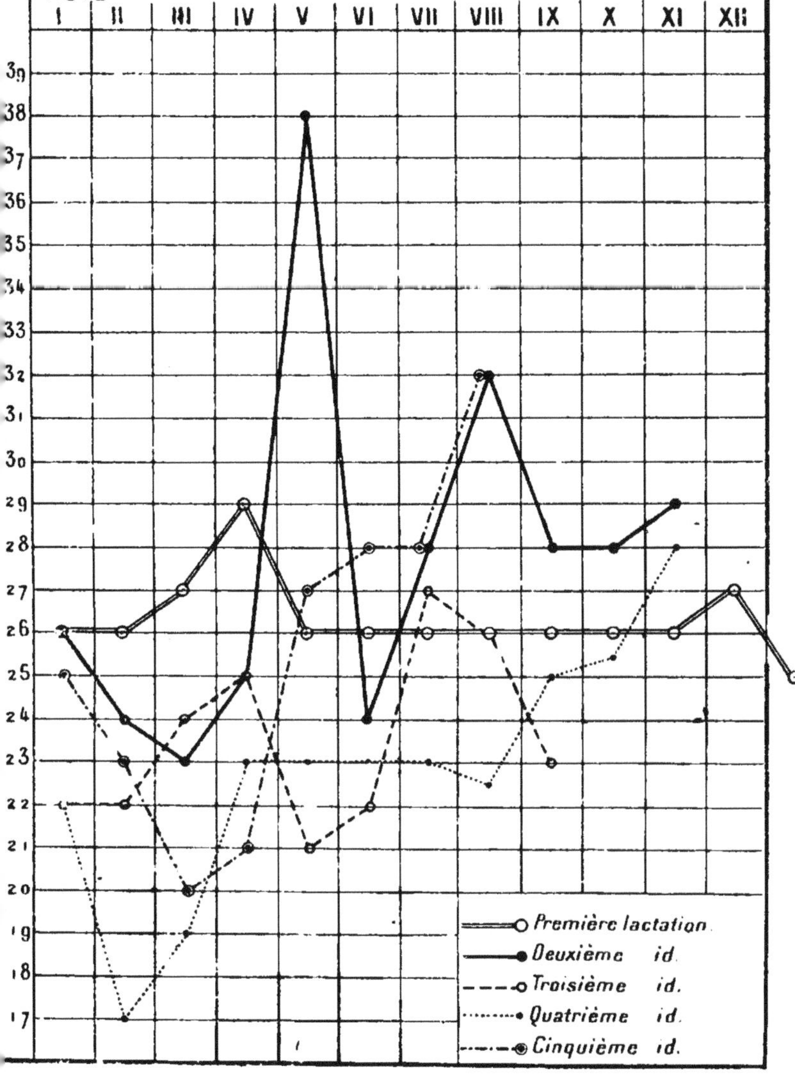

FIG. 36.

du monde qui se sont orientés vers le contrôle laitier, la question que soulève la périodicité et la durée des épreuves dudit contrôle, n'est pas encore tout à fait résolue, et elle appelle des recherches dans le sens que je viens d'indiquer.

Pour les animaux d'élite ou pour ceux dont la valeur marchande, ou celle de leurs descendants, est considérable, les Américains du Nord suivent la technique de Fleischmann et Hittcher ; pour les autres de moindre valeur, mais qu'il importe de classer cependant parce que leurs qualités laitières et butyrogènes sont néanmoins remarquables, on procède à des épreuves mensuelles.

Si l'on relit tous les travaux qui ont paru dans le numéro de la revue *le Lait* auquel je faisais allusion tout à l'heure, on remarquera que *la plus grande diversité règne dans le choix de la périodicité et de la durée des épreuves*. Cela justifie une fois de plus l'opinion que j'émettais plus haut sur l'intérêt qu'il y aurait à entreprendre systématiquement des recherches dans ce sens. Elles exigeront fatalement un grand nombre d'animaux, car les ferait-on porter sur un petit nombre, il y aurait toujours à craindre l'intervention de fluctuations désordonnées qui pourraient troubler les moyennes réelles à rechercher.

* * *

L'importance de la conservation chez un animal, pendant toute sa carrière laitière, de sa valeur butyrogène moyenne, est mise une fois de plus en relief dans le travail de Maynard et Myers. Ils ont rassemblé dans des courbes la production en lait et en matière grasse d'un assez grand nombre de femelles laitières au cours de toutes leurs lactations et ils ont notamment constaté que c'était à la huitième lactation que la production, tant du lait que de la matière grasse, était maxima, c'est-à-dire de la neuvième à la dixième année de leur âge. Ces graphiques, nous les reproduisons dans les fig. 37 et 38. Ils montrent un parallélisme très frappant de l'ensemble des deux courbes, lequel traduit, en somme, l'observation capitale qui ressort des recherches de Fleischmann et Hittcher : c'est que la teneur moyenne annuelle en matière grasse ne varie pas au cours des différentes lactations. La valeur de la documentation de Maynard et Myers résulte du dépouillement de recherches datant de trente ans, portant sur près de 400 animaux de toutes races, et qui sont dues à M. H.-H. Wing.

S'il y a plus de lait produit, il y a, évidemment, plus de matière grasse produite, pondéralement parlant, et la moyenne, c'est-à-dire le quotient de la quantité de matière grasse par la quantité de lait, varie fort peu. « D'une lactation à l'autre, nous dit Mallèvre, la différence de richesse butyreuse ne dépasse pas quelques grammes

— ordinairement 1 à 2 gr. par litre — à la condition sous-entendue que la santé reste bonne et la nourriture suffisante. »

« Il convient d'ajouter néanmoins, dit-il encore, que la richesse butyreuse moyenne est peut-être un peu plus élevée dans les premières lactations d'un animal ». Le fait, s'il existe réellement, a besoin d'être confirmé. Il ne peut s'agir, en tous cas, que d'une supériorité très faible, à peine sensible, en faveur des premières lactations, et ne dépassant pas les proportions indiquées à l'instant de 1 à 2 gr. par litre.

Mais le point essentiel, encore une fois, qu'il importe de retenir, c'est qu'il n'y a pas de grandes différences d'une lactation à l'autre, et *il ne faudrait pas exciper de l'âge avancé d'une vache pour expliquer un taux butyreux faible et persistant*, qui serait dû, en réalité, à la fraude.

Faisons remarquer encore que le maintien du taux butyreux du lait peut aller de pair avec une augmentation notable de la quantité de lait produit ; *l'abondance et la richesse peuvent donc marcher conjointement*, ce qui est d'une importance considérable au point de vue économique.

Mais cette remarque — et il est essentiel de le souligner — ne vaut que dans le cadre dessiné par l'utilisation du contrôle laitier, en vue de l'amélioration de la production du lait en quantité et en qualité. Elle vaut moins, lorsque nous considérons un animal quelconque isolé et qui peut avoir des sautes brusques dans la production de son lait, une augmentation ou une diminution pouvant tenir à un changement de régime : passage du vert au sec ou inversement, passage de la vie à l'étable à la vie au plein air ou inversement encore.

Dans ce cas, la plupart des auteurs s'accordent à dire qu'une augmentation marquée du lait peut être suivie d'une baisse dans le taux butyreux. Nous verrons ce qu'il faut en penser lorsque nous étudierons le lait de mélange. Ici encore, c'est le grand nombre des animaux en expérience qui permettra de conclure; le faire sur un seul individu, c'est risquer de mal interpréter des chiffres pris au hasard.

Toutefois, le graphique ci-joint, fig. 39, dressé d'après le travail de Buckley nous montre que le passage du sec au vert ne détermine pas de différence dans le taux butyreux du lait. Les irrégularités de la courbe sont de même amplitude à droite qu'à gauche. *Notons que l'animal était bien nourri lors du régime d'étable.*

L'influence de la race sur la richesse butyreuse du lait. — L'importance du contrôle laitier n'a pas besoin d'être

La production du lait en relation avec le nombre de lactations.
5390
5280
5170
5060
4950
4840
4730
4620
4510
4400
4290
4180
4070
3960
3850
3740
3630
3520
3410
3300
3190
3080
Lait en litres.
1re
2e
3e
4e
5e
6e
7e
8e
9e
10e
Lactations
Production moyenne
de 79 Vaches sur 4 lactations
" 60 " " 5 "
" 40 " " 6 "
" 26 " " 7 "
" 14 " " 8 "
" 9 " " 9 ".
" 4 " " 10 "

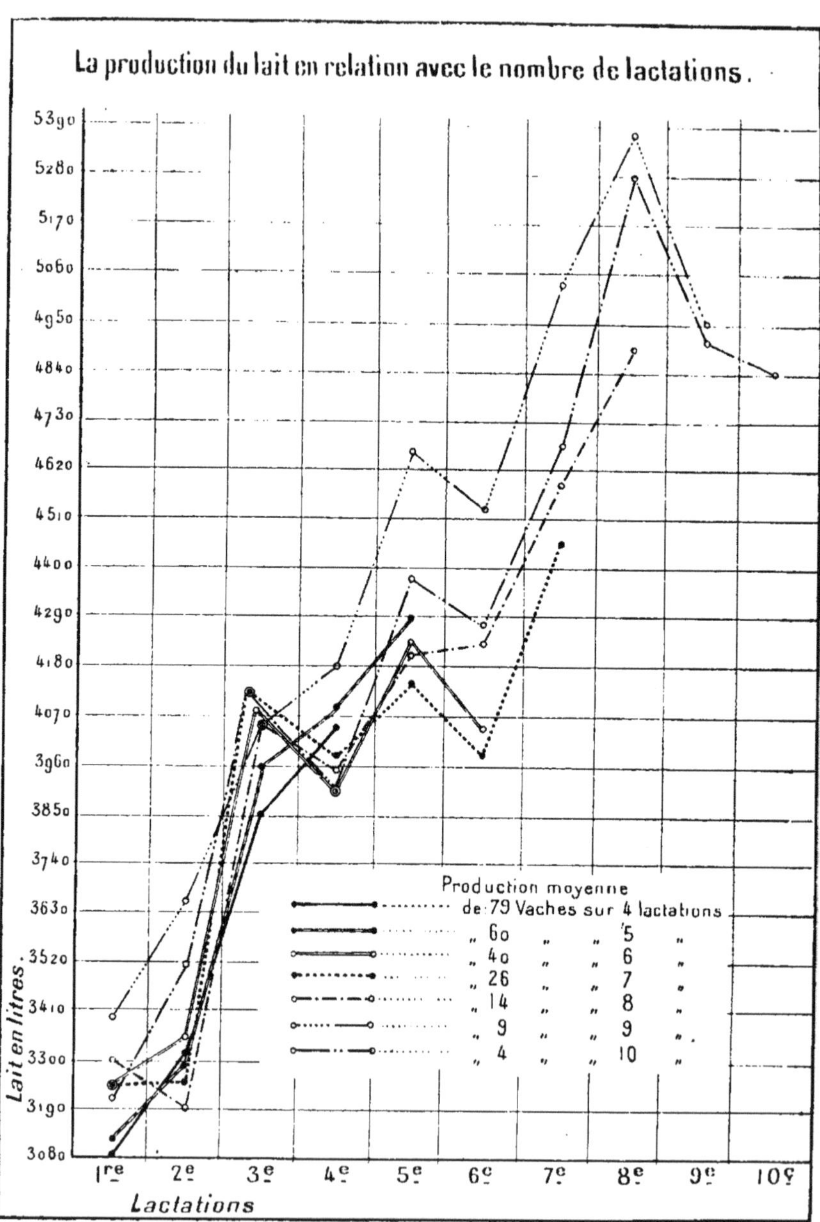

Fig. 37.

La production de la matière grasse en relation avec le nombre de lactations.
190,2
185,7
181,2
176,7
172,1
167,7
163,1
158,6
154,0
149,5
144,9
140,4
135,9
131,3
126,9
122,3
117,8
113,2
Matière grasse en Kilogs
Production moyenne
de 66 Vaches sur 4 lactations
„ 48 „ „ 5 „
„ 28 „ „ 6 „
„ 18 „ „ 7 „
„ 8 „ „ 9 „
„ 4 „ „ 10 „
1re 2e 3e 4e 5e 6e 7e 8e 9e 10e
Lactations

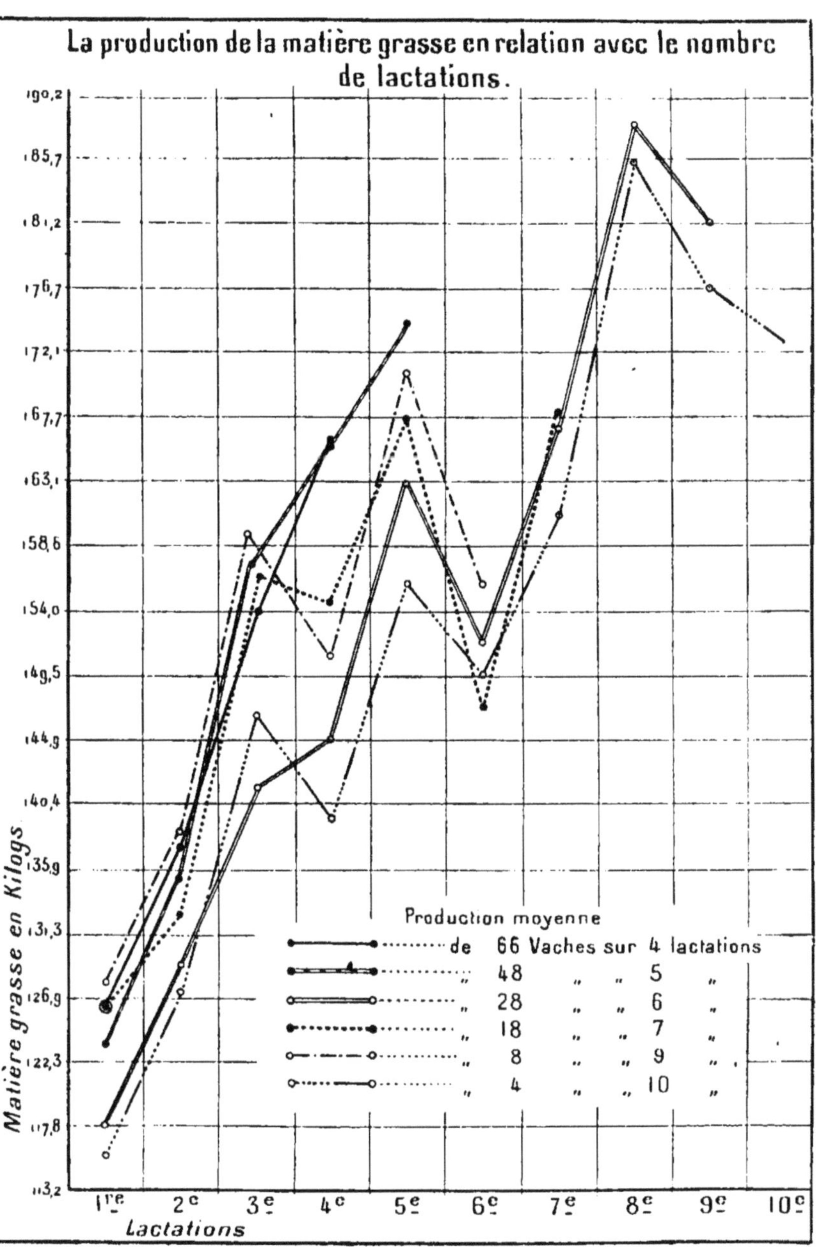

Fig. 38.

COURBE DU TAUX BUTYREUX DU LAIT
D'UNE VACHE AYANT VÊLÉ LE 20 JANVIER ET TRAITE A 6Hres DU MATIN ET A 3Hres DE L'APRÈS-MIDI
Régime d'hiver
Régime d'été
Traite du Matin
Traite du Soir
Matière grasse ‰ en poids
70 65 60 55 50 45 40 35 30 25 20 15 10
18 19 20 21 22 23 24 25 26 27 28 29 30 Avril
1 2 3 4 5 6 7 8 9 10 11 12 13 14 15 16 17 18 19 20 21 22 23 24 25 26 Mai

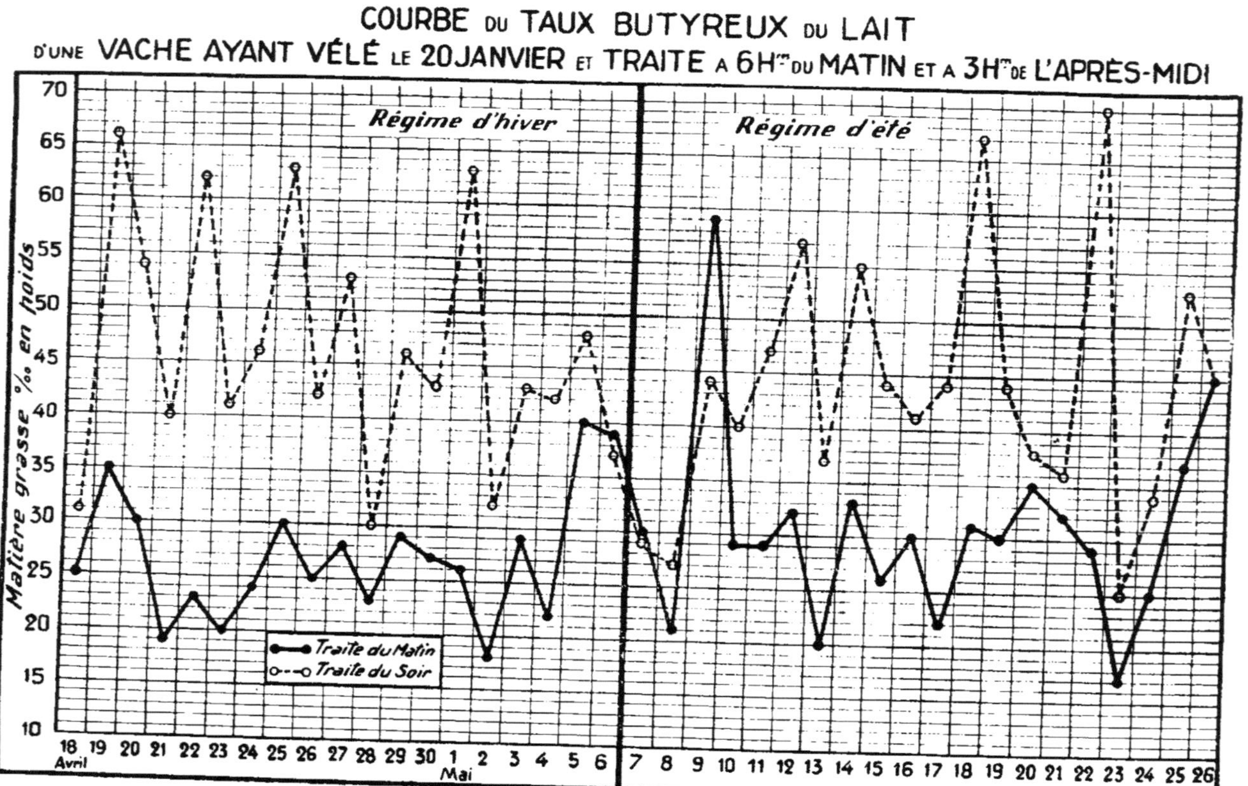

Fig. 39.

relevée une fois de plus ici, mais nous croyons utile, néanmoins, de donner les deux graphiques ci-joints (fig. 40 et 41).

Dans la figure 40, on apprécie l'influence de la race sur la richesse butyreuse du lait; un pareil graphique avait été donné autrefois par Mallèvre, mais j'ai pensé qu'il y avait peut-être lieu

INFLUENCE DE LA RACE
SUR LA RICHESSE DU LAIT EN MATIÈRE GRASSE

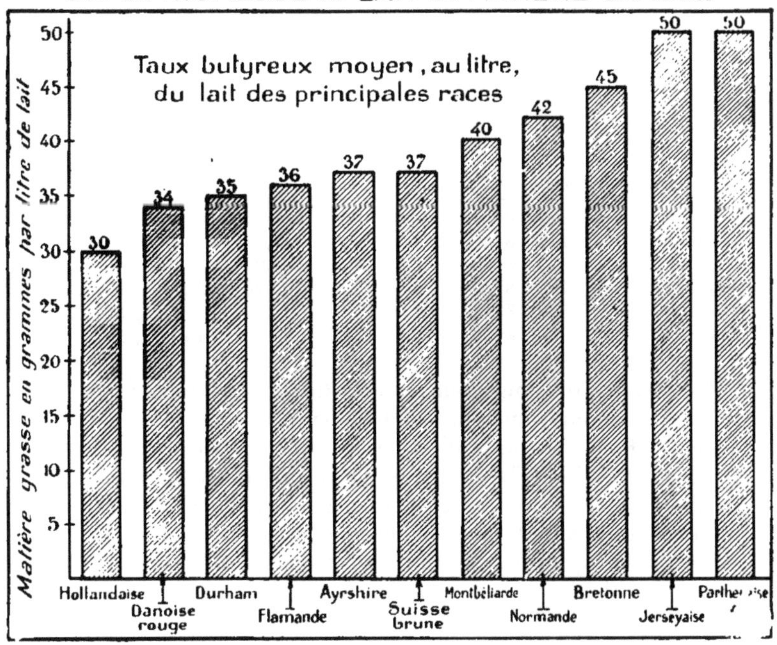

Fig. 40.

de le compléter et d'en corriger quelques données. Celles qui sont présentées ici ne sont peut être pas elles-mêmes à l'abri de la critique, car, en y réfléchissant bien, on constate que, pour rendre un semblable document valable, il faut accumuler une quantité considérable de données analytiques, les dépouiller avec discernement et en faire une moyenne. Or, un pareil travail est plus compliqué qu'il ne semble à première vue et la recherche des sources est parfois difficile. Pour fixer la moyenne de la race normande, j'ai pu disposer des chiffres intéressants apportés par M. Brioux et de la figure 41 qui suit on peut, en effet, sans la crainte d'une erreur préjudiciable, extraire la moyenne de 42 grammes pour cette race.

Ce graphique met en relief le fait bien connu que la richesse du lait en matière grasse varie avec la race. La Parthenaise et la Jerseyaise sont éminemment butyrogènes ; la Hollandaise est celle qui occupe le bas de l'échelle. Le tableau de H. Boucher, professeur de zootechnie à l'Ecole vétérinaire de Lyon, tableau qui parut à l'Exposition d'Hygiène urbaine de Lyon en 1914 (Section de laiterie), celui qui a été publié par le Laboratoire municipal de Paris, donnent des chiffres parfois assez différents de ceux du graphique, tant il est vrai qu'il est difficile, même ici, d'avoir quelque concordance.

COMPOSITION MOYENNE DU LAIT DE CERTAINES RACES
(Analyses faites au Laboratoire municipal de Paris
sur des échantillons d'origine certaine (1).

Races	Nombre	Eau		Extrait sec		Matière grasse		Lactose (4)	
—	de vaches	0/0 (2)	au litre (3)	0/0	au litre	0/0	au litre	0/0	au litre
Normande . .	176	86,66	893,4	13,34	137,5	4,21	43,35	4,97	51,20
Picarde	69	86,61	891,9	13,39	137,9	4,38	45,20	5,02	51,70
Flamande . . .	200	87,19	900	12,81	132,20	4,32	44,50	4,73	48,70
Hollandaise . .	350	88,10	906,5	11,90	122,45	3,51	36,15	4,64	47,80
Suisse	56	86,91	896,9	13,09	135	4,15	42,75	4,73	48,70

Les fraudeurs connaissent bien la faible qualité butyreuse du lait de la Hollandaise au point d'en jouer plus que de raison, car une seule Hollandaise au milieu de quelques autres races différentes peut suffire, disent-ils — et c'est là un raisonnement simpliste, dont il serait facile de mettre en évidence ce qu'il y a de spécieux — à abaisser le taux butyreux de l'ensemble.

Le tableau qui suit, emprunté au travail de de Brévans, *(loc. cit.)* montre qu'il ne faut rien exagérer. Il est vrai qu'il s'agissait de bêtes de nourrisseurs, en général très belles et bien choisies.

Le graphique de la fig. 40 appelle une observation digne d'être notée, et qui rentre dans le cadre de celle que j'ai faite plus haut au sujet des recherches de Fleischmann et Hittcher : Quand un animal d'une race donnée quitte l'habitat usuel de celle-ci, défini par la région où il vit et le climat, il peut arriver qu'il dégénère, en quelque sorte ; dans ce cas, c'est la quantité de lait produit qui est atteinte, ce n'est pas le taux butyreux moyen ; en se transplan-

(1) Je n'ai gardé du tableau que les indications relatives à un nombre important d'animaux.

(2) Il s'agit de pourcentages pour 100 grammes de lait.

(3) Chiffres ramenés au litre.

(4) Je n'ai pas retenu les chiffres de la caséine et des cendres, car comme l'analyse « ferme », ces deux données ne sauraient représenter le poids des matières minérales, ni celui de la caséine déterminée par différence.

Traites effectuées à Paris, en présence des inspecteurs du Laboratoire municipal.

(Mars, Avril, Mai 1882)

NOMBRE de Vaches	RACES	TRAITE	MATIÈRE GRASSE pour 1 kg. de lait	ALIMENTATION
23	3 Hollandaises, 20 Normandes	matin	39,2	Drêche, herbe, paille.
15	15 Hollandaises	—	38,2	Betteraves, son, paille, foin
2	2 Hollandaises	—	41,8	Betteraves, drêche, foin, paille.
2	2 Flamandes	—	43,2	Drêche, paille, son.
13	11 Hollandaises, 2 Flamandes.	—	40,6	Drêche, betteraves, paille, foin.
26	Flamandes, Hollandaises, Pic. .	—	41,6	Drêche, betteraves, paille, foin.
26	Flamandes, Hollandaises, Pic. .	—	39,2	Drêche, betteraves, paille, foin.
4	2 Hollandaises, 1 Pic., 1 Flam.	—	34,6	Drêche, foin, son, féveroles.
12	Normandes, Flam., Holl.. . .	—	44	Féverolles, remoulage, foin, paille.
3	2 Hollandaises, 1 Normande.	—	36,9	Drêche, son, betteraves, foin.
11	8 Hollandaises, 3 Flamandes .	—	38,1	Son, carottes, luzerne, féverolles, foin.
21	19 Hollandaises, 2 Flamandes .	— —	36,9	Drêche, son, cosses de fève, paille, foin.
26	18 Hollandaises, 8 Flamandes .	—	33,4	Drêche, betteraves, paille, son.
20	6 Hollandaises, 6 Pic., 8 Flam.	—	47,4	Drêche liquide, son, foin, paille.
20	6 Hollandaises, 6 Pic., 8 Flam.	—	39,2	Drêche liquide, son, foin, paille.
20	6 Hollandaises, 6 Pic., 8 Flam.	—	36,9	Drêche liquide, son, foin, paille.
22	Hollandaises	—	38,1	Son, brisures de fèves, paille, foin.
25	15 Hollandaises, 10 Flamandes.	—	36,9	Betteraves, foin, remoulage, luzerne, son.
18	8 Hollandaises, 10 Flamandes.	—	41,6	Betteraves, foin, remoulage, luzerne, son.
18	10 Flamandes, 8 Hollandaises .	—	42.7	Betteraves, son, pommes de terre.
18	8 Hollandaises, 3 Pic., 7 Flam.	—	38.1	Drêche liquide, son, foin, paille.
24	12 Hollandaises, 6 Pic., 6 Norm.	—	38,1	Drêche, pulpe, son, foin, paille.
15	6 Flamandes, 9 Normandes. .	—	48,9	Son, betteraves, foin, paille.
22	19 Hollandaises, 3 Normandes.	—	36,9	Son, betteraves, foin, paille.
17	7 Holl., 3 Suisses, 7 Flam.. .	—	32,2	Drêche, pulpe, foin, paille, cosses de fèves.
11	1 Flam., 4 Suisses, 6 Norm. .	—	40,4	Betteraves, fourrage, seigle, recoupettes.
10	2 Hollandaises, 8 Picardes. .	—	36,9	Betteraves, son, paille.
22	8 Norm., 3 Suisses, 4 Holl, 7 Flamandes	—	36,9	Drêche, betteraves, son, paille.
16	6 Holl., 4 Flam., 2 Pic., 4 Nor.	—	40,4	Betteraves, maïs, paille, son.
16	6 Holl., 4 Flam., 2 Pic., 4 Norm.	—	40,4	Betteraves, maïs, paille, son.
13	Hollandaises.	soir	34,6	Betteraves, remoulage, son, foin.
7	Hollandaises	—	35,8	Betteraves, son, regain.

tant, l'animal ne perd pas son « sang butyreux ». C'est une qualité personnelle qu'il a conservée en dépit du changement notable des *circumfusa*.

Le graphique 41 traduit ce fait également connu que, *dans une race donnée, il y a des animaux moins beurriers que d'autres.* Cette planche donne la richesse moyenne en matière grasse, pour l'ensemble d'une lactation, chez des vaches de race normande soumises au contrôle laitier de la *Société d'Elevage du Normand Cauchois.* « La richesse moyenne en matière grasse des laits individuels, chez des vaches de race normandes, oscille entre 30 et 50 gr par litre ;

Moyennes butyreuses pour l'ensemble d'une lactation chez des vaches de race normande.
(Contrôle laitier de la Société d'élevage du Normand-Cauchois).

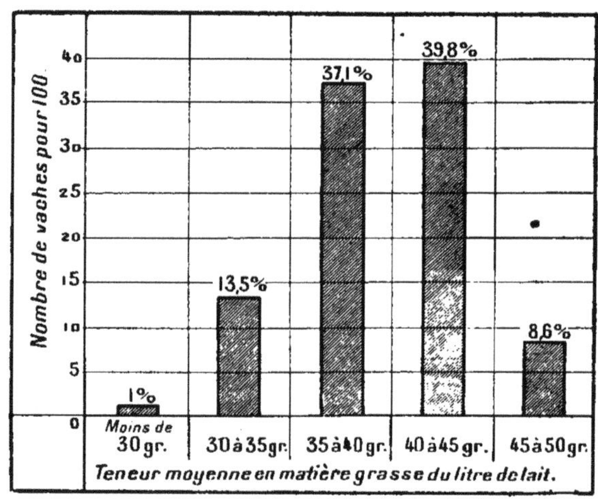

FIG. 41.

mais 77,9 % des vaches contrôlées donne un lait renfermant entre 35 et 45 gr. de matière grasse par litre, pour l'ensemble de leur lactation. » (Ch. BRIOUX).

Le contrôle laitier a pour but, d'une part, d'éliminer les animaux qui donnent moins et, d'autre part, de se rapprocher des animaux qui donnent davantage. Il en résultera donc une amélioration de la richesse moyenne dans la race tout entière et très rapidement, en peu d'années, si le contrôle laitier pouvait s'étendre à l'ensemble des animaux de la race normande, les 77,8 % de M. BRIOUX atteindraient presque 100 %.

* * *

La matière grasse et les laits de mélange. — La variabilité du taux butyreux du lait chez les femelles laitières devant être acceptée comme un fait indiscutable, comment s'expliquer cette tendance du plus grand nombre à parler si aisément, et dans les circonstances les plus variées, les plus dissemblables, d'une richesse moyenne en matière grasse que l'on cristallise, en quelque sorte, et qui, devenue ainsi véritable étalon, sert de comparaison pour les résultats d'analyses?

Il est facile de répondre à cette question : Si les chiffres bas sont fréquemment trouvés, la matin surtout, dans les laits individuels — et c'est là un fait qui frappe nettement dans tous les documents sur la matière — il est assez rare que les circonstances nous offrent uniquement le lait de la traite du matin d'un seul animal. Il y a souvent mélange et, dès l'instant qu'il y a mélange, on peut supposer, *a priori*, sans crainte de se tromper beaucoup, que les oscillations des courbes butyreuses se neutralisent dans une certaine mesure. *Il y a bien des manières de faire des mélanges de laits*, et c'est à les examiner avec toutes les conséquences qu'elles comportent que je vais m'employer.

Le mélange des traites journalières d'un même animal. — Nous avons déjà vu plus haut que si nous mélangeons les traites d'un même animal, les trois, lorsqu'il s'agit d'un concours beurrier, les deux, dans les circonstances les plus courantes — mais l'observation vaut aussi bien pour deux que pour trois — le taux souvent assez faible du matin se trouve déjà amorti, sinon neutralisé, en quelque sorte, par le taux plus élevé du soir, quand il y a deux traites, et aussi quand il y en a trois, par celui du midi encore plus élevé que celui du soir.

Le véritable lait moyen d'une lactation entière. — J'ajouterai même, pour rendre ma pensée plus nette, que si, par hypothèse, on pouvait dans la même cuve rassembler tout le lait d'une lactation entière du même animal, l'échantillon prélevé serait vraiment le lait moyen, et sa teneur en matière grasse serait la teneur butyreuse moyenne de ladite lactation, et, par extension, celle de l'animal au cours de sa carrière. C'est autour de cette donnée moyenne que viendraient se grouper tous les chiffres des traites de la lactation entière dont les extrêmes pourraient en être très éloignés.

La moyenne journalière du lait d'un animal donné tend donc à se rapprocher de la moyenne de la lactation entière avec laquelle elle peut même se confondre parfois, souvent même.

Le mélange des traites de deux jours qui se suivent. — Si nous restons toujours dans le cas d'un seul animal, nous pouvons faire des mélanges plus importants de ses propres traites. Nous pourrons déterminer la richesse butyreuse moyenne de deux jours qui se suivent ; c'est ce qui se fait dans les concours laitiers et beurriers, également dans certain mode d'épreuve du contrôle laitier.

Comme je le faisais remarquer plus haut, la moyenne de deux jours qui se suivent, a plus de chance de se rapprocher de la moyenne butyreuse vraie de la lactation entière que la moyenne d'un seul jour donné.

L'épreuve de sept jours. — Nous pourrons encore déterminer la richesse moyenne de sept jours qui se suivent. C'est ce qui se fait dans les épreuves dites de sept jours, très employées aux Etats-Unis, soit quelques jours après le vêlage, soit au bout de huit mois. Elles ont pour but, lorsqu'il s'agit d'épreuves après le vêlage, de montrer quelle peut être la puissance de productivité d'une femelle laitière ; quand elles sont faites au huitième mois de la lactation et qu'elles sont favorables, elles montrent de plus que la puissance de productivité s'est maintenue. Il est certain que les épreuves de sept jours tous les mois donneraient une image de la valeur de la bête laitière, qui viendrait, vraisemblablement, se calquer presque sur celle qu'on obtiendrait avec le prélèvement journalier.

Le mélange des laits de plusieurs animaux. Ses diverses modalités. — Si nous abandonnons le lait de mélange des diverses traites *d'un seul animal*, lequel n'a d'intérêt pratique que dans certaines circonstances dont il a été question, pour envisager maintenant le *lait de mélange de plusieurs animaux*, bien des cas peuvent se présenter. L'amortissement des oscillations que je signalais tout à l'heure lorsqu'il s'agissait du mélange des laits d'un même animal, va également s'observer ici, et le calcul des probabilités nous indique déjà que plus il y aura d'animaux, plus il y aura de chances pour que ces amortissements soient mieux effectués. *Les laits de mélanges ont des physionomies très variées.* Rassembler le lait de deux animaux différents, c'est déjà faire un mélange. Rassembler le lait d'un grand nombre d'animaux, comme le font les Sociétés de ramassage qui approvisionnent les grandes villes, c'est aussi faire un mélange ; mais il y a de nombreux intermédiaires entre ces deux cas, et c'est d'eux que je voudrais discuter maintenant.

Dans un lait individuel, on a une grande variable : la matière grasse. Dans un lait de mélange, la richesse butyreuse de l'échantillon moyen peut se traduire par la formule : $\Sigma \frac{M\,G.}{n}$, n'étant le nombre d'animaux dont les laits constituent le mélange. *La question qui se pose est de savoir à partir de quel nombre de têtes cette* $\Sigma \frac{M\,G.}{n}$ *est constante, c'est-à-dire quelle doit être la grandeur de n pour que l'on puisse équitablement rapporter le taux butyreux du mélange au taux butyreux moyen de la région dans laquelle on se trouve.* En d'autres termes, combien faut-il d'animaux pour que la richesse en matière grasse du mélange de leurs laits soit susceptible de rester à peu près la même sur une espace de temps assez long ? Voilà une question que l'on a, pour ainsi dire, tous les jours à se poser lorsqu'on est chargé d'expertises.

Nous verrons plus loin dans quelle mesure on peut comparer le lait de mélange au *lait type* de la région ; mais, pour l'instant, nous avons à produire quelques documents qui vont nous montrer que *les laits de mélange, même d'un nombre d'animaux assez important, sont susceptibles d'avoir, butyreusement parlant, des oscillations assez marquées* ; évidemment, elles ne seront pas du même ordre de grandeur que celles que nous connaissons pour les laits individuels, mais elles seront telles cependant qu'elles pourront étonner beaucoup de ceux — j'en étais, il y a quelques années, avant que je n'aie rassemblé la documentation dont j'expose une partie dans cette étude — qui, très au jugé, fixaient à un nombre assez petit, la quantité d'animaux qu'il fallait pour que la richesse butyreuse du mélange de leur lait fût, en quelque sorte, invariable ; c'est cette rigidité des chiffres que nous allons maintenant envisager.

A priori, en effet, on admettait jusqu'ici, sans avoir, encore une fois, la preuve apportée par l'expérience, qu'à partir de cinq à six animaux, le taux de la matière grasse d'un lait ne subissait pas de grandes oscillations d'un jour à l'autre pour des traites homologues, et, *a fortiori*, pour le mélange des diverses traites de la journée.

Les chiffres du Concours beurrier de Rouen de 1907, portant sur le mélange des laits de 88 *animaux*, étaient déjà un peu décevants ; voici, en effet, ce qu'ils donnaient :

	Vendredi			Samedi		
	matin	midi	soir	matin	midi	soir
Moyennes par traite.	42,79	53,78	44,60	31,59	47,29	42,91
Moyennes par jour .	»	47,05	»	»	40,59	»

On voit qu'il y a parfois de très notables différences entre deux traites homologues qui se suivent, ainsi que dans les moyennes journalières de l'ensemble des traites, pour un nombre cependant grand tant d'animaux.

A Yvetôt, sur 54 animaux, des différences sont également constatées ; elles sont moindres, de même que la différence des moyennes journalières, mais il n'en est pas moins vrai que nous ne trouvons pas cette sorte de neutralisation des oscillations admise par tant de personnes.

Dans un travail d'une grande richesse documentaire, H.-C. Troy(1)

(1) H.-C. Troy, A Comparison of Fat tests in Milk as determined by Cow Tes-

nous signale les variations butyreuses assez grandes, d'un mois à l'autre, du lait d'un troupeau d'un nombre important de têtes. Nous allons y revenir tout à l'heure. Mais déjà, Troy, rappelle le travail de Cooke et Hills, dont nous donnons le graphique (fig. 42) qui s'y

Taux butyreux journalier, en grammes, par litre, du lait de mélange d'un troupeau de 13 têtes, pendant un mois.

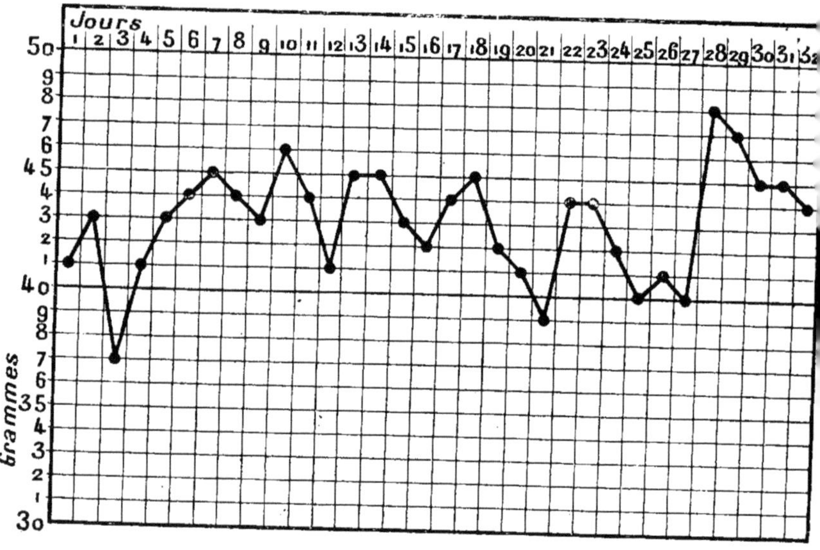

Fig. 42.

rapporte. Il correspond au lait de mélange de la journée entière d'un troupeau de 13 vaches (1).

Troy a voulu *comparer les dosages de matière grasse faits, d'un côté, par l'Association de contrôle* (Cows testing Association) *et, de l'autre, par la laiterie* qui recevait le lait des fermiers appartenant à l'Association. Pour les laiteries, la pratique tend à se développer d'acheter le lait courant, en fonction de sa densité, d'une part, et de son taux en matière grasse, d'autre part; cette pratique est devenue générale dans l'Etat de New-York. Mais les *Associations de contrôle qui*

ting Association and by a Creamery. Bull. 400, *Cornell University, Agricultural Experiment Station,* janvier 1920.

(1) Je rappelle que dans tous les travaux étrangers qui, d'une façon générale, donnent les chiffres pour 100 gr. de lait, j'ai souvent traduit ceux-ci en gr. par litre, comme nous avons l'habitude de le faire en France.

surveillent le lait des vendeurs, en vue de la sélection, ne font d'analyses qu'une fois par mois, sur la traite du soir un jour et celle du matin le lendemain, alors que *les laiteries qui sont acheteuses* sont dans la nécessité de procéder régulièrement au dosage de la matière grasse de tout le lait qu'ellee reçoivent. A cet effet, un échantillon est pris tous les jours (1), versé dans une bouteille, où il constitue avec les autres échantillons de la quinzaine, un échantillon moyen, et tous les quinze jours l'analyse est faite. On voit que les procédures pour obtenir l'échantillon moyen ne se ressemblent pas et il n'est pas surprenant que les moyennes des pourcentages en matière grasse diffèrent selon qu'elles sont données par *l'Association de contrôle* ou la laiterie. Ces différences sont, en effet, quelquefois notables, et elles sont la source de mécontentements (2).

La production mensuelle, en lait et en matière grasse de chaque vache, était obtenue en multipliant respectivement le poids du lait et de la graisse recueillis durant les vingt-quatre heures où la vache était examinée, sous le contrôle de l'inspecteur de l'Association, par le nombre de jours dans le mois. La moyenne en matière grasse du troupeau pour le mois était obtenue en divisant le poids total de graisse par celui du lait.

Or, si nous nous reportons à la courbe de COOKE et HILLS (fig. 42) nous voyons, la moyenne de ce troupeau étant de 43 gr. (j'ai arrondi les chiffres et supprimé les décimales dans la traduction en grammes par litre) pour la durée de l'observation, qu'il y aurait eu une différence de 6 gr. par litre au-dessous de la moyenne si le contrôleur de l'Association avait opéré le troisième jour, ce qui se serait traduit, tous calculs faits, par 19 kgr. 20 de matière grasse en moins de ce qui a été réellement produit dans le mois. Par contre, si l'épreuve avait été faite le vingt-huitième jour, alors que le troupeau donnait en moyenne 48 gr. de matière grasse au litre, il se serait agi de 5 gr. par litre au-dessus de la moyenne et, dans ces conditions, le calcul

(1) Cet échantillon est prélevé sur la livraison entière du fournisseur, très souvent à l'aide d'une pipette spéciale qui s'empare d'une colonne de lait ayant toute la hauteur de la masse qui se trouve dans le récipient.

Dans ces conditions, le volume recueilli est tous les jours proportionnel à l'importance de la fourniture et le mélange des prélèvements journaliers répond bien à l'échantillon moyen de l'ensemble des livraisons de la quinzaine.

Si l'on se contente, comme cela se fait dans beaucoup de pays, de prélever une quantité fixe à chaque livraison, soit 10 cc., on n'a pas là d'échantillon réellement moyen, le prélèvement de 10 cc. pouvant répondre à des volumes variables de lait.

(2) Les différences qui existent dans les chiffres de l'*Association de contrôle* et ceux de la laiterie, peuvent tenir aussi à ce que le fermier ne livre pas à la laiterie intégralement le lait de son troupeau ; il en garde pour les besoins de la consommation familiale.

du contrôleur de l'Association aurait donné pour le mois plus de matière grasse qu'il n'en avait été produit. Ces observations viennent corroborer, chiffres à l'appui, celles que j'ai présentées dans les pages qui précèdent, lorsque j'examinais la valeur qu'il fallait attacher au mode de périodicité du contrôle laitier, pour l'appréciation d'un animal. Dans le cas du contrôle laitier, il s'agit d'épreuves individuelles ; ici, au contraire, il s'agit d'un lait de mélange, mais les calculs n'en sont pas moins faits en associant les données fournies par des laits individuels, et on voit, bien qu'il s'agisse de 13 animaux, qu'il n'y a pas eu de neutralisation des variations et, par suite, pas de tendance à faire un lait vraiment moyen qui pût être uniforme, à quelque chose près, pendant toute la durée de l'observation.

Je donne maintenant deux séries de graphiques (fig. 43 et 44), qui traduisent quelques-uns des documents du travail de Troy. Dans la fig. 43, on donne les taux moyens mensuels de la matière grasse au litre de plusieurs troupeaux au cours d'une année, tels qu'ils sont déterminés par l'Association de contrôle et par la laiterie. On ne peut nier qu'il y ait une certaine superposition des courbes pour les troupeaux II, III et IV, mais pour la courbe du troupeau I, de 14 têtes, cette superposition est beaucoup moins marquée. Les deux courbes s'enchevêtrent vraiment et si, en août 1913, la courbe est au désavantage de la laiterie, qui devrait ainsi payer plus de matière grasse qu'elle n'en a reçue, à droite par contre, en décembre 1913, janvier-février 1914, elle est nettement à son avantage, l'Association de contrôle trouvant moins de matière grasse que la laiterie n'en a reçue.

Dans la fig. 44, les courbes ont été établies d'une manière identique, mais pour un même troupeau pendant cinq années consécutives. Ce troupeau, il est vrai, ne fût pas toujours constitué de mêmes bêtes ; la première année, il se composait de 8 vaches, les quatre autres années, de 11 vaches. Il n'est pas dit s'il y eut également des remplacements.

Si on diminue le nombre de têtes du troupeau, les oscillations peuvent être plus grandes encore. J'emprunte au travail de Troy le cas d'un troupeau de trois têtes et celui d'un troupeau de quatre. Ils sont, comme les précédents, très suggestifs (fig. 45).

*
* *

Avant les recherches qu'il consigne dans son important travail, Troy avait déterminé journellement le taux de la matière grasse

Taux moyen mensuel de la matière grasse, au litre, de plusieurs troupeaux au cours d'une année.

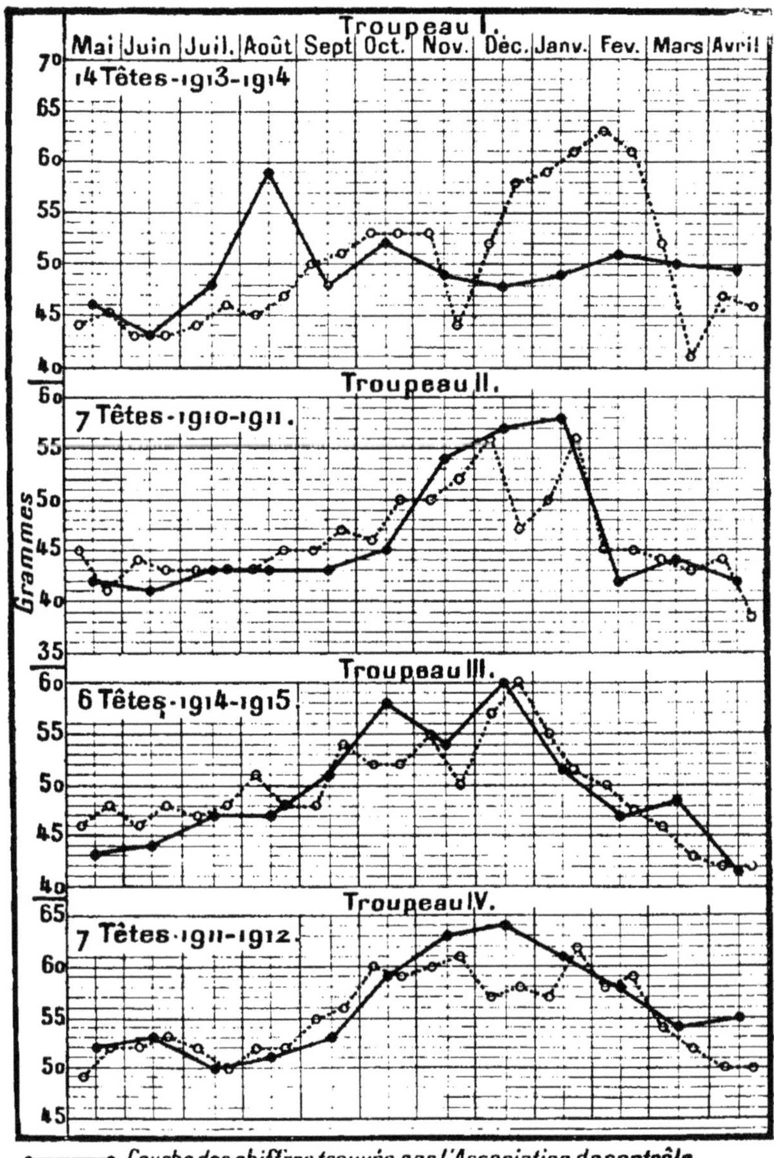

●——● *Courbe des chiffres trouvés par l'Association de contrôle* (*une épreuve par mois.*)

o......o *Courbe des chiffres trouvés par la Laiterie* (*moyenne tous les 15 jours des épreuves journalières.*

Fig. 43.

Taux moyen de la matière grasse, au litre, d'un même troupeau (8 vaches la 1re année, 11 les 4 autres, pendant 5 années consécutives).

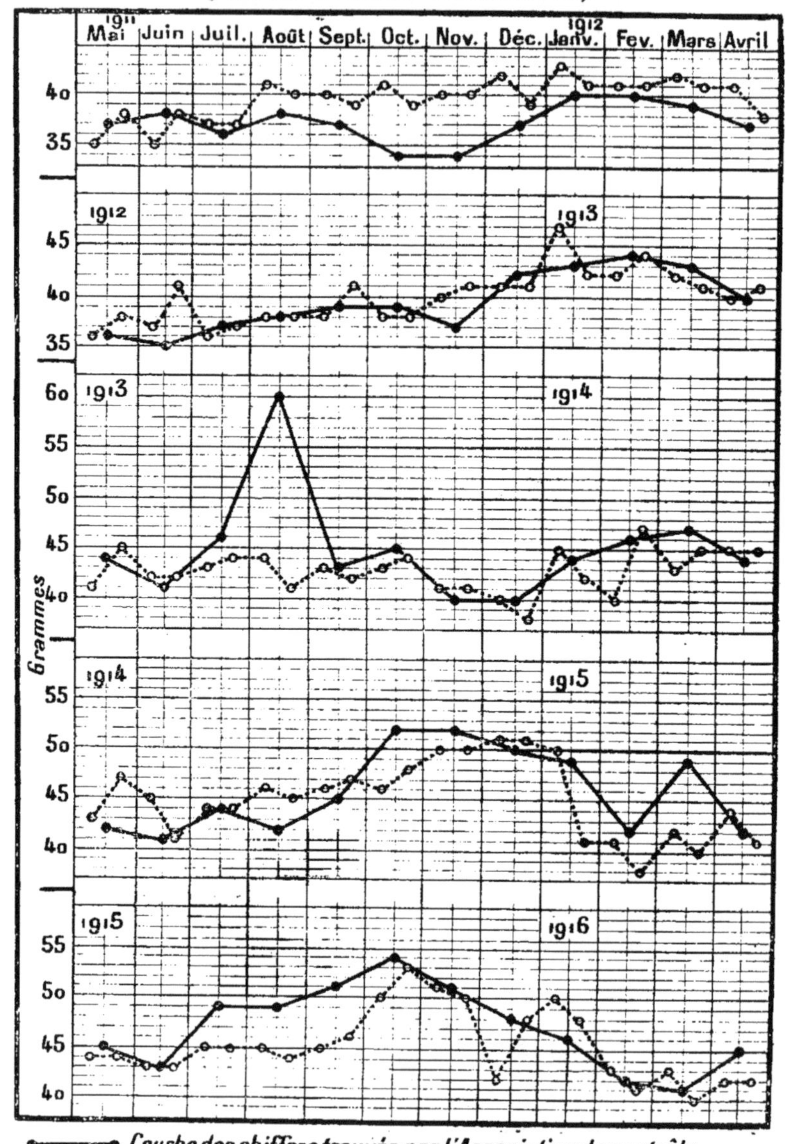

●——● *Courbe des chiffres trouvés par l'Association de contrôle* (*une épreuve par mois.*)

o………o *Courbe des chiffres trouvés par la Laiterie* (*moyenne tous les 15 jours des épreuves journalières*

Fig. 44.

sur le lait mélangé du matin et du soir, d'un troupeau de 8 vaches, pendant sept jours consécutifs ; il avait trouvé les chiffres suivants : 38,10 ; 36 ; 35 ; 39,15 ; 38,10 ; 35 et 36. Une épreuve semblable sur un troupeau de 11 vaches, avait donné, pendant sept jours aussi : 44,30 ; 46,35 ; 46,35 ; 44,30 ; 42,25 ; 44,30 ; 44,30. Ainsi, dans une semaine, l'étendue des variations pour ces deux troupeaux ne dépassait guère 4 grammes, mais ceci ne peut être érigée en règle.

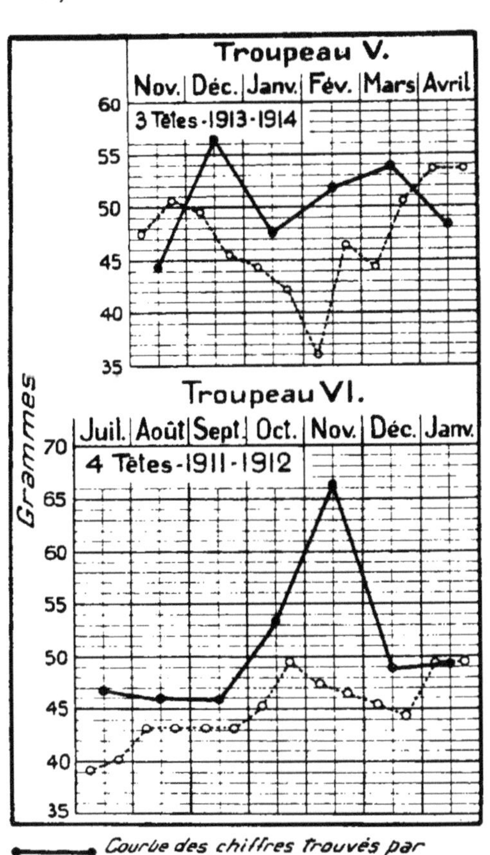

Fig. 45.

Je rappellerai, en effet, l'étude documentée de G. Mathieu (1), dans laquelle à côté d'analyses de laits individuels d'animaux d'une race jusqu'ici peu orientée vers une forte production laitière, la race de Salers, on trouve l'examen *matin* et *soir*, pendant *dix jours qui se suivent, du lait de mélange de* 10 *animaux* d'un troupeau homogène un « troupeau pépinière » comme il est dit par l'auteur. En donnant le graphique (fig. 46) des taux butyreux dudit lait de mélange analysé dans les conditions ci-dessus, je ne résiste pas au désir de placer à côté quelques données de laits individuels d'animaux du même troupeau. Leur lecture ajoute à tout ce que nous savons déjà des variations des laits individuels.

(1) G. Mathieu, Essai de contrôle du lait sur la race bovine de Salers (*Le Lait*, t. IV, p. 881, 1924.)

VARIATION DE LA MATIÈRE GRASSE DES LAITS DE PLUSIEURS TRAITES CONSÉCUTIVES (stabulation)

	Vache Reinette		Vache Espagne	
	Matin	Soir	Matin	Soir
11 décembre.	27	62	25	64
12 —	41	51	45	56
13 —	40	»	45	»
17 —	»	60	»	58
18 —	43	57	39	55
19 —	31	57	45	60
20 —	30	50	37	62

Taux, en grammes par litre, pendant 10 jours consécutifs, pour la traite du matin, celle du soir et l'ensemble des deux, du lait de mélange de 10 vaches de la race de Salers.

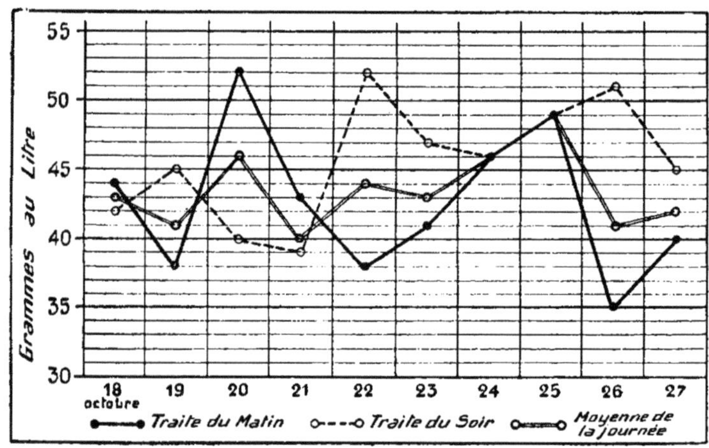

FIG. 46.

Des recherches d'autres auteurs entreprises dans diverses *Stations expérimentales*, où l'on a le personnel nécessaire et aussi les animaux pour mener à bien de pareils travaux, ont montré des fluctuations semblables dans le taux de la matière grasse des laits de troupeau, les unes, faibles, les autres, plus notables. Encore une fois, on ne rencontre donc pas cette sorte de *rigidité de la moyenne*, dont tant d'auteurs à l'envi se prévalent dans de nombreuses publications.

Il serait tout à fait intéressant de s'adresser à un troupeau de 20 à 25 têtes, pas moins, homogène ou non, mais bien entretenu, et de relever, pendant un mois d'été et un mois d'hiver, chaque jour, à chaque traite, la quantité de lait fournie par chaque animal et son taux butyreux. Avec les chiffres obtenus, il serait possible de faire toutes combinaisons d'animaux : 2 à 2, 3 à 3,... 10 à 10, en variant les animaux comme on l'entendrait et en allant jusqu'au lait de l'ensemble du troupeau. On aurait ainsi de multiples physionomies de *laits de mélanges*, à l'intérieur d'un même ensemble, pour une alimentation et des circumfusa identiques, depuis les *petits* mélanges des laits de 2, 3, 4 ou 5 animaux, jusqu'aux *moyens* mélanges répondant à 8, 10 et 15 animaux et plus. A n'en pas douter, de pareilles déterminations feraient ressortir pour la richesse en matière grasse des laits de mélanges ainsi réalisés, des oscillations dont les amplitudes pourraient surprendre, alors qu'elles montreraient la quasi-fixité de l'extrait dégraissé.

Il y aurait, bien entendu, lieu de tenir compte, pour chaque animal dont la mamelle serait saine — ce dont il faudrait bien s'assurer au préalable — de l'époque de sa lactation. Ce serait là un travail considérable, surtout si l'on envisage du côté des calculs, mais que, *a priori*, j'estime infiniment instructif.

Bref, ce serait reprendre le travail si bien fait de Buckley, mais en en exposant les résultats sous un autre angle.

Le graphique ci-dessous (fig. 47) est relatif au lait de mélange de

Moyenne butyreuse mensuelle, du lait de cinq chèvres, au cours de deux périodes de lactation.

(Institut zootechnique de l'Ecole vétérinaire de Dresde).

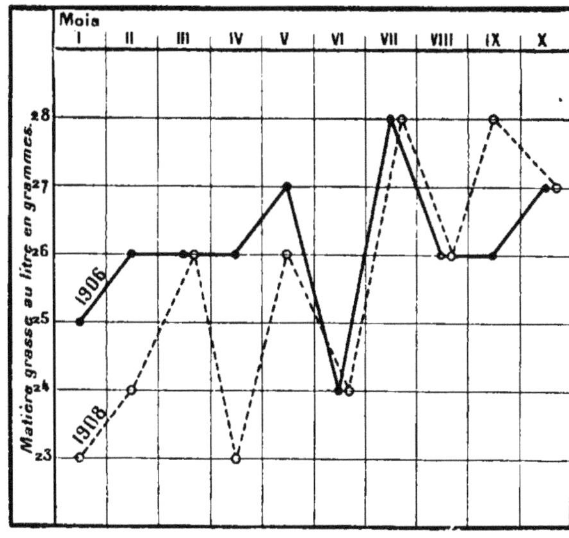

Fig. 47.

cinq chèvres sur deux périodes de lactation. Il y a parallélisme des deux courbes dans leur ensemble mais beaucoup plus net, au point qu'elles se confondent, cinq mois sur dix.

J'emprunte au travail de W. Buckley *(loc. cit.)* des chiffres dignes également d'être notés.

Ce qui fait le grand intérêt du travail de Buckley, ai-je déjà fait remarquer, c'est qu'il s'agissait du propre troupeau de l'auteur, comprenant 65 Shorthorn.

Du 18 avril au 5 mai inclusivement, les vaches étaient nourries à l'étable et recevaient la ration suivante : 60 livres (livr. angl. de 453 gr.) de betteraves fourragères, 10 livres de foin, 10 livres de paille, à laquelle on ajoutait un mélange composé de parties égales d'avoine et de tourteau de coton que l'on distribuait aux animaux à raison d'une livre du mélange pour 3 *pints* de lait produit, soit 1 litre 700. Les vaches étaient attachées durant la nuit et, pendant le jour, elles étaient gardées dans un champ de 3 âcres (4.046 mq. . l'âcre).

Après le 5 mai, les animaux étaient envoyés à l'herbe et n'avaient pas d'autre nourriture.

Les analyses, nous le savons, ont été faites sous un contrôle pour ainsi dire officiel. Malgré le nombre important d'animaux en expérience, 65 de même race et bien soignés, il s'en faut que nous ayons une égalité dans les taux butyreux successifs de leurs laits de mélange. Un tableau relevé par Buckley, et que j'ai traduit graphiquement (fig. 48), nous le montre péremptoirement. Buckley classe les pourcentages moyens des *laits de mélange* de ses 65 bêtes sur l'ensemble de l'observation.

Le graphique nous donne les différences nettes, très marquées, on peut le dire, qui s'établissent dans ces taux moyens, le matin et le soir. Quand on envisage, au contraire, le lait de vingt-quatre heures, nous voyons que les moyennes se groupent autour de ce qu'on peut appeler le *lait type*. Ce graphique est établi pour bien nous faire comprendre l'importance qu'il y a à mélanger le lait du matin et le lait du soir. Toutes les fois que ce mélange sera fait, les oscillations assez grandes que l'on observe dans les traites du matin et du soir, considérées séparément, s'atténueront grandement.

Dans un travail digne d'être retenu, Siegfeld (1) montre la grandeur des variations possibles dans la teneur en graisse des laits de mélange.

Les fermiers, fait-il remarquer, comprennent difficilement que la richesse de leur lait peut subir de fortes fluctuations pour la raison

(1) M. Siegfeld, Uber die täglichen Schwankungen in Fettgehalt der an die Molkerei gelieferten Milch. *(Molkerei-Zeitung*, XIX, n° 38, 1905).

Classement, jour par jour, sur une période de 39 jours consécutifs, des taux butyreux moyens des 2 traites et de leur mélange d'un troupeau de 65 vaches Shorthorn.
Traites du Matin
Minimum = 27,7 pour 1000 en poids.
Maximum = 35,0
Moyenne = 30,8
Traites du Soir
Minimum = 36,8
Maximum = 50,7
Moyenne = 41,1
Ensemble des deux traites
Minimum = 32,8
Maximum = 38,2
Moyenne = 34,8
30,8
34,8
41,1
Nombre de Cas où un 0/00 donné est obtenu
0
5
10
15
27,7
28,9
29 à 29,9
30 à 30,9
31 à 31,9
32 à 32,9
33 à 33,9
34 à 34,9
35 à 35,9
36 à 36,9
37 à 37,9
38 à 38,9
39 à 39,9
40 à 40,9
41 à 41,9
42 à 42,9
43 à 43,9
44 à 44,9
50,7
Pour 1000 grammes de lait.

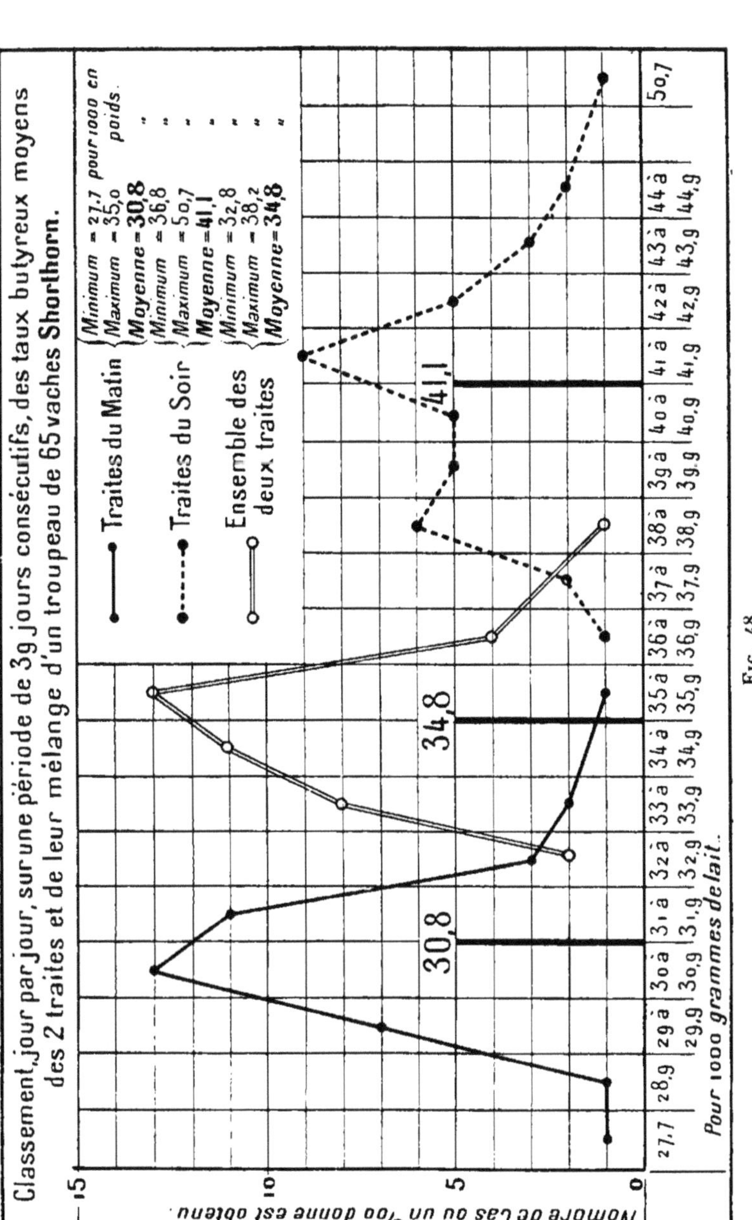

Fig. 48.

« qu'ils attachent une trop grande importance à la régularité de l'alimentation » qui n'exerce qu'une faible influence.

Siegfeld a étudié la teneur journalière des laits fournis par quatorze membres de la laiterie de Hameln, dont la quantité de lait livrée par chacun d'eux à cet établissement, variait pour une année entre 5.701 kgr. et 84.192 kgr., soit par jour entre 15 litres et 235 litres.

Il est rare, dit Siegfeld, *que le lait d'un même fournisseur conserve la même composition, même pendant un temps très court.* Il est fréquent, au contraire, de constater des variations journalières, même considérables. Par exemple : 3,25 ; 3,80 et 3,45 %, (soit 33 gr. 50, 39 gr. 15 et 35 gr. 50 par litre) d'une part, 4,15 et 3,65 %, (soit 43 gr. 75 et 37 gr. 60 par litre) d'autre part, représentent les résultats du contrôle du lait d'un même fournisseur, respectivement pendant trois, puis deux jours consécutifs.

Les fluctuations sont, en général, d'autant plus grandes que la quantité de lait fournie est plus petite.

Les causes de ces variations sont multiples ; mais quant à dire la part qui revient à chacune, à la chiffrer, il y a loin. Il ne faudrait pas jouer cependant de nos ignorances, incriminer à tort ou à raison telle circonstance, insister, en en amplifiant l'effet, sur telle ou telle cause ou soi-disant cause : chaud, froid, pluie, vent, et trouver toujours en elle le pourquoi d'un taux butyreux faible. En effet, même lorsque ces causes jouent pendant longtemps, ce qui est le cas pour les vaches vivant en plein air sous la pluie, le vent, le froid, etc., durant l'hiver, et qui ne sont que rarement rentrées, on constate néanmoins des variations butyreuses très grandes dans leur lait. Eliminons ces causes, c'est-à-dire mettons les animaux à l'abri, dans une atmosphère, toujours la même, on constate encore des variations notables.

Siegfeld montre ensuite combien l'alimentation n'a qu'une action très faible ; celle-ci est plutôt indirecte, dit-il, c'est-à-dire que défectueuse ou mal distribuée, ou brusquement modifiée, elle sera peut-être la cause de troubles digestifs, mais j'ajouterai que c'est la quantité de lait qui est atteinte et non pas son taux butyreux.

Je dois signaler encore le travail de Klose (1) et celui de Huynen (2). L'étude de Klose porte sur un troupeau de 70 têtes appar-

(1) Klose, Untersuchungen über die täglichen Schwankungen im spezifischen Gewicht und in Fettgehalt der Milch einer grösseren Herde (*Milchwirtschaftliches Zentralblatt*, 42, 1er juillet 1913, p. 385-392).

Lire l'intéressant commentaire de ce travail par R. Pearl, Constants for normal variation in the Fat Content of mixed Milk (*Annual Report of the Maine Agricultural Exp. Station*, p. 299-305, 1913).

(2) Huynen, Contribution à l'étude des variations de la composition du lait (*Ann. de Médecine Vétérinaire*, mars, avril et octobre 1923).

tenant à l'Institut de laiterie de Proskau et qui a été suivi pendant quatre mois : mars, mai, juillet et octobre. Il s'agit d'animaux assez peu butyrogènes, dont le taux butyreux moyen journalier oscille autour de 30 gr. Le taux de la matière grasse est le plus élevé à la traite de midi, le moins élevé à la traite du matin. *Si l'on considère des traites homologues, le plus grand écart d'un jour à l'autre atteint toutefois 4 gr. et il va jusqu'à 11 gr. 50 quand on envisage deux jours plus ou moins éloignés ; le pourcentage de graisse de l'ensemble des traites d'une journée entière est susceptible d'écarts moindres d'un jour à l'autre que celui de n'importe quelle traite considérée à part* ainsi que le montre la lecture des tableaux ci-contre. Notons cependant qu'en octobre, le minimum est 31,5, le maximum, 38. On observe à Proskau des différences de même ordre de grandeur que dans le troupeau de Buckley.

Date	Matin	Midi	Soir	Journée entière
3 mars	26,5	32	29	29,1
4 —	27,5	34,5	29	30
5 —	26	33,5	28,3	29,5
6 —	28	33	30,5	30,5
7 —	28	32,5	28	29,5
8 —	29	33,5	30,3	30,8
9 —	28,5	33	29	30
10 —	30	33,5	31	30,3
11 —	28	34	31	30,3
12 —	28,5	35	31	31
13 —	29,5	33,5	29,5	30,9
14 —	27,5	33,5	31	30,2
15 —	28	34	30	30,3
16 —	28,5	35	30	30,7
17 —	28,5	31	32,5	30
18 —	28	32	28	29
19 —	26	31,5	29	28,5
20 —	28	31,5	28	29,1
21 —	26,5	32,5	28,	28,8
22 —	27,5	32	28,5	29,1
23 —	26	31,5	28,5	28,3
24 Mars	27	31,5	30,5	29,3
25 —	28	30	27,5	28,4
26 —	23,5	30	29	26,8
27 —	25,5	30	28,5	27,6
28 —	26	31	28,5	28,1
29 —	25,5	29	28	27
30 —	25,5	30,5	28	27,7
31 —	25	29	29	27
1er avril	25	30	27,5	27,1
Minimum	**23,5**	**29**	**27,5**	**26,8**
Maximum.	**30**	**35**	**32,5**	**30,9**
Différence entre le maximum et le minimum	*6.5*	*6*	*5*	*4,1*

Date	Matin	Midi	Soir	Journée entière
3 mai	29,5	31,5	28,5	30
4 —	27	30,5	32,5	29,5
5 —	30,5	31,5	32	30
6 —	30,5	31	36	32
7 —	26	33	34,5	30
8 —	27	32,5	35	29,5
9 —	29	32	38,5	32
10 —	26,5	33	38	31
11 —	28,5	34,5	36	32
12 —	27,5	32	34	30
13 —	27	33	34,5	30,5
14 —	28	34,5	35	31,5
15 —	28,5	33	34	31
16 —	30	35	34	32
17 —	28	33,5	40	32
18 —	28,5	33	33	31
19 —	27,5	35	34,5	31,5
20 —	27	32	33	30
21 —	27	30,5	33	29,5
22 —	26,5	30	31	28,5
23 —	28,5	30	31	29,5
24 —	26,5	32	32,5	29,5
25 —	29	32,5	31	30,5
26 —	24	32	33,5	29
27 —	27,5	31	32	29
28 —	27	30,5	31	29
29 —	27	31,5	33	30
30 —	27,5	31	31	29,5
31 —	27,5	31	32	29,7
1er juin	27	32	30,5	30
Minimum	**24**	**30**	**28,5**	**28,5**
Maximum	**30,5**	**35**	**40**	**32**
Différence entre le maximum et le minimum	*6,5*	*5*	*11,5*	*4,5*
2 juillet	28	31,5	33,5	30,5
3 —	29	32	32,5	30,8
4 —	30	31	32,5	31
5 —	29,5	31,5	34	31
6 —	29,5	30,5	32	30,5
7 —	31	32,5	32	31,8
8 —	30,5	32	35	32
9 —	29	32	33	ε1
10 Juillet	31	32,5	38	33
11 —	29	29,5	34	30,5
12 —	34	33,5	34,5	34
13 —	30,5	32,5	34,5	32
14 —	32	27	34,5	31
15 —	32	34	39	33,3
16 —	32	32	36	33
17 —	30	31	33	31
18 —	29	31	34	31
19 —	31	32	34	32

Date	Matin	Midi	Soir	Journée entière
20 —	31,5	32,5	35	32,5
21 —	32	31	31,5	31,5
22 —	29,5	34	36,5	32,5
23 —	32	31	37	33
24 —	32,5	31,5	37	33,5
25 —	32	32	37,5	33,5
26 —	32	31	37	33
27 —	33	30,5	32	32
28 —	32	30	34	31,5
29 —	31	32	32,5	31,5
30 —	28,5	33	35,5	31,5
31 —	35,5	32	33	33,5
Minimum	**28**	**27**	**31,5**	**30,5**
Maximum.	**35,5**	**34**	**39**	**34**
Différence entre le maximum et le minimum	*7,5*	*7*	*7,5*	*3,5*
3 octobre.	30	35,5	34	32
4 —	32	35,5	33,5	33
5 —	33,5	35,5	34	34
6 —	32	34,5	34	33,5
7 —	35	34,5	35,5	34,5
8 —	32,5	35,5	34	34,8
9 —	29	35,5	35	32,5
10 —	32	36	37	34,5
11 —	35	36	37	35,8
12 —	33,5	35,5	34,5	34,5
13 —	35	36,5	36,5	35,8
14 —	31	37	38	34,5
15 —	32,5	37	36	34,5
16 —	31,5	38,5	40	35,5
17 —	34,5	35,5	36	35
18 —	33	34	36	34
19 —	33	33	36,5	33,8
20 —	35	37	35,5	35,7
21 —	33,5	37	35,5	35
22 —	31,5	35,5	34	33,3
23 —	35,5	35,5	37	35,9
24 —	33,5	35	35,5	34,5
25 —	31,5	36	34,5	33,5
26 —	31,5	31	33	31,5
27 —	36	36	33,5	35,5
28 —	32,5	35,5	35	34
29 —	31,5	35	36	33,5
30 —	32	37	38	35
31 —	35,5	35	38,5	36
1er novembre	37	40	38	38
Minimum	**29**	**31**	**33**	**31,5**
Maximum.	**37**	**40**	**40**	**38**
Différence entre le maximum et le minimum	*8*	*9*	*7*	*6,5*

Huynen, dans une étude fort documentée, nous fournit des renseignements très intéressants relatifs à des laits individuels et à un *lait de mélange de* 250 *vaches* exploitées dans les environs de Bruxelles, bien nourries et placées dans de bonnes conditions hygiéniques.

Il semble, dit-il, que, tout au moins, le lait de mélange d'un troupeau important devrait avoir sensiblement la même composition tous les jours. Il n'en est rien. La teneur en graisse est plus variable que celle des autres substances fixes.

Ainsi, pendant le mois d'avril, on constate que le 5 et le 6, l'analyse accuse 37 gr. de graisse; le 7, on trouve 34 gr., le 8, 32 gr. 50; puis le taux butyreux remonte le 9 à 33 gr. 5 pour être à 38 gr. le 10. Neuf jours après, il redescend à 31 gr. 5, pour atteindre le 21 la moyenne mensuelle de 34 gr. D'ailleurs, peu importe le mois, puisque dans tous, on observe des variations de la même importance.

*
* *

Si nous jetons à nouveau un coup d'œil sur les documents qui se rapportent aux laits de troupeaux, que ces troupeaux soient *homogènes*, c'est-à-dire appartiennent au même propriétaire et soient constitués d'animaux de même race ou *hétérogènes*, comme le sont ceux des concours beurriers, qui rassemblent pour deux jours seulement, trois au plus, des animaux de races et de propriétaires différents, on constate — et il n'est pas inutile de le redire — que la richesse en matière grasse de l'échantillon moyen du mélange de tous les laits individuels du troupeau éprouve des oscillations qui surprennent.

C'est ce qui a fait dire à certains que les laits de troupeaux ne sont pas des laits de mélanges; pour eux, comme pour beaucoup de ceux qui parlent *de laits de mélanges*, cette expression doit être réservée aux laits semblables à ceux qui sont ramassés, traités et expédiés sur la capitale ou les grandes villes par les importantes sociétés laitières dont le but est d'approvisionner celles-ci. Il y a là une distinction qu'il suffit de signaler pour en marquer la valeur; elle réclame une précision à apporter dans les définitions pour ne pas qu'on en vienne à jouer sur les mots, ce qui sème la confusion au profit de ce qui n'est pas toujours très correct.

*
* *

Lorsqu'on étudie les variations butyreuses du lait d'un important troupeau, et, disons mieux encore, de celui de toute une région, ce qui sous-entend de *très grands mélanges* dans lesquels se trouvent fondues les variations individuelles, on constate que le lait n'affecte pas la même richesse en matière grasse aux diverses époques de l'année. C'est un fait qui n'est plus discuté par personne.

Or, derrière la race, derrière l'ensemble des animaux d'une même contrée, si disparates que peuvent être les races auxquelles ils appartiennent, se trouve toujours *l'individu* ; on en peut conclure en toute certitude que la même règle s'applique aux animaux isolés. Mais ce que l'on constate nettement avec un lait de mélange paraît moins marqué à première vue avec un lait individuel, du fait des grandes oscillations du taux butyreux de ce dernier, et qui sont de tous les mois de l'année. Toutefois, lorsqu'on établit les moyennes butyreuses mensuelles d'un animal donné, on réduit ainsi, on amortit singulièrement l'influence des oscillations journalières et la règle constatée plus haut pour les laits de mélanges s'observe également, quoique à un moindre degré.

Cependant, avant d'aller plus loin, il importe de bien mettre en évidence qu'une comparaison entre un lait de grand, de très grand mélange et un lait d'un seul animal ne s'impose plus ici fatalement dans tous les cas, et nous allons voir pourquoi. Nous parlons, en ce moment d'influences saisonnières ; *a priori*, on conçoit qu'elles puissent jouer, et les faits sont là pour nous dire qu'elles sont efficientes, mais pour bien se rendre compte de leur action, il faut auparavant de toute nécessité s'efforcer d'apprécier, à sa juste valeur, l'influence d'un facteur qu'on ne saurait éliminer : *le temps écoulé depuis le vêlage*. Si cette influence joue au maximum sur un individu isolé et si on voit mal souvent comment on peut la démêler d'avec celle des saisons, reconnaissons qu'elle doit se noyer, au point de disparaître, dans l'ensemble des animaux d'une région entière, puisque les vêlages peuvent être de toutes les époques de l'année ; c'est alors que surnageront seules les influences saisonnières.

La question qui a l'air ainsi de se simplifier dans l'énoncé des problèmes qu'elle soulève ne laisse pas toutefois que d'attirer également l'attention sur *l'influence du changement de régime*, lors du passage de l'alimentation sèche à l'herbage, de la stabulation à la liberté de se mouvoir, ou inversement.

Derrière toutes ces remarques, on devine l'importance, pour saisir un fait physiologique de l'ordre de celui que nous examinons en ce moment, de considérer tout un lot d'animaux et non plus une individualité.

Pour donner à chaque influence : celle des saisons, celle de la date du vêlage, celle du changement de régime, la place qui lui revient dans cet ensemble complexe, efforçons-nous de les examiner séparément, ce qui n'est pas encore facile.

L'influence du temps écoulé depuis le vêlage. — Considérons d'abord des *animaux isolés suivis pendant tout le cours de leur lactation.* Les deux graphiques (fig. 49 et 50) nous donnent

Moyennes mensuelles, par grammes au litre, du lait d'une vache de la race de Simmenthal au cours de la lactation entière.
(Matière grasse. Lactose. Matières protéiques. Cendres.)
Densités
1035
1030
1031,8
1032,6
1032,3
1032,1
1033
1032,9
1033,5
1034,2
1034,1
Cendres
7,50
7,00
Matières protéiques
40
35
30
30,70
31,30
31
34,50
37,05
37,40
39,45
42,20
42,65
Lactose
50
52
53,35
51,50
51,60
53,15
53,10
51,70
49,65
50,80
Matière grasse
50
45
40
35
38,10
37,10
36
40,9
43,8
46,5
50,35
48,4
47,6
Grammes au litre
1er 2e 3e 4e 5e 6e 7e 8e 9e
mois après le vêlage

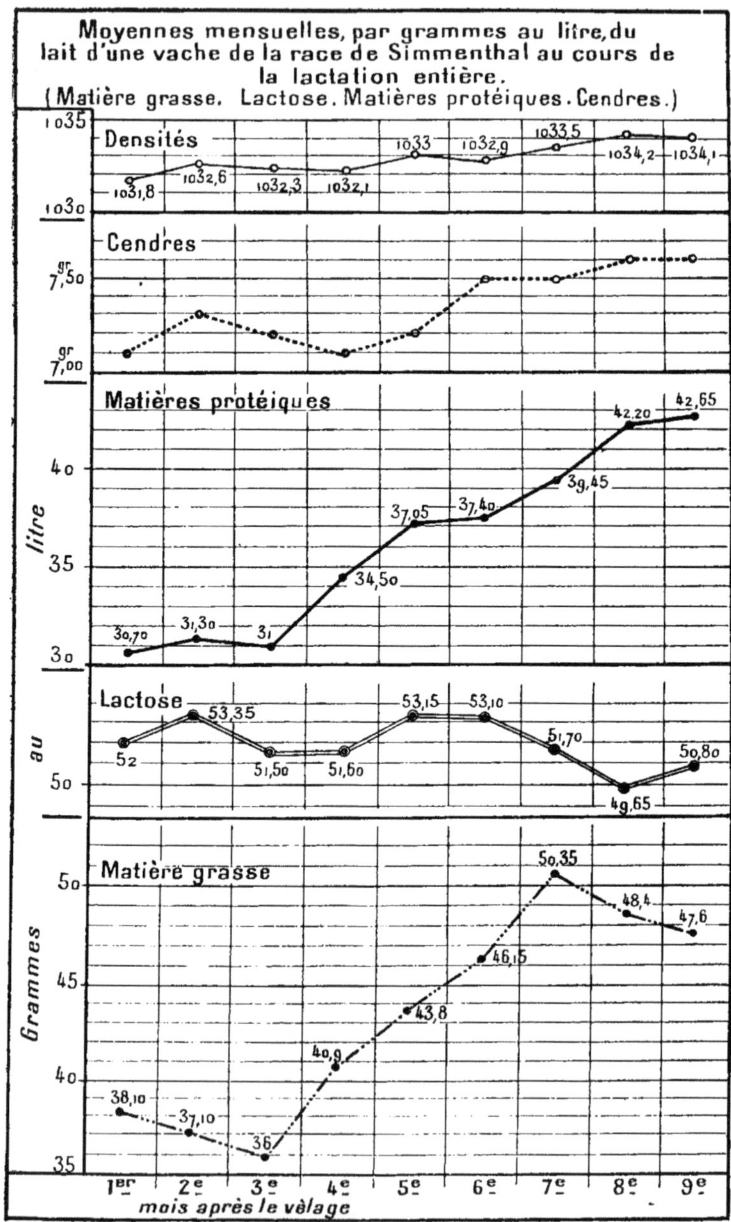

Fig. 49.

Quantités de lait, en litres, et de matière grasse, en Kilogrs, produites par une vache dans le cours entier de la lactation — (26 Mars 1922 — 28 Février 1923) avec les taux moyens mensuels en matière grasse et en extrait dégraissé par litre.
Poids de la matière grasse en Kilog.
27.9
27.7
21
16,6
17,4
16,7
18,5o
15,75
14,5
11,10
4,5o
Litres de lait
88o
86o
65o
54o
54o
5o5
455
39o
37o
29o
110
Matière grasse
Extrait dégraissé
Matière grasse en grs. par litre
Extrait dégraissé en grs. par litre
89,4
92
90,5o
88,5o
88
88
90,10
91,50
91
92,90
93,40
32
32,5o
32,5o
31
32,3
33,2
40,90
40,5o
38,6
38,8
41,3o
26 Mars 30 Avril 1922
Mai
Juin
Juil.
Août
Sept.
Oct.
Nov.
Déc.
Janvier 1923
Févr.

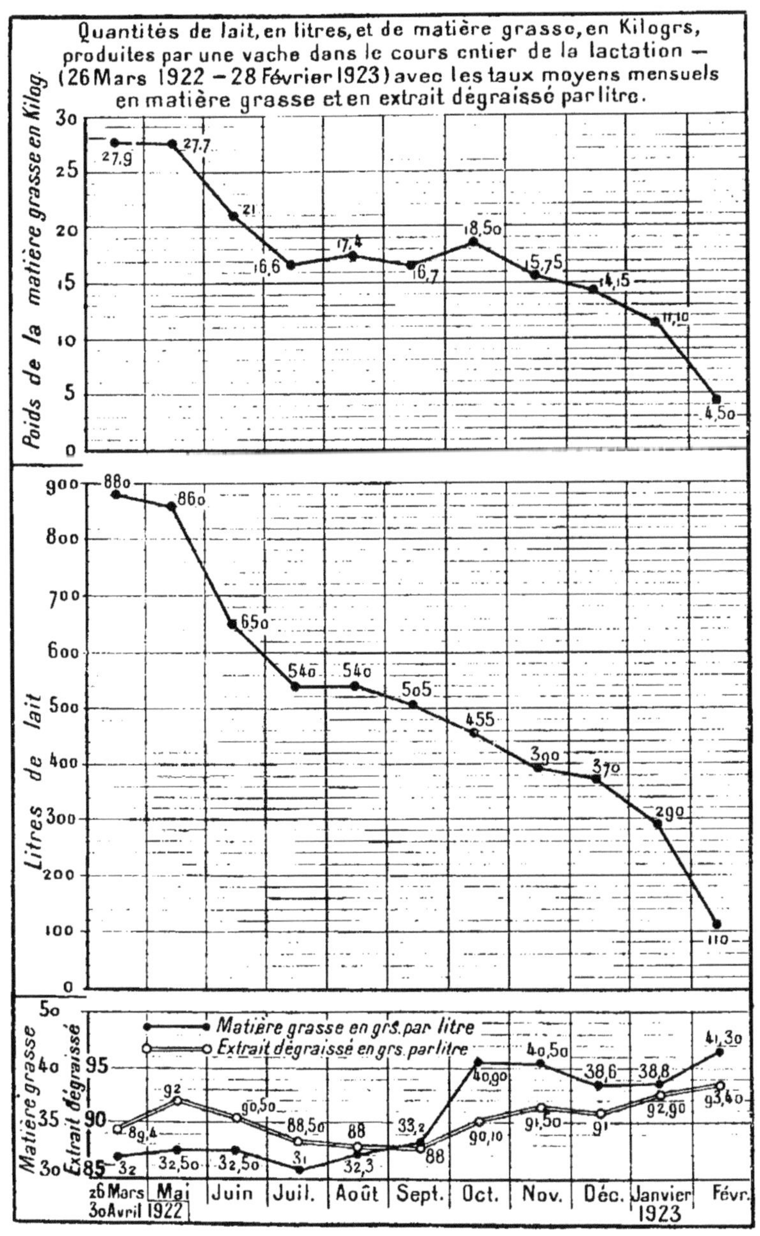

Fig. 5o.

les courbes des taux moyens mensuels de la matière grasse chez deux vaches, l'une de la race Simmenthal(1), l'autre de la race Shorthorn(2). De son côté, CROWTHER a fait la moyenne butyreuse, mois par mois, de la production laitière d'un certain nombre d'animaux et le graphique 51 en donne l'allure pour la lactation poussée parfois jusqu'à onze mois.

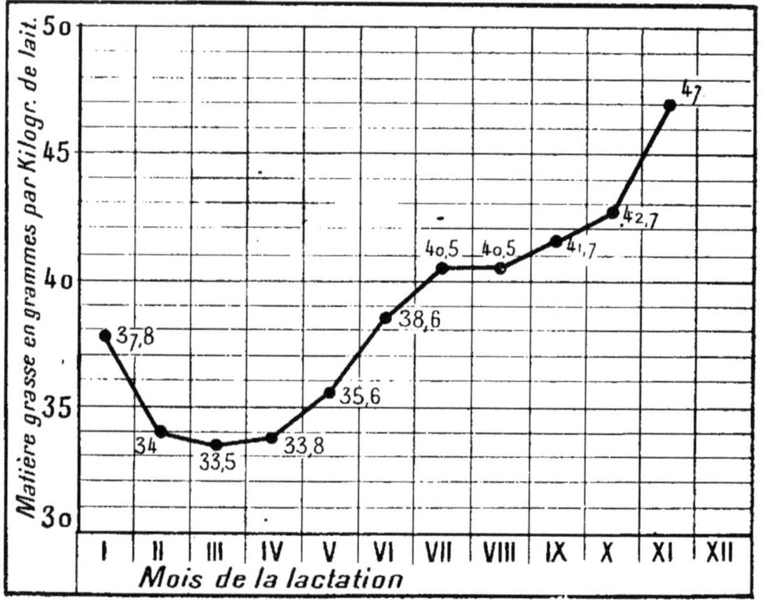

FIG. 51.

De ces trois documents, ressort cette donnée, applicable d'ailleurs à toutes les femelles laitières, ainsi qu'il résulte des nombreux travaux publiés en la matière, que *la qualité butyreuse du lait est minima vers le troisième et le quatrième mois de la lactation* et qu'elle se relève plus ou moins nettement à partir du cinquième ou sixième mois.

La figure 50, plus complète à un certain point de vue, nous donne, en outre, la marche de la production laitière en litres et celle de la matière grasse en kilogrammes.

Le graphique de la figure 52, établi d'après le travail de BRIOUX, est des plus intéressants à consulter. Il porte, cette fois, sur *un ensemble de 10 vaches ayant vêlé à la même époque*, et il nous donne

(1) ORLA-JENSEN *(Ann. agr. de la Suisse,* 1905).
(2) BUCKLEY *(loc. cit.)*.

Influence du temps écoulé depuis le vélage sur la production du lait et la teneur moyenne en matière grasse — Moyennes concernant 10 vaches ayant mis bas fin janvier.

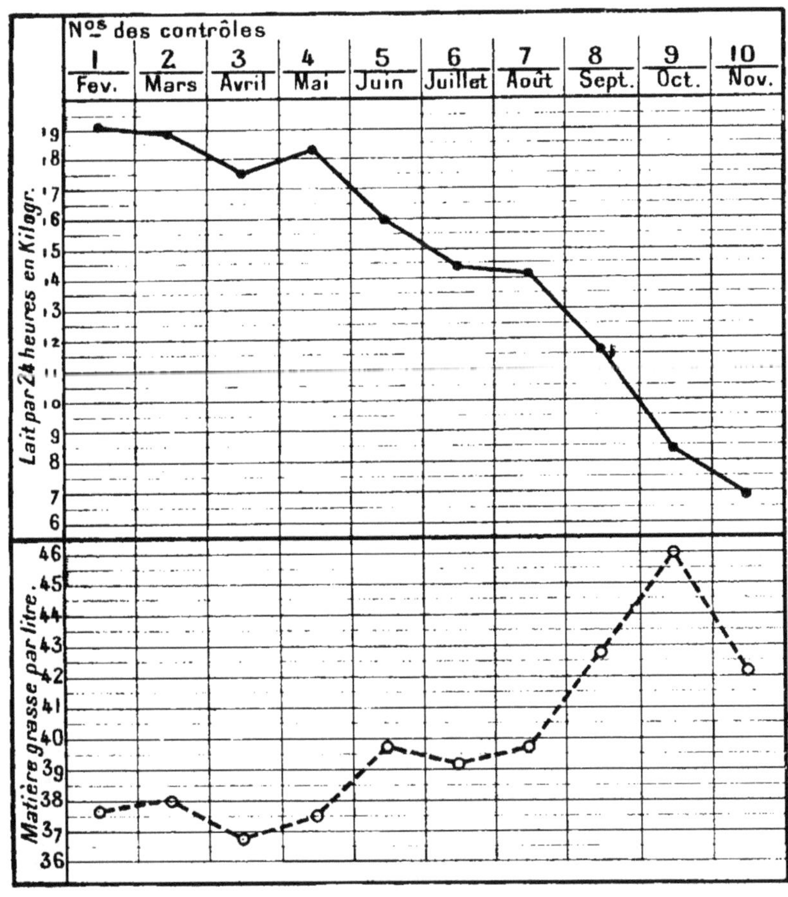

Fig. 52.

également la courbe de la production laitière journalière, mois par mois.

Buckley opérant avec son troupeau a pu dresser le tableau suivant sur lequel j'appelle vivement l'attention.

Tableau donnant le taux butyreux moyen, par litre et par tête d'animal, du lait récolté entre le 18 avril et le 26 mai, *sur un troupeau de 65 animaux divisé en trois groupes sensiblement égaux sur la base de la date des vélages.*

Régime d'hiver : la première moitié (18 jours : 18 avril au 5 mai) ; Régime d'été : la seconde moitié (21 jours : 6 mai au 26 mai).

	Matin Régime		Soir Régime		Journée entière Régime	
	Hiver	Eté	Hiver	Eté	Hiver	Eté
Groupe I. — 21 vaches ayant vêlé depuis *plus de 6 mois* (du 1er juin au 18 septembre)	37,7	34,6	45,95	44,60	41,8	39,55
Groupe II. — 20 vaches ayant vêlé depuis *moins de* 6 *mois* et *plus de* 3 *mois* (du 15 octobre au 27 décembre)	33,40	33,00	41,00	41,00	37,20	37,10
Groupe III. — 24 vaches ayant vêlé depuis *moins de* 3 *mois* (du 9 janvier au 25 mars)	29,55	29,55	42,95	41,80	36,25	35,65
Troupeau entier	33,25	32,15	43,25	42,35	38,20	37,20
Moyenne générale pour l'ensemble des deux périodes. .	32,65		42,85		37,70	

Dans ce tableau, on y trouve superposées, l'influence de l'époque du vêlage et celle du changement de régime.

L'influence du changement de régime. — Donc, *plus on s'éloigne de la date du vêlage, plus le lait s'enrichit en matière grasse, à l'une comme à l'autre traite*, mais cette influence étant mise de côté, on ne voit pas que le changement de régime ait modifié sensiblement le taux butyreux. En effet, si nous examinons les données numériques des groupes II et III du tableau ci-dessus de Buckley, nous notons que les différences sont négligeables ; à peine atteignent-elles 1 gr. dans la moitié des cas, par litre de lait. Elles sont un peu plus marquées dans le groupe I, mais sans être considérables, 3 gr. pour la traite du matin, 1 gr. 35 pour celle du soir. C'est une conclusion — et on pourrait tirer la même de beaucoup d'autres bonnes études sur cette matière — qui surprendra le plus grand nombre. Sur un pareil terrain, on ne trouve, en effet, que contradictions. Pour les uns, le passage à l'herbe améliore le rendement en lait sans nuire au taux butyreux ; pour les autres, il conduit à une sorte de « mouillage au ventre » et le lait qu'on recueille est « faible » en tout, en matière grasse comme en extrait dégraissé. J'élimine de suite ce dernier argument : c'est celui des fraudeurs, et il ne mérite pas d'être retenu, car *aucun fait* ne lui apporte la moindre justification. Toutefois, il est hors de contestation que le passage du sec au vert a quelquefois des conséquences heureuses aussi bien pour la quantité de lait recueillie que pour son taux butyreux, *sans que ce soit toutefois dans les proportions admises par ceux que je* *viens de qualifier.* Comment expliquer alors la contradiction, apparente, on va le voir, qui existe entre ces observations faites en toute équité et celles qui ne signalent pas de changement notable dans le taux butyreux du lait lors du passage du sec au vert ? C'est que, pour les uns, le changement n'est accompagné d'aucun trouble dans le potentiel bromatologique ; au sec, l'animal était bien et suffisamment nourri, le passage à l'herbe n'a modifié que la forme de l'aliment, il n'en a pas troublé le quantum et les proportions de ses constituants. Pour les autres, il en va tout autrement ; l'animal, à la fin de l'hiver et au commencement du printemps, était mal et chichement nourri ; sa sécrétion lactée était réduite, peut-être aussi le taux butyreux du lait sécrété. Arrive le passage à l'herbe, les conditions changent radicalement ; la nourriture est abondante et appétissante, le régime de « famine réduite » a cessé ; la sécrétion lactée en reçoit un coup de fouet, le lait est plus abondant sans pour cela être moins riche en graisse.

J'aurai d'ailleurs à revenir sur ces considérations dont on ne saurait trop souligner l'importance.

Variations saisonnières. — Maintenant que nous connaissons l'influence de l'époque de la lactation sur le taux butyreux mensuel d'une femelle laitière, il y a lieu de s'adresser aux laits de grands mélanges pour apercevoir l'influence des saisons dégagée de celle du temps écoulé depuis le vêlage.

Malgré cela, la discrimination ne sera pas toujours facile à faire et il *nous faudra quelquefois distinguer entre les laits de troupeaux et ceux d'une laiterie importante.* Avec ceux-là, en effet, les vêlages sont parfois très rapprochés et se font ainsi à la même saison, généralement à la fin de l'hiver. C'est là une erreur économique, mais dont nous n'avons pas à discuter pour l'instant. Retenons-en que, comme dans le cas de la figure 52 où il ne s'agissait que d'un ensemble de dix animaux, l'influence saisonnière ne pourra pas être aussi bien mise en valeur que s'il s'agissait du lait de mélange d'un grand nombre d'animaux dont les vêlages ont lieu aux diverses époques de l'année, en proportions en quelque sorte égales, — c'est ce qu'a fait Eckles, — ou de laits d'une importante laiterie recevant sa matière première de fermes qui, dans l'ensemble, font vêler en toutes saisons, — c'est ce qu'a fait Klopfer *(loc. cit.)*.

Dans le travail d'Eckles (1), le nombre des lactations contrôlées s'élève à 240. Il est évident que si l'influence du moment du vêlage l'emportait sur celle des saisons, les époques de l'année où l'on observe les taux butyreux minima et maxima devraient varier avec la date de la naissance.

(1) Eckles (pour la référence, voir la Conférence de Mallèvre, *loc. cit.*)

Or, Eckles établit qu'il n'en saurait être ainsi, car, *quelle que soit la date du vêlage, il y a un minimum butyreux, au début de l'été, et un maximum, au début de l'hiver*, sauf cependant pour les bêtes qui vêlent au début de l'automne, en octobre, et, dans ce dernier cas, la teneur en matière grasse varie très peu pendant tout le cours de l'année, puisque la différence entre le minimum et le maximum des moyennes mensuelles est aux environs de 2 gr. 1/2 par litre. La saison exerce donc une influence non douteuse sur la teneur en matière grasse du lait, influence qui se traduit par une diminution de celle-ci au printemps et au commencement de l'été, et une augmentation à la fin de l'automne et au début de l'hiver.

Les effets de la saison peuvent se combiner avec ceux de l'époque de la lactation ; ils s'ajoutent, lorsque les naissances se font à la fin de l'hiver ou au début du printemps ; ils se neutralisent lorsque les naissances ont lieu en automne. Eckles a cherché quelle pouvait être la cause de l'influence saisonnière ; successivement, il met hors de cause la température, puis le changement d'alimentation lorsque l'animal passe du régime d'hiver à celui de la belle saison qui comporte une alimentation plus aqueuse. Voici, d'ailleurs, comment il résout la question en ce qui concerne ce dernier point : 11 vaches, ayant vêlé à des époques différentes, ont reçu *toute l'année* la même ration sèche, composée de foin, de luzerne et d'aliments concentrés : maïs, son et avoine. Toutes, sauf une, ont donné un lait dont le taux butyreux a accusé un minimum sensible au début de l'été.

Mallèvre, au sujet de toutes ces observations, fait remarquer que « on ferait peut-être fausse route en cherchant la cause en question en dehors de l'organisme, en dehors de l'animal lui-même. » Le problème, en effet, est d'un ordre élevé et il se rattache au métabolisme général de la matière grasse.

Je trouve que l'explication qu'en donne Hogstrom, et que Mallèvre rappelle, est un peu fantaisiste. Pour cet auteur, dit-il, « il y aurait, dans la tendance de la teneur butyreuse à se montrer plus faible au début de l'été et plus forte au début de l'hiver, une sorte de manifestation héréditaire du fonctionnement périodique de la mamelle. Jadis, le vêlage de printemps était la règle pour les vaches, comme pour les grands ruminants sauvages qui vivent sous nos latitudes. La mamelle sécrétait donc au début de l'été un lait plus pauvre ; elle aurait conservé par atavisme quelque chose de cette habitude séculaire, alors même que le vêlage aurait été reporté à une autre époque de l'année. »

Les documents empruntés au travail de Klopfer sont également dignes d'être retenus.

A côté du tableau (p. suivante) contenant le taux butyreux pour 1.000 gr. des divers prélèvements mensuels, tantôt 3, tantôt 2

aux butyreux, pour 1.000 gr. de lait, des divers prélèvements mensuels effectués sur la livraison de trois fournisseurs d'une laiterie coopérative.

		LAITERIE A				LAITERIE B		
		I	II	III		I	II	III
Janvier	11	33	32	30	12	32	30	30
—	22	32	34	31	21	32	31	31
—	»	»	»	»	30	33	31	32
Février	6	30	33	29	12	29	30	29
—	19	30	34	32	20	30	30	35
—	27	31	35	32	28	29	32	31
Mars	9	30	33	30	13	29	29	25
—	19	29	37	29	23	31	33	27
—	30	29	32	31	27	28	26	26
Avril	11	30	30	29	13	29	29	32
—	21	30	29	28	20	30	27	28
—	30	30	30	26	29	30	26	27
Mai	13	33	30	25	13	31	26	25
—	21	30	28	25	19	29	25	25
—	30	30	29	27	»	»	»	»
Juin	13	29	31	28	5	26	25	25
—	22	28	28	30	20	27	27	27
—	28	32	28	31	»	»	»	»
Juillet	5	29	28	28	17	26,5	27	25,5
—	23	30	31	30	30	29,5	29,5	29,5
—	30	29	29	29	»	»	»	»
Aout	13	30	30	28	26	33,5	28	31
—	21	32	28	29	30	32	28	32
—	30	30	30	29	»	»	»	»
Septembre . . .	14	31	30	30	10	32,5	28,5	31
—	21	30	28	28	»	»	»	»
—	29	31	30	30	»	»	»	»
Octobre	13	31	30	29	26	34	32	29
—	22	30	30	30	31	33,5	31	30
—	29	30	30	29	»	»	»	»
Novembre . . .	13	33	26	30	19	32	31	31,5
—	20	32	30	30	30	31,5	30	30,5
—	27	31	26	31	»	»	»	»
Décembre . . .	12	33	30	33	6	31	29,5	30
—	20	32	30	29	30	30	30	32,5
—	31	35	31	32	»	»	»	»

u 1, effectués sur la livraison de trois fournisseurs de deux laiteries coopératives différentes, je donne le graphique (fig. 53) des aux butyreux moyens mensuels du lait total fourni à ces deux aiteries pendant plusieurs années qui se suivent.

Dans le tableau, il s'agit de livraisons plutôt petites, puisque un eul fournisseur est en jeu ; dans le graphique, au contraire, c'est avec l'ensemble du lait reçu par la laiterie que les courbes ont été tablies. Or, dans un cas comme dans l'autre, il y a un minimum aisonnier s'étalant sur mai, juin et juillet.

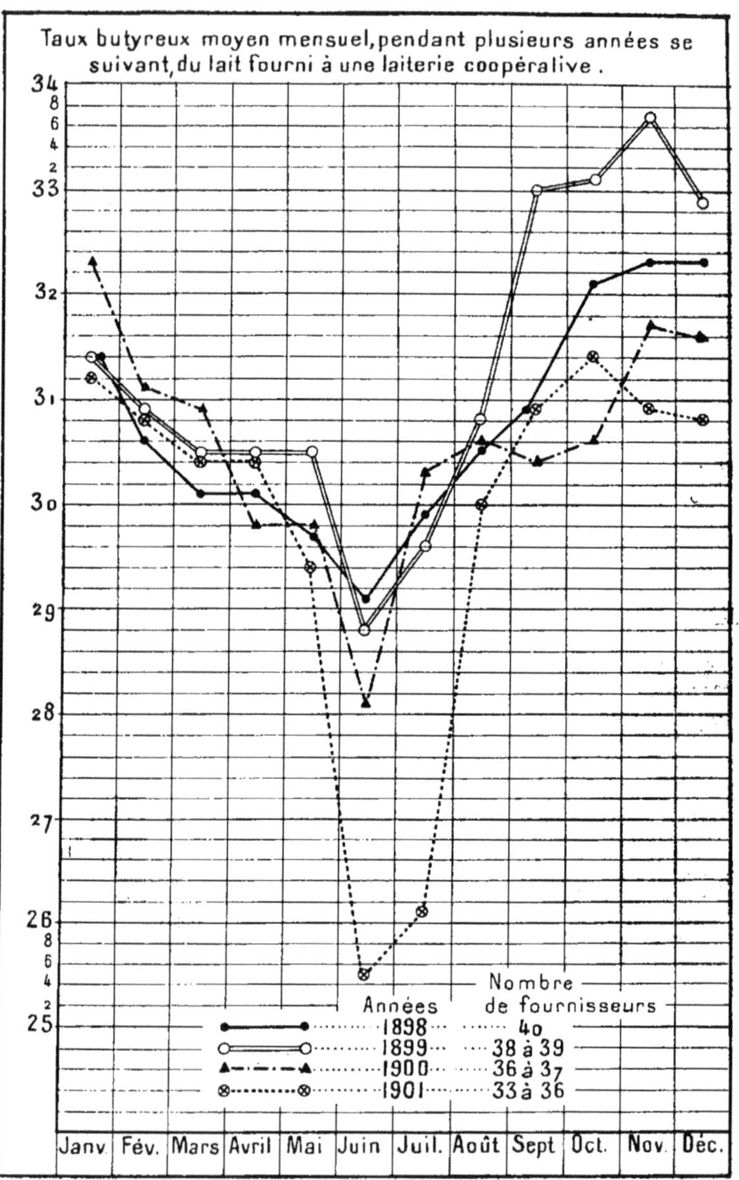

Fig. 53.

On remarquera l'écartement des ordonnées relatives au taux butyreux; il a été ainsi fait pour mieux en faire saisir les variations mensuelles.

Ingle, à Garforth, donne les chiffres suivants relatifs à un troupeau examiné sur diverses périodes, l'une d'hiver, l'autre d'été (Crowther).

Le même troupeau examiné en	M. G. au litre	E. D. au litre
1900 : 22 mars au 12 avril	39,75	93,30
1901 : 1er août-20 août	36,25	89,60
1901 : 20 août-9 septembre	36,65	89,60

Les graphiques des figures 54 et 55 établis sur des documents fournis par Ch. Brioux (fig. 54), Malpeaux (fig. 55), ont la même

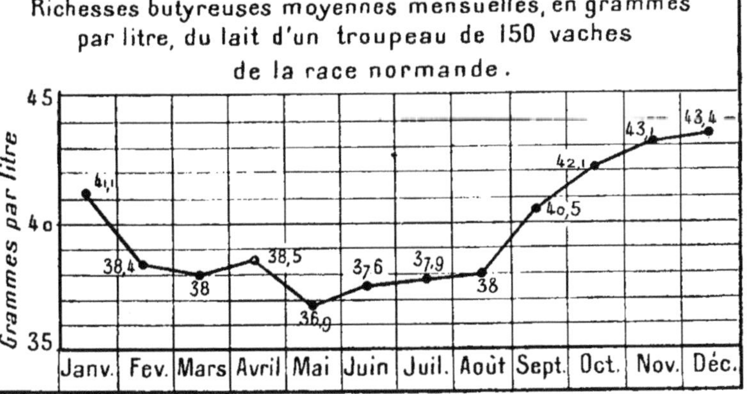

Fig. 54.

signification que ceux qui précèdent. Le minimum saisonnier qui porte sur mai, juin et juillet, dans la figure 54, se trouve étalé sur mars, avril et mai dans la figure 55. Les deux graphiques diffèrent peu par la grandeur des écarts entre le minimum et le maximum. Atteignant 6 gr. 5, sur la fig. 54, l'écart est de 5 gr. sur la figure 55.

Je ferai remarquer dans le graphique 55 le parallélisme frappant des deux courbes, celle des litres de lait et celle des kilogrammes de beurre ; il témoigne de la faible variation du taux butyreux *d'un mois à l'autre* pour ce troupeau de 30 vaches.

Je crois également très utile de reproduire deux autres courbes, (fig. 56 et 57), qui traduisent des données numériques empruntées au travail de Harnoth et à celui de Huynen.

Harnoth (1) note les *variations de la quantité de lait produite et*

(1) Harnoth, Die Schwankungen in Milchertrage und in Fettgehalt der Milch im Laufe eine Jahres, *Molkerei-Zeitung*, XIX, n° 28, 1905 (*An.* in *Revue Gén. du Lait*, 1904-1905, p. 544).

Production en lait, en matière grasse et taux butyreux moyens journaliers, mois par mois, d'un troupeau de 30 vaches de race flamande.
Janv. Fév. Mars Avril Mai Juin Juil. Août Sept. Oct. Nov. Déc.
250 200 150 100 50 0
10-K. 9-K. 8-K. 7-K. 6-K. 5-K. 4-K. 3-K. 2-K. 1-K. 0
Moyenne journalière en litres de lait
Moyenne journalière de la matière grasse en kilogs.
Litres de lait
Kilogrs. de matière grasse
Matière grasse au litre.
40 gr. 35 gr. 30 gr.
Janv. Févr. Mars Avril Mai Juin Juil. Août Sept Oct. Nov. Déc.

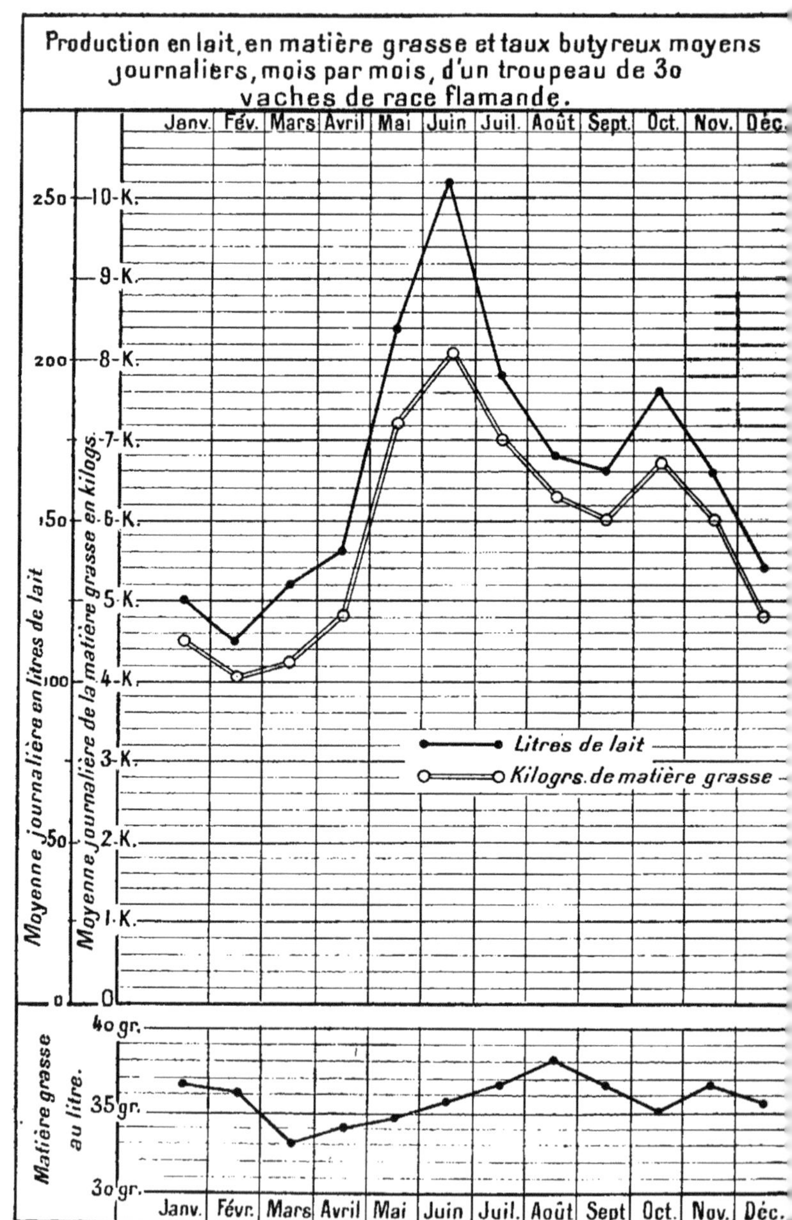

Fig. 55.

elles de sa richesse en graisse au cours d'une année entière, sur vingt aiteries dont la production totale annuelle fut de 29.678.220 litres. Il 'agit donc là de *laits de très grands mélanges.* Le graphique montre ombien sont réduites les oscillations du taux butyreux pendant les louze mois de l'année, bien que, cependant, la production ait subi le grandes oscillations. On aperçoit, bien que faiblement, l'effet des nfluences saisonnières ; les dates des parturitions ne peuvent pas entrer en ligne de compte, en raison du grand nombre de vaches considéré, et aussi parce que les délivrances étaient assez régulièement réparties sur les divers mois de l'année.

Pendant les mois de la plus grosse production, le taux butyreux subit un petit fléchissement, mais il n'est pas très marqué.

La production la plus grande est évidemment au moment de la plus belle végétation, mai et juin ; puis le rendement diminue un peu, ce qui peut s'expliquer par la sécheresse, en juillet, en août, voire même septembre. Quand viennent octobre et novembre, et que l'on remet les bêtes au régime d'hiver, plus substantiel parfois qu'une mauvaise pâture, on voit la production augmenter.

La figure 57, qui se rapporte au travail de HUYNEN, doit également retenir l'attention. Rappelons qu'il s'agit du lait de mélange de 250 têtes. En dehors des variations saisonnières, dont le minimum s'étale sur mai, juin, juillet, nous voyons pour deux années qui se suivent, que *les moyennes annuelles* du taux butyreux du lait de mélange de cet important ensemble diffèrent de 1 gr. 40 ; c'est peu, mais, si l'on compare les moyennes mensuelles, on voit que cette différence est très constante sans être très régulière, ainsi qu'en fait foi le parallélisme des deux courbes ; et l'on est incité à en chercher la cause. Quelle est-elle ? Alimentation ? C'est peu probable. Conditions générales différentes de température, de sécheresse ou d'humidité ? Çà l'est davantage, mais il faudrait être documenté de ce côté pour risquer une hypothèse quelque peu plausible. Retenons, et c'est sans doute là la véritable raison de la petite différence relevée ci-dessus, que le troupeau de 1921 a été partiellement renouvelé en 1922; et, sans doute, les qualités butyrogènes des nouvelles venues n'égalaient peut être pas celles des vaches qu'elles avaient remplacées, au point d'amoindrir le taux butyreux de l'ensemble. Quoiqu'il en soit, les variations saisonnières n'ont pas été affectées par ces changements dans le cheptel.

Avec le graphique 56, comme avec celui de la fig. 57, il y a lieu d'éliminer l'influence de la date des vêlages, ceux-ci ayant été répartis tout le long de l'année, et mieux, nous dit HUYNEN, en 1922 qu'en 1921.

Production journalière moyenne, mois par mois, et taux butyreux du lait correspondant de 20 laiteries.
Janv.
Fév.
Mars
Avril
Mai
Juin
Juil.
Août
Sept.
Oct.
Nov.
Déc.
Litres de lait
Matière grasse au litre
100000
60000
78.220
81790
84450
86575
93690
99650
89.130
75.275
69.935
66.270
70540
33,20
32,85
32,65
32,45
33,00
32,75
32,85
34,20
34,30
34,40
33,90
33,90

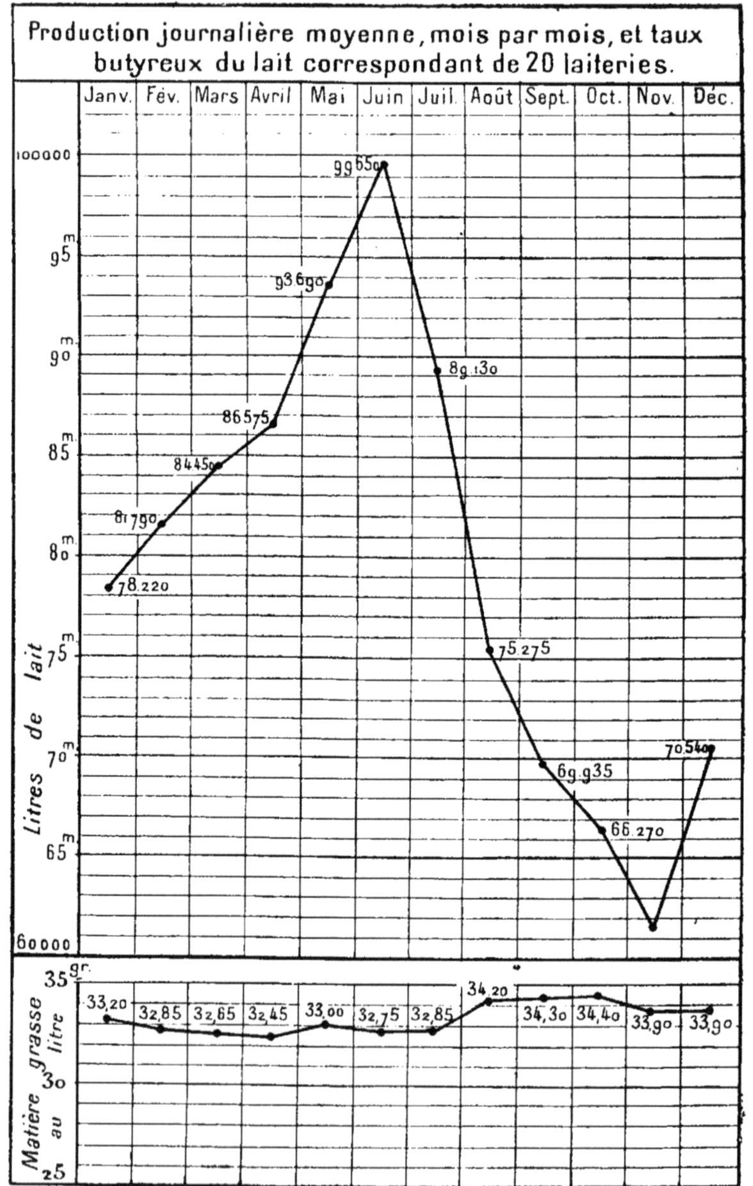

FIG. 56.

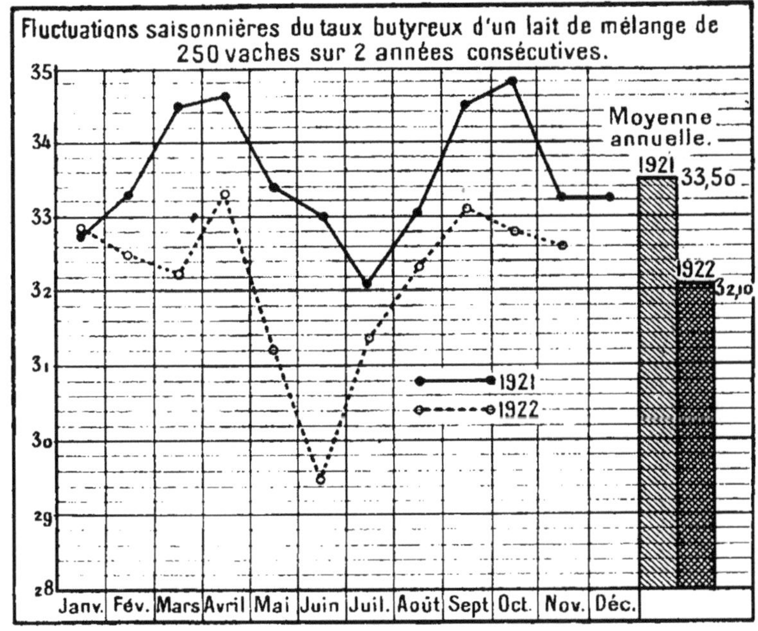

Fig. 57.

*
* *

J'apporte à l'étude des variations saisonnières deux documents très intéressants que j'ai recueillis lors de mon voyage dans la République Argentine. Ce pays appartient à l'hémisphère sud, dont les saisons sont décalées de six mois par rapport à celles de l'hémisphère nord.

Si donc il y a des variations vraiment saisonnières, nous devons les retrouver dans l'hémisphère sud, mais décalées également de six mois. Or, c'est justement ce que l'on peut constater sur les deux tableaux qui suivent.

L'un m'a été fourni par M. Pearson, propriétaire de l'exploitation laitière de Tatay, dont la réputation est si grande en Argentine. Cet immense domaine comprend 28 fermes, dont chacune a, en moyenne, au moins 100 vaches laitières ; il en est même qui en possèdent jusqu'à 200 ; il s'agit donc toujours de troupeaux importants dans lesquels les vêlages s'espacent sur l'année tout entière, condition favorable, ainsi qu'il l'a été démontré plus haut, pour apprécier l'influence des saisons.

L'autre tableau m'a été fourni par MM. de Lorenzi, les directeurs et propriétaires de la fabrique de fromages bien connue de El Trebol (1).

J'ai marqué en caractères gras, dans l'un et l'autre tableau, les chiffres (% en poids) des taux butyreux les plus bas de l'année. Nous voyons qu'ils se posent sur la fin de l'hiver et le printemps, c'est-à-dire sur des mois qui, pour l'hémisphère sud, correspondent sensiblement aux mois analogues de l'hémisphère nord.

Exploitation de Tatay

Fermes	Automne		Hiver			Printemps			Eté			Automne
—	mai	juin	juillet	août	sept.	oct.	nov.	déc.	janv.	févr.	mars	avril
	—	—	—	—	—	—	—	—	—	—	—	—
Nos 1 . .	3,35	3,45	3,4	2,8	3,1	3,1	3,2	3,6	4	3,8	4,2	4,
2 . .	3,7	3,6	3,4	3,2	2,8	2,7	2,7	2,8	3,2	3,3	3,4	3,2
3 . .	3,5	3,5	3,6	3,3	3,1	2,9	2,9	3,1	3,2	3,3	3,4	3,3
4 . .	3,6	3,6	3,4	3,3	2,8	2,7	2,8	2,9	3	3,3	3,5	3,2
5 . .	3,6	3,7	3,3	3,3	3	2,8	2,9	3	3,2	3,2	3,6	3,5
6 . .	3,3	3,3	3,4	3,2	3	3,2	3,1	3,2	3,2	3,3	3,2	3,1
7 . .	3,8	3,9	3,4	3,1	2,8	3	2,8	3	3,1	3	3,2	3,3
8 . .	3,7	3,9	3,6	3,2	2,9	2,9	2,9	3	3,3	3,3	3,6	3,7
9 . .	3,3	3,4	3,3	3,1	2,8	2,8	2,7	2,8	3	3,2	3,3	3,6
10 . .	3,5	3,9	3,4	3,4	3	3	3	3,1	3	3,2	3,4	3,5
11 . .	3,5	3,8	3,4	3,2	2,9	3,1	3	3,1	3,2	3,2	3,2	3,4
12 . .	3,8	3,9	3,4	3,1	3	3	2,9	3	3,1	3,2	3,3	3,4
13 . .	3,5	3,5	3,6	3,3	3,2	3,2	3,1	3,2	3,2	3,4	3,4	3,4
14 . .	3,6	3,6	3,3	2,9	3	3	3,1	3,3	3,5	3,7	3,7	3,7
15 . .	4	4	3,5	3,4	3,2	3	3,1	3,4	3,4	3,5	3,6	3,5
16 . .	3,3	3,6	3,8	3,6	3,2	3,1	3	3,1	3,1	3,3	3,7	3,8
17 . .	3,7	3,5	3,6	2,9	3	3,1	2,9	3	3,1	3,5	3,5	3,5
18 . .	3,9	4	3,5	3,4	3,1	3	2,9	3,3	3,4	3,4	3,6	3,7
19 . .	3,7	3,5	3,4	3,1	3,1	2,9	2,7	2,9	3,2	3,2	3,3	3,3
20 . .	3,3	3,4	3,4	2,9	2,8	2,9	2,8	3,2	3,1	3	3,3	3,3
21 . .	3,2	3,1	3,4	3,1	2,7	2,7	2,7	2,8	3	3,1	3,1	3
22 . .	3,4	3,5	3,5	3,2	3	2,9	3	3	3,2	3,2	3,4	3,3
23 . .	3,5	3,6	3,3	3	2,7	2,8	2,7	2,9	3	3	3,2	3,3
24 . .	3,3	3,5	3,5	3,3	3,2	3	2,8	2,8	3,4	3,4	3,6	3,5
25 . .	3,3	3,3	3,2	3	3	3	3	3,1	3	3,3	3,4	3,5
26 . .	4,1	4,2	3,6	3,3	2,9	2,9	2,6	2,9	3	3,4	3,4	3,5
27 . .	3,9	4	3,7	3,4	3,1	3,1	2,9	3	3,2	3,2	3,6	3,5
28 . .	»	»	3,8	3,5	3,3	3,3	3,3	3,2	3,3	3,3	3,5	3,4

(1) Que MM. Pearson et de Lorenzi veuillent bien agréer mes vifs remerciements. — Ch. P.

Exploitation de Lorenzi

	Mois —	Total par quinzaine	Matière grasse
Mai 1923.	1re quinzaine	151.120	3,19 %
—	2e quinzaine	143.661	3,29 —
Juin 1923,	1re quinzaine	101.212	3,98 —
—	2e quinzaine	85.551	3,57 —
Juillet 1923,	1re quinzaine	79.330	3,30 —
—	2e quinzaine	80.920	3,36 —
Août 1923,	1re quinzaine	89.323	3,31 —
—	2e quinzaine	108.455	3,24 —
Septemb. 1923,	1re quinzaine	108.660	2,99 —
—	2e quinzaine	165.985	2,94 —
Octobre 1923,	1re quinzaine	189.073	2,84 —
—	2e quinzaine	224.078	2,80 —
Novemb. 1923,	1re quinzaine	221.156	2,79 —
—	2e quinzaine	228.785	2,87 —
Décembre 1923,	1re quinzaine	228.527	2,89 —
—	2e quinzaine	238.191	2,96 —
Janvier 1924,	1re quinzaine	234.379	2,96 —
—	2e quinzaine	269.147	3,11 —
Février 1924,	1re quinzaine	249.110	2,99 —
—	2e quinzaine	225.521	3,01 —
Mars 1924,	1re quinzaine	243.419	3,13 —
—	2e quinzaine	251.443	3,17 —
Avril 1924,	1re quinzaine	229.318	3,30 —
—	2e quinzaine	220.723	3,31 —

*
* *

Lorsque, au lieu de considérer les moyennes mensuelles qui nous permettent de mieux situer l'influence des saisons, on compare les moyennes des six mois d'hiver et celles des six mois d'été, les différences peuvent s'atténuer et l'influence saisonnière apparaître moindre.

Crowther, dans son travail, rappelle les expériences de Dymond et Bull qui ont porté sur 4 et 5 vaches ; ces auteurs n'ont constaté qu'une faible différence entre les moyennes des mois d'hiver et celles des mois d'été : 3,70 % (38 gr. 10 au litre), pour l'époque *novembre-février* ; 3,83 (39 gr. 45), pour l'époque *mai-septembre.* Des données fournies par 2 vaches pour six mois de la même lactation, ces mêmes auteurs arrivent cependant à conclure qu'à l'augmentation de la quantité de lait du printemps, correspond une diminution dans le taux butyreux, ainsi que dans celui de l'extrait dégraissé. Mais les diminutions sont faibles et jamais ne sont de l'ordre de grandeur de celles qu'invoquent les fraudeurs.

Crowther rassemble également différentes recherches sur plusieurs troupeaux dans le tableau ci-dessous :

Troupeau	Alimentation d'hiver Stabulation		Alimentation à la pâture	
—	M. G. au litre	E. D. au litre	M. G. au litre	E. D. au litre
Broomhaugh	39,65	91,15	38,60	90,15
Seaton Delaval	39,45	90,85	39,35	90,15
Newton Rigg. (1903)	41,20	93,40	36,55	90,40

Dans le cas du troupeau laitier de l'Institut de Laiterie de Midland, le taux moyen de matière grasse pour six mois, de *mai à octobre*, fut de 3,98 % (41 gr. au litre) et pour les six autres mois de l'année, *novembre-avril*, de 4,06 % (41 gr. 80).

*
* *

Si nous jetons maintenant un coup d'œil d'ensemble sur tous les documents, graphiques ou non, relatifs aux influences des saisons, de la date du vêlage ou du changement de régime, et qui sont chiffrés, *mois par mois*, nous voyons que s'il y a des différences appréciables, qui peuvent même étonner, entre le minimum et le maximum, du moins ne constate-t-on pas, *pour les laits de mélange*, de sautes trop brusques d'un chiffre mensuel à celui qui le précède ou à celui qui le suit ? On ne passe pas sans intermédiaires du minimum au maximum (fig. 51 à 57) ; avec les laits individuels, il peut y avoir plus de décalage entre deux taux butyreux mensuels successifs, ce qui ne saurait nous surprendre (fig. 49 et 50).

Mais s'il est indispensable, ainsi que je l'ai déjà fait observer, de recourir aux moyennes *mensuelles* pour mieux juger les influences saisonnières et les autres, nous sommes dans l'obligation de sortir de ce cadre que la physiologie avait en quelque sorte tracé, *lorsqu'il s'agit d'apprécier l'importance d'une fraude possible* ; nous nous retrouvons alors dans la même situation qu'antérieurement, quand nous examinions les variations *journalières* du taux butyreux du lait de mélange. Leurs amplitudes sont plus grandes que ne le sont celles des moyennes mensuelles ; en d'autres termes, et répétons-nous, car il importe, s'il n'y a pas de différences trop accentuées entre deux moyennes mensuelles voisines, par contre, il peut y en avoir entre deux moyennes journalières qui se suivent, même pour des laits de mélange d'un nombre notable de têtes; sur ce point qui a fait l'objet de l'examen de documents qui précèdent, je n'ai pas à revenir présentement.

Avant d'entrer dans des considérations qui se rapportent principalement à l'expertise, je crois qu'il est nécessaire d'examiner encore quelques points qui se rattachent étroitement à la rédaction actuelle, dont on a pu juger l'esprit qui l'a guidée. Le premier a trait à l'influence de l'âge et de la durée de la lactation, le second à l'influence des « chaleurs », le troisième à celle de l'espacement des traites sur la composition du lait.

L'influence de l'âge et de la durée de la lactation. — Souvent, on ne peut donner leur vraie valeur aux causes que l'on estime devoir influencer le taux de la matière grasse du lait des femelles laitières, qu'à l'abri de nombreux documents statistiques. Évidemment, c'est là une singulière façon, pourra-t-on dire, d'apprécier un fait physiologique, d'en élucider la signification, d'en fixer l'importance, mais on est bien forcé de procéder ainsi pour éliminer les variables, nombreuses et désordonnées, qui peuvent masquer le fait principal.

C'est ainsi qu'en ce qui concerne les variations saisonnières, la superposition des résultats numériques portant sur un grand nombre d'animaux et recueillis, les uns dans l'hémisphère nord, les autres dans l'hémisphère sud, est fort suggestive. Elle met hors de conteste l'influence des saisons et la dégage des influences parasites, telles que celle du moment de la lactation, celle de l'époque du vêlage, etc.

Il est facile de prévoir que les innombrables documents des *Sociétés de contrôle* joueront un rôle important et contribueront à fixer certains points de la physiologie de la lactation.

Vigor (1), dans un travail ayant pour but d'apprécier l'influence de l'âge de la vache et de la durée de la lactation sur le pourcentage de la matière grasse du lait sécrété, fait appel aux chiffres qui lui sont donnés par 9.902 vaches appartenant à 212 membres de 13 sociétés de contrôle de la race Ayrshire.

Il établit que la durée de la lactation n'a pas d'influence significative sur le pourcentage moyen du lait en matière grasse et ne saurait l'affecter. Il ne s'agit donc pas d'entrevoir une *usure* de l'animal par suite d'une lactation prolongée. D'ailleurs, on sait que chez la chèvre, il n'est pas rare de voir des lactations sans fécondation et gestation nouvelles, se prolonger pendant deux ans et plus ; le taux moyen de la matière grasse n'en est pas affecté.

Le même fait, mais beaucoup plus rarement, a été constaté chez la femme.

C'est ainsi que Birk (2) cite le cas très intéressant d'une femme de trente-quatre ans, mère de plusieurs enfants qui, dix jours après son dernier accouchement, rentra comme nourrice à la Clinique infantile de l'Université de Tubingen, et allaita des nourrissons pendant près de trois ans (1.064 jours). Elle produisit pendant ce temps 2.167 litres de lait ; le dernier trimestre elle donnait encore 1 litre 1/2 de lait par jour.

(1) Vigor H.-D., The correlation between the percentage of milkfat and the quantity of milk produced by Ayrshire Cows, *The Journal of the Board of Agriculture*, Supplément n° 11, août 1913.

(2) Birk, Modifications de la composition du lait de femme pendant l'allaitement, *Monatschrift für Kinderheilkunde*, t. XXV, p. 30-35, mars 1923.

On pouvait se demander si le lait à ce moment avait encore une valeur nutritive suffisante ; l'analyse montra que celle-ci était conservée ; elle donna les chiffres suivants en grammes :

	Pour 1.000 gr. de lait	Moyenne
Matières protéiques	10,22	10
Matière	54	45
Lactose	74	70
K^2O	0,720	0,885
Na^2O	0,360	0,357
CaO	0,400	0,378
MgO	0,065	0,053
FeO	0,002	0,002
PeO^5	0,490	0,310
Chlore	0,574	0,591

Si nous revenons au travail de VIGOR, cet auteur a constaté que les vieilles vaches montrent une tendance appréciable à donner plus de lait que les jeunes, mais le taux butyreux de ce dernier serait un peu plus faible que celui des jeunes.

De même, chez les vieilles vaches, la durée de la lactation tend à être un peu plus grande que chez les jeunes.

L'influence des « chaleurs ». — En raison des relations physiologiques qui existent entre la mamelle et les organes génitaux et notamment l'ovaire, il semble naturel de penser que le trouble fonctionnel qui porte périodiquement sur celui-ci soit suivi d'un retentissement sur celle-là, partant sur le produit de sa sécrétion.

Or, de l'ensemble des faits recueillis, ici et là, par divers observateurs, il résulte qu'il n'est pas possible d'établir une relation constante, d'allure régulière, entre les « chaleurs » et la composition du lait recueilli à ce moment.

La question demande à être examinée à un double point de vue : quantitatif et qualitatif.

Un premier point doit être mis ici en relief, c'est celui qui est relatif à l'intensité des « chaleurs ». Tantôt celles-ci sont modérées, tantôt elles sont, au contraire, très vives ; elles durent un jour, en général, chez la vache, deux jours au grand maximum ; plus elles sont vives, plus elles sont courtes ; plus elles sont vives, mieux la sécrétion lactée en reçoit l'influence.

Il n'est pas niable que, si chez beaucoup de vaches, le plus grand nombre même, les « chaleurs » n'ont aucun retentissement appréciable sur la *quantité de lait recueilli*, chez d'autres, au contraire, on recueille moins de lait à ce moment. Il y a peut-être à cela une raison physiologique profonde, dérivant des relations qui ont été rappelées ci-dessus, mais il en est une autre d'ordre humain, et dont l'effet s'ajoute à la première : l'animal étant plus difficile, plus nerveux, le trayeur agacé abandonne plus tôt son travail. Mais, ainsi qu'on va le voir, il n'y a qu'une part de vérité dans cette supposition.

Des recherches intéressantes faites sur ce sujet à l'Ecole vétérinaire de Dresde, et qui sont consignées dans les graphiques ci-joints (fig. 58 à 61), sont relatifs à deux vaches : l'une aux « chaleurs » modérées, l'autre aux « chaleurs » vives, traites tantôt par un trayeur habile, tantôt par un trayeur qui l'était peu.

Chez la vache aux « chaleurs » modérées, on voit que le trayeur habile a fait rendre à la mamelle autant de lait, et du lait qui avait conservé son taux butyreux moyen, que s'il n'y avait pas eu de « chaleurs »; mais il n'en est pas de même du trayeur moins habile.

Chez la vache aux « chaleurs » vives, on note cette fois et très nettement l'influence des « chaleurs » sur la quantité de lait recueilli, parce que, malgré l'habileté du trayeur, qui a poussé la traite à fond et n'a laissé aucun résidu dans la mamelle, il y a un abaissement considérable de la quantité sécrétée ; le peu de lait recueilli est lui-même peu riche en matière grasse.

Dechambre et Giniéis (1) ont observé une diminution nette de la teneur en matière grasse, sur deux vaches Jerseyaises, à la traite du soir, le jour des « chaleurs ».

	Jour précédant les « chaleurs »				Jour des « chaleurs »				Lendemain des « chaleurs »			
	Matin		Soir		Matin		Soir		Matin		Soir	
	litres	m. g.	litres	m. g.	litres	m. g.	litres	m. g.	litres	m. g.	litres	m. g.
Vache A . . .	»	»	3	82	3	50	2,75	26	3,5	58	2,50	81
Vache B . . .	3,6	50	2,9	67	3,75	68	2,50	31	3,25	56	2,75	70

Kuhn n'a pas trouvé que la composition du lait soit modifiée en quoi que ce soit. Fascetti (2) et Bertozzi montrent, en face d'une légère diminution de la quantité sécrétée, plutôt une augmentation de la matière grasse, et peut-être — mais ce n'est pas très sensible — des substances protéiques, le taux du lactose et des cendres restant constant.

Malpeaux et Dorez ne signalent aucune différence de composition dans le lait sécrété *avant*, *pendant* et *après* le rut.

Mais si nous dépouillons d'autres documents, nous les trouvons contredisant les précédents et conduisant à cette conclusion que les « chaleurs » n'ont pas une influence très orientée, univoque sur la composition du lait, prise dans son ensemble, aussi bien que sur le taux butyreux considéré à part.

(1) Dechambre et Giniéis, *Annales de l'Ecole d'Agriculture de Grignon*, 1911.

(2) G. Fascetti, Action de la chaleur de la vache sur la constitution du lait *Revue générale du Lait*, p. 385, 15 juin 1905).

Influence de l'habileté du trayeur sur la
chez une vache aux

Trayeur habile.

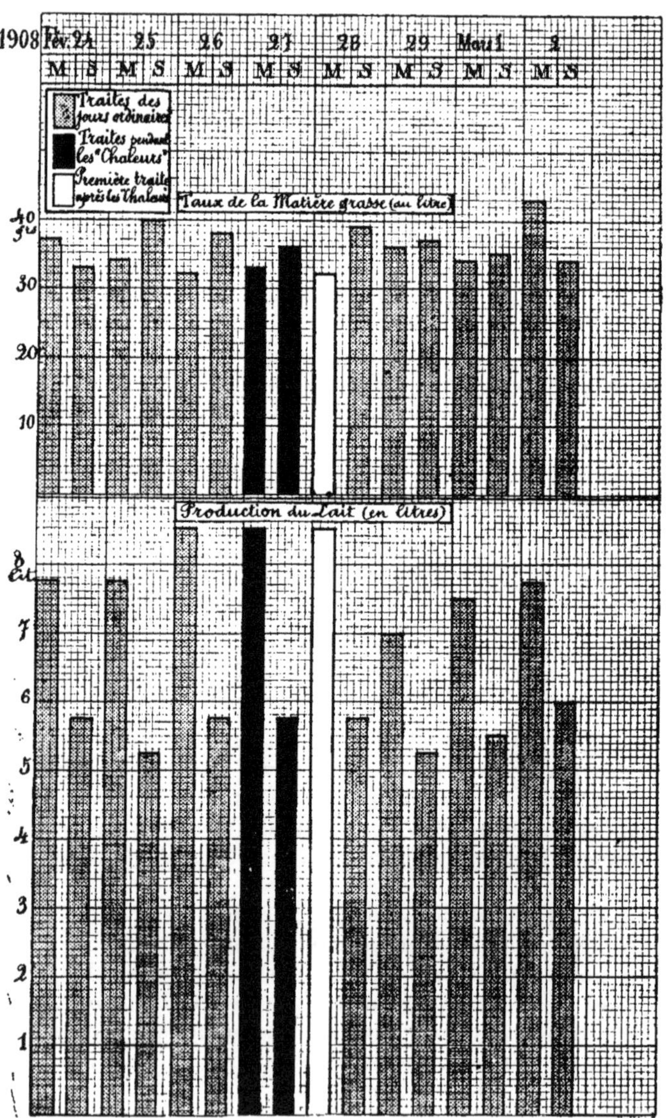

FIG. 58.

quantité et le taux en matière grasse du lait « chaleurs » modérées.

Trayeur peu habile.

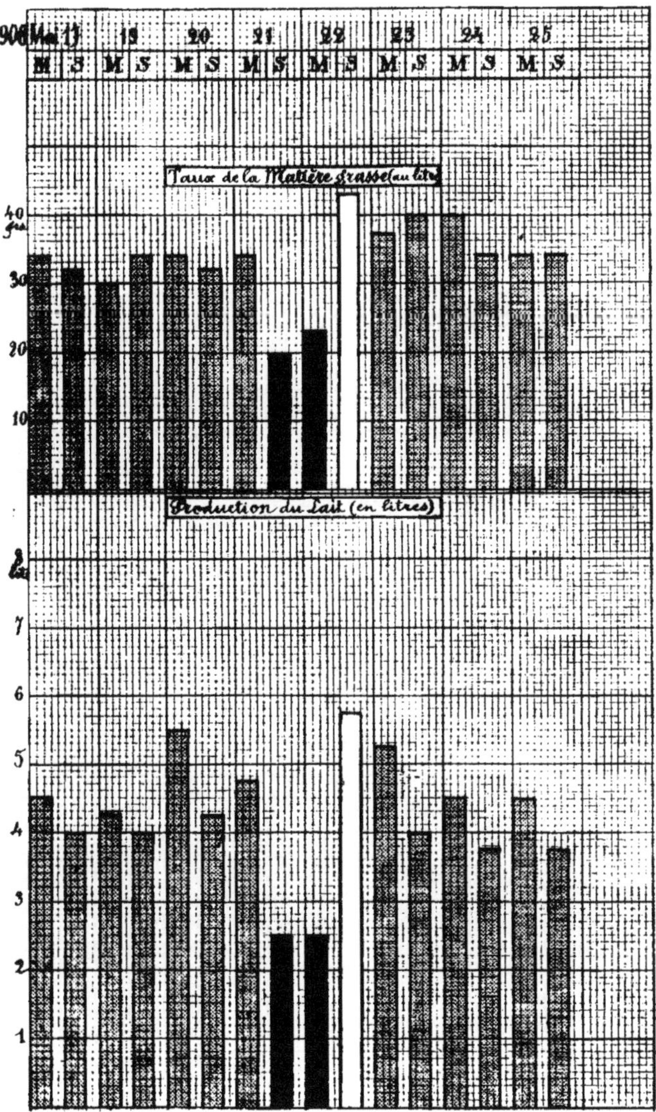

Fig. 59.

Influence de l'habileté du trayeur sur la
chez une vache aux

Trayeur habile.

(Pas de résidu dans la mamelle).

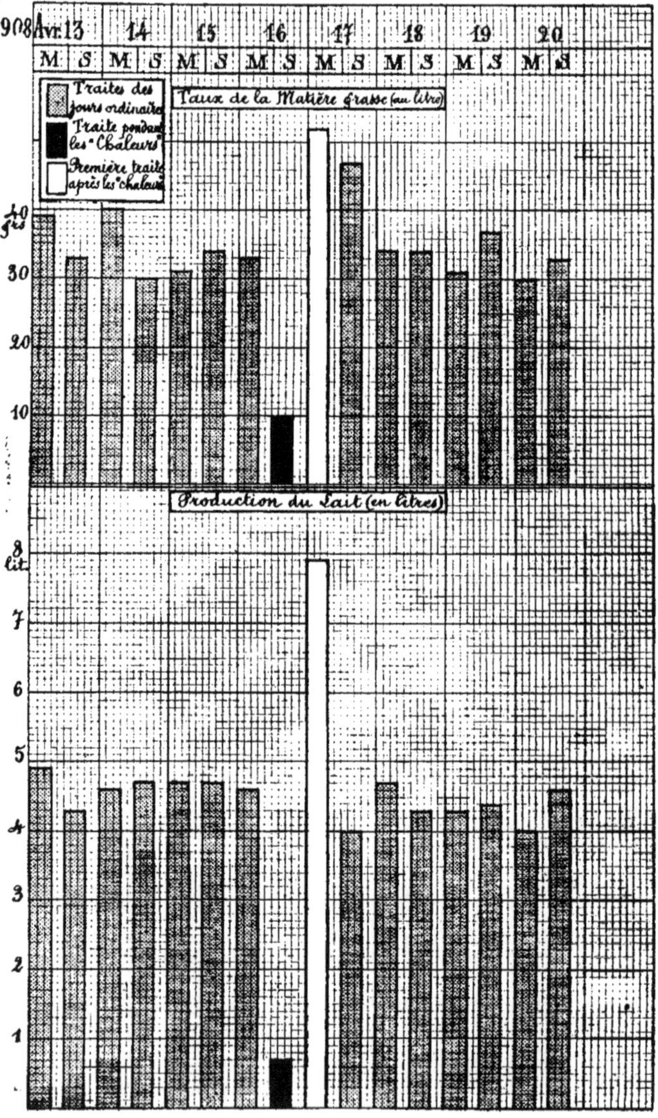

Fig. 60.

quantité et le taux en matière grasse du lait
« chaleurs » vives.

Trayeur peu habile.

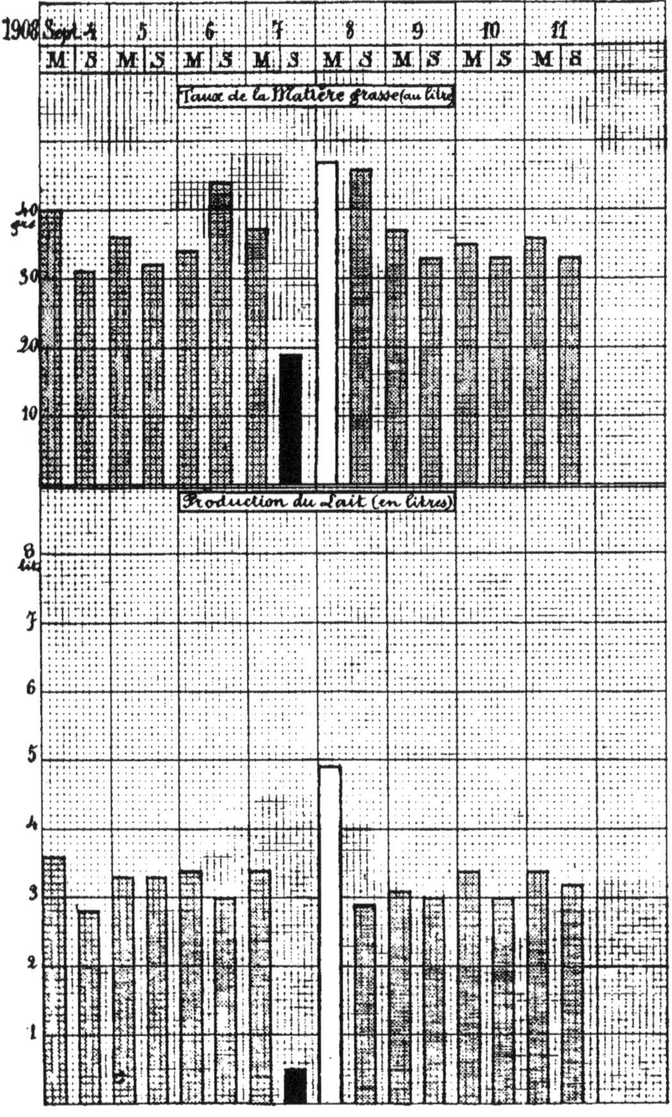

FIG. 61.

Les chiffres donnés par ROLET (1) sont également contradictoires : pour une vache, il y a augmentation de la matière grasse, pour l'autre, diminution. Il eut été intéressant de savoir si cette différence ne peut trouver son explication dans le fait qu'une des vaches, la dernière, celle sur laquelle la diminution a été constatée, n'avait pas des « chaleurs » plus vives que l'autre.

Que faut-il conclure de cet ensemble vraiment disparate ? Qu'au point de vue physiologique, des « chaleurs » *vives*, traduisant un trouble marqué de la fonction ovarienne. freinent la sécrétion lactée ; voilà qui semble hors de conteste. Mais au point de vue où se placent les experts, il n'y a que confusion. *Le lait de la vache en rut est un lait bien évidemment individuel* ; c'est même, le plus généralement, le lait d'une seule traite. Aussi le fraudeur a-t-il beau jeu à invoquer l'influence des « chaleurs » pour couvrir une fraude par écrémage par la bonne raison que nous avons à faire au lait d'une seule traite d'un seul animal sur lequel il est si difficile d'affirmer l'écrémage. L'équité nous ordonne toutefois de souligner la diminution possible de la matière grasse au moment des « chaleurs », surtout quand elles sont vives, pour mettre en garde l'expert, lequel suppose, sur la foi de documents autrefois consultés par lui, que le rut est toujours accompagné d'un enrichissement du lait en matière grasse, de ne pas conclure toujours dans ce sens.

M. CACHELEUX, directeur du Laboratoire municipal de Dunkerque, nous adresse quelques chiffres intéressants dont l'authenticité ne semble pas devoir être mise en doute (2) :

VACHE I (2)		VACHE II (2)		VACHE III (2)	
4 mai, 19 h. .	24,7	5 mai, 19 h. 30. .	29,8	20 mai, 7 h. 30. .	29,6
5 — 6 h. .	33,2	6 — 6 h. 15 . .	46,6	20 — 14 h. . .	55,6
5 — 13 h. .	48,6			20 — 19 h. 30. .	53,2

VACHE A		VACHE B	
24 avril, soir. . .	3,3	1er mai, matin . . .	21,9
25 — matin. .	70,7	1er — midi . . .	14,0
25 — soir. . .	77,6	1er — soir. . . .	23,4
		2 mai, matin. . . .	19,1
		2 — midi	32,9

9 mai matin. Lait d'un bidon rempli par deux vaches dont une « en chaleur » : 22 gr. 50.

Le taux des laits du matin des vaches I et III pourrait très bien

(1) ROLET, *Société d'Encouragement pour l'industrie nationale*. 1901.

(2) Tantôt le prélèvement a été effectué par ministère d'huissier, en présence d'un vétérinaire (vaches I, II et III), tantôt par le propriétaire lui-même, homme probe, dès qu'il constatait que la vache était « en chaleur » (vaches B et C).

se rencontrer en dehors des « chaleurs » ; l'influence de celles-ci apparaît donc moins nettement. Il n'en est pas de même pour la vache A et la vache B ; chez celle-là, il faut, en notant le chiffre exceptionnellement bas du 24 avril au matin, se demander si la traite a été effectuée à fond ; chez celle-ci, l'action des « chaleurs » trouble fortement et longtemps la qualité butyreuse du lait.

Des observations systématiques chez de nombreux animaux, *portant sur toutes les « chaleurs »*, d'une ou plusieurs de leurs lactations, demandent à être faites ; c'est la conclusion qui découle de la diversité des documents qui viennent d'être dépouillés.

L'influence de l'espacement des traites. — Des variations, en quelque sorte désordonnées, du taux butyreux du lait, découle nettement cette notion que l'on peut ériger en règle, — laquelle comporte ses exceptions, plus nombreuses même qu'on ne le pense, — que la traite du soir est plus riche que celle du matin, et que, lorsqu'il y a trois traites, c'est celle de midi qui est la plus riche ; viennent ensuite dans l'ordre décroissant, celle du soir et celle du matin.

Mais il faut tenir compte d'un fait qui est pour ainsi dire constant dans les conditions habituelles de l'exploitation laitière, c'est l'*inégalité des temps qui séparent les traites.* Quand on fait deux traites, ces temps sont parfois, pas toujours, — cela dépend de la saison — sensiblement égaux ; mais quand on en fait trois, l'intervalle qui sépare la traite du matin de celle de la veille au soir est très généralement, dans la pratique, le plus long de beaucoup.

De l'ensemble des documents présentés par différents auteurs, il semble que l'on peut énoncer la règle suivante. bien que, encore une fois, comme la plupart des règles relatives à la question que nous étudions, elle ne soit pas absolue : *Le lait d'une traite est, en général, d'autant moins riche en matière grasse, qu'il s'est écoulé un temps plus long depuis la traite précédente, et inversement.*

Sur cette question du taux butyreux des différentes traites, vient également se greffer celle de *la quantité de lait sécrétée.* Ses variations sont inverses de celles dont nous venons de parler relativement au taux butyreux, c'est-à-dire que *plus grand est le temps qui sépare une traite de la précédente, plus grande est la quantité de lait obtenue.* Je ferai remarquer que cette règle ne souffre pas d'exceptions, alors qu'il n'en est pas de même de celle qui la précède.

Huynen nous dit que la traite du matin fournit 45 % du rendement journalier, celle de midi 25 % et celle du soir 35 % avec des écarts de chaque traite avec celle qui la précède, respectivement de 10 à 12 heures, 5 à 6 et 6 à 7. Il s'agit, nous le savons, *d'un troupeau de 250 têtes.*

Les recherches de FLEISCHMANN sont parmi les premières qui soient relatives à cette question ; voici un exemple très typique qui en est extrait; 9 heures séparaient la traite du matin de celle de la veille au soir; 8 h. 1/2 celle de midi de celle du matin, et 6 h. 1/2 celle du soir de celle de midi; il s'agissait d'un important troupeau de vaches hollandaises observées à l'étable pendant six mois :

	Temps écoulé depuis la traite précédente	M. G. en gr. par kg. de lait	Lait trait en kg.
Traite du matin	9 heures	27	3,88 (42 %)
Traite du midi	8 h. 1/2	30	3,04 (33 %)
Traite du soir	6 h. 1/2	38	2,33 (25 %)

Si nous déterminons la *quantité de matière grasse produite* à chaque traite, nous trouvons pour :

Celle du matin	104 gr. 75
Celle de midi	91 gr. 2
Celle du soir	88 gr. 55

Mais, le plus souvent, les deux traites de midi et du soir sont plus rapprochées qu'elles ne le sont dans le tableau de FLEISCHMANN, ainsi d'ailleurs que celles du matin et de midi, si bien qu'entre celles du matin et de la veille au soir, le temps de neuf heures est très largement dépassé. Tous les auteurs sont d'accord, dans ces conditions, pour reconnaître que c'est la traite de midi qui est la plus riche.

Voici des chiffres donnés par BRIOUX, relatifs à 150 vaches normandes soumises au contrôle périodique mensuel pendant un an. La richesse du lait en matière grasse est d'autant plus grande que la traite donne moins de lait ; c'est la traite de midi la plus riche en même temps que la moins abondante.

	M. G. en gr. par litre de lait	Lait trait en litres	Quantité totale de M. G. en grammes
Traite du matin	32,7	6,38	208,60
Traite du midi	47,7	3,54	168,85
Traite du soir	41,5	3,90	161,85

HUYNEN parle de 28 gr. pour la traite du matin, 40 pour celle de midi et 35 pour celle du soir. BUCKLEY a relevé l'intéressant tableau de la page suivante.

CROWTHER, dans son étude si documentée, rappelle des expériences qui ont été faites à Garforth et à Cambridge, dans lesquelles *on a fait varier l'espace de temps qui sépare les deux traites, sur les mêmes animaux ;* dans le premier cas, l'expérience dura plus de neuf semaines; dans le second cas, un mois. Les résultats sont donnés dans le tableau page 176.

Influence de l'espacement des traites (Buckley).

	Groupe A, 22 vaches				Groupe B, 23 vaches				Groupe C, 18 vaches			
	Intervalles entre les traites	M. G. au litre	Poids de m. g. en gr.	Litres de lait	Intervalles entre les traites	M. G. au litre	Poids de m. g.	Lait en litres	Intervalles entre les traites	M. G. au litre	Poids de m. g.	Lait en litres
	—	—	—	—	—	—	—	—	—	—	—	—
Matin :												
1re période	9 h.-15 h.	33,20	146	4,45	9 h.-15 h.	31,15	154,50	5,10	9 h.-15 h.	31,80	158,55	5,05
2e période	7 h.-17 h.	31,85	177,20	5,45	9 h.-15 h.	31,10	166,25	5,55	11 h.-13 h.	31,20	148,15	4,75
Soir :												
1re période	9 h.-15 h.	43,15	125,5	2,90	9 h.-15 h.	43,20	145,40	3,35	9 h.-15 h.	44,70	144,05	3,25
2e période	7 h.-17 h.	45,70	101,5	2,25	9 h.-15 h.	42,60	142,25	3,35	11 h.-13 h.	39,00	157,65	4,00
24 heures :												
1re période	9 h.-15 h.	37,00	271,5	7,35	9 h.-15 h.	35,65	299,90	8,45	9 h.-15 h.	36,60	302,60	8,30
2e période	7 h.-17 h.	36,35	278,7	7,70	9 h.-15 h.	34,70	308,50	8,90	11 h.-13 h.	35,00	305,80	8,75

Expériences	Rapports des intervalles entre les traites Jour et Nuit	Matin		Soir		Rapport des traites pou		
		M. G. au litre	E. D. au litre	M. G. au litre	E. D. au litre	le taux en M. G.	le taux en E. D.	en li de l
Garforth. *a*	1 /1,67 = 9 h.-15 h.	29,55	93,09	43,90	92,70	1 /1,484	1 /0,997	1,48
— *b*	1 /1,09 = 11 h. 30-12 h. 30	32,75	92,20	39,15	92,60	1 /1,195	1 /1,005	1,18
— *c*	1 /1,67 = 9 h.-15 h.	30,30	90,95	45,30	90,53	1 /1,497	1 /0,995	1,38
Cambridge *a*	1 /1 = 12 h.-12 h.	37,50	90,75	35,55	91,90	1 /0,948	1 /1,012	1,05
— *b*	1 /2 = 8 h.-16 h.	24,0	92,40	46,05	91,90	1 /1,918	1 /0,994	1,48

Si la règle que nous avons soulignée tout à l'heure était d'application tout à fait générale, les deux laits, du matin et du soir, devraient être aussi riches en matière grasse l'un que l'autre, toutes les fois que les traites se font à intervalles égaux de douze heures.

Le fait s'observe quelquefois ; le tableau ci-dessus (Exp. de Cambridge *a)* le montre ; il n'y a qu'une différence de 2 gr. entre les deux traites. En fait foi également, le tableau ci-dessous dans lequel Crowther a réuni quelques données obtenues par différents expérimentateurs sur un grand nombre d'échantillons.

Rapports des intervalles entre les deux traites jour-nuit	Rapports des taux en M. G. correspondants
1/1 = 12 h.-12 h.	1 /1,015
1/1,1 = 11 h. 45-12 h. 15	1 /1,060
1/1,3 = 10 h. 45-13 h. 15	1 /1,157
1/1,6 = 9 h. 30-14 h. 30	1 /1,406
1/2,4 = 7 h.-17 h.	1 /1,430

Il apparaît donc que, *pour les troupeaux* de vaches dont les deux traites ont lieu à des intervalles égaux de douze heures, le lait sécrété pendant le jour et recueilli le soir n'est guère plus riche en matière grasse que celui sécrété la nuit et trait le matin, et que, d'autant plus accentuée est l'inégalité des intervalles entre les traites, d'autant plus inégale aussi est la distribution de la matière grasse dans le lait ; le lait le plus butyreux est celui qui est recueilli à une traite séparée de la précédente par l'intervalle de temps le plus court.

Mais, encore une fois, il n'y a rien qui ne soit vraiment constant dans ces observations, et souvent, même avec des traites régulièrement espacées, c'est le lait du soir qui est sur une longue période d'observation, le plus riche en matière grasse.

C'est à cette conclusion qu'aboutit Huynen. « Sur un lot de vaches non choisies, j'établis, dit-il, le régime des trois traites équidistantes avec l'espoir d'obtenir une quantité de lait plus grande et de composition plus constante. Les résultats obtenus n'ont pas été conformes à nos prévisions. Le lait du matin a conservé une richesse butyreuse notablement inférieure à celle du lait des deux autres traites. Les moyennes ont été : le matin, 29 gr. ; à midi, 37 ; et le soir, 34. »

Dans certains concours beurriers où il y a trois traites, qui se font à 6 heures du matin, midi et 6 heures du soir, on a pu constater, malgré l'égalité d'espacement des deux traites de midi et du soir avec la traite qui les précède — six heures dans les deux cas —,

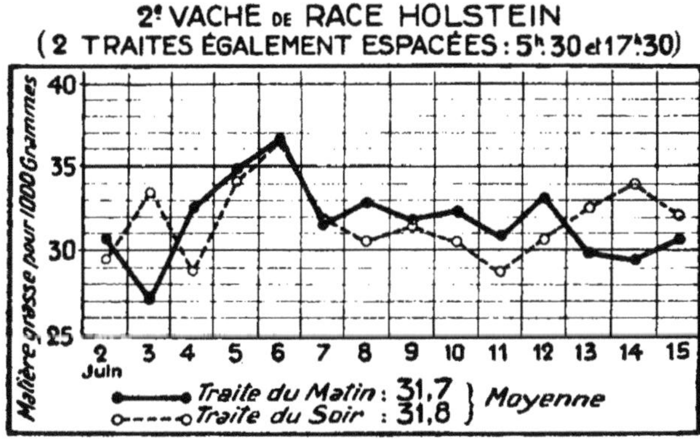

Fig. 62

que, dans l'ensemble, c'est le lait de midi qui est tout à la fois le plus abondant, de 1/2 litre environ, et plus butyreux — 6 gr. par litre à peu près, — que le lait du soir.

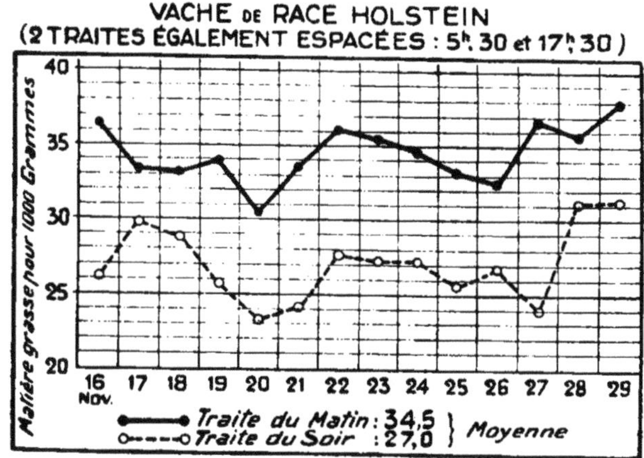

Fig. 63

Si nous nous reportons aux graphiques d'Anderson (fig. 14 et 15), nous voyons, en effet, qu'à l'égalité des espacements des traites, — égalité qui est exigée lors des épreuves de contrôle sur les animaux d'élite par les règlements américains, — ne correspond pas fatalement l'égalité ou le grand voisinage des taux butyreux des laits recueillis lors de ces traites. *C'est qu'ici il s'agit encore de lait individuels qui échappent à presque toutes les règles.* Les figures 6 à 68 qui traduisent graphiquement des documents empruntés a

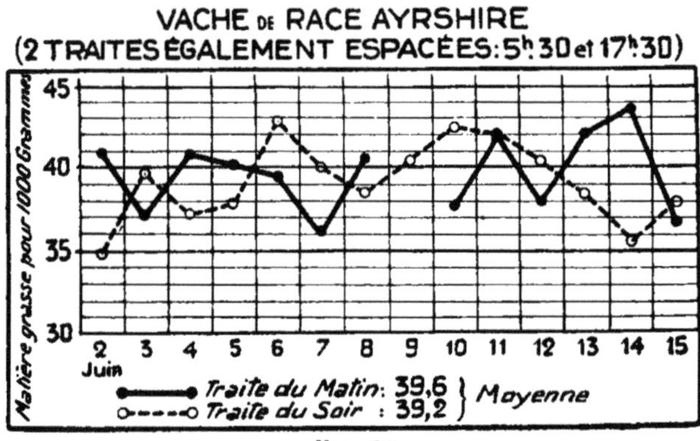

Fig. 64

travail d'Eckles et Shaw *(Bull.* 157, *loc. cit.)*, nous en apporten encore la preuve. Il s'agit d'animaux de races différentes, trait deux, trois ou quatre fois par jour à intervalles égaux. C'est qu'ic

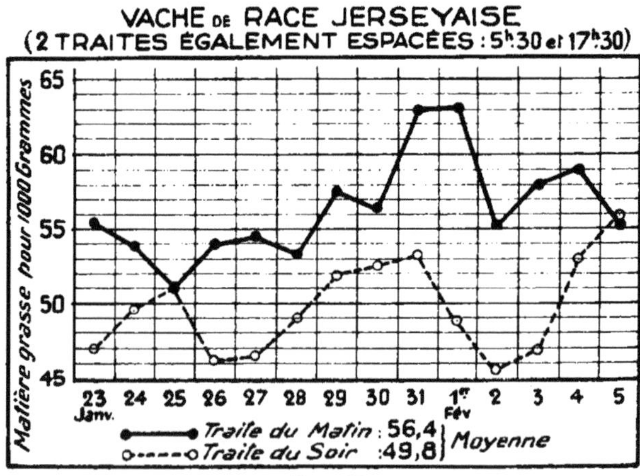

Fig. 65

il s'agit encore de laits individuels qui échappent à presque toute les règles.

Si nous nous adressons à des *laits de très grands mélanges*, la règl de l'égalisation des richesses butyreuses pour des écarts de temp égaux entre les traites ressortira mieux. Le travail de Stremler (1

(1) J. Stremler, Variations et rapports constants dans la quantité de lai

oit être considéré comme une importante contribution à l'étude

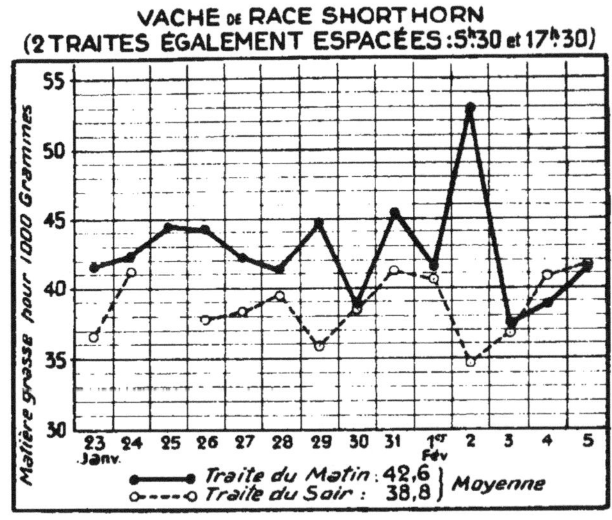

Fig. 66

lu point en ce moment examiné. Cet auteur a fait porter ses investi-gations pendant *trois ans* sur le lait de mélange de 3.500 *à* 4.000 *vaches*.

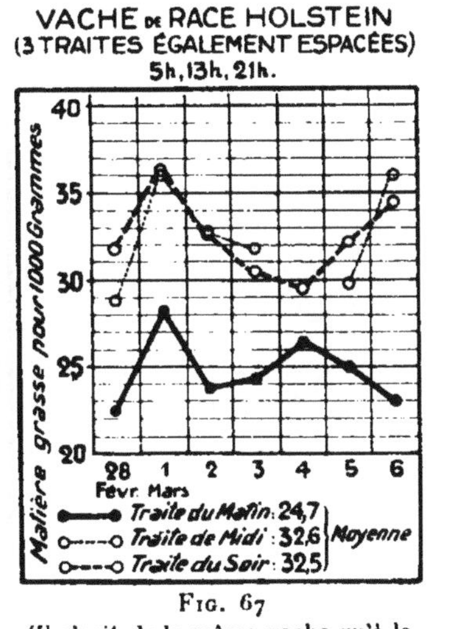

Fig. 67
(Il s'agit de la même vache qu'à la fig. 62.)

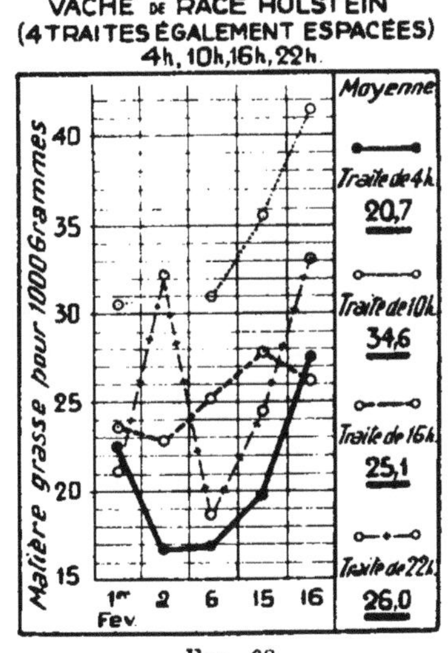

Fig. 68

et la teneur en matière grasse des traites du matin et du soir dans les différentes saisons et d'après l'espacement de ces traites, *Le Lait*, t. V, p. 353, 1925.

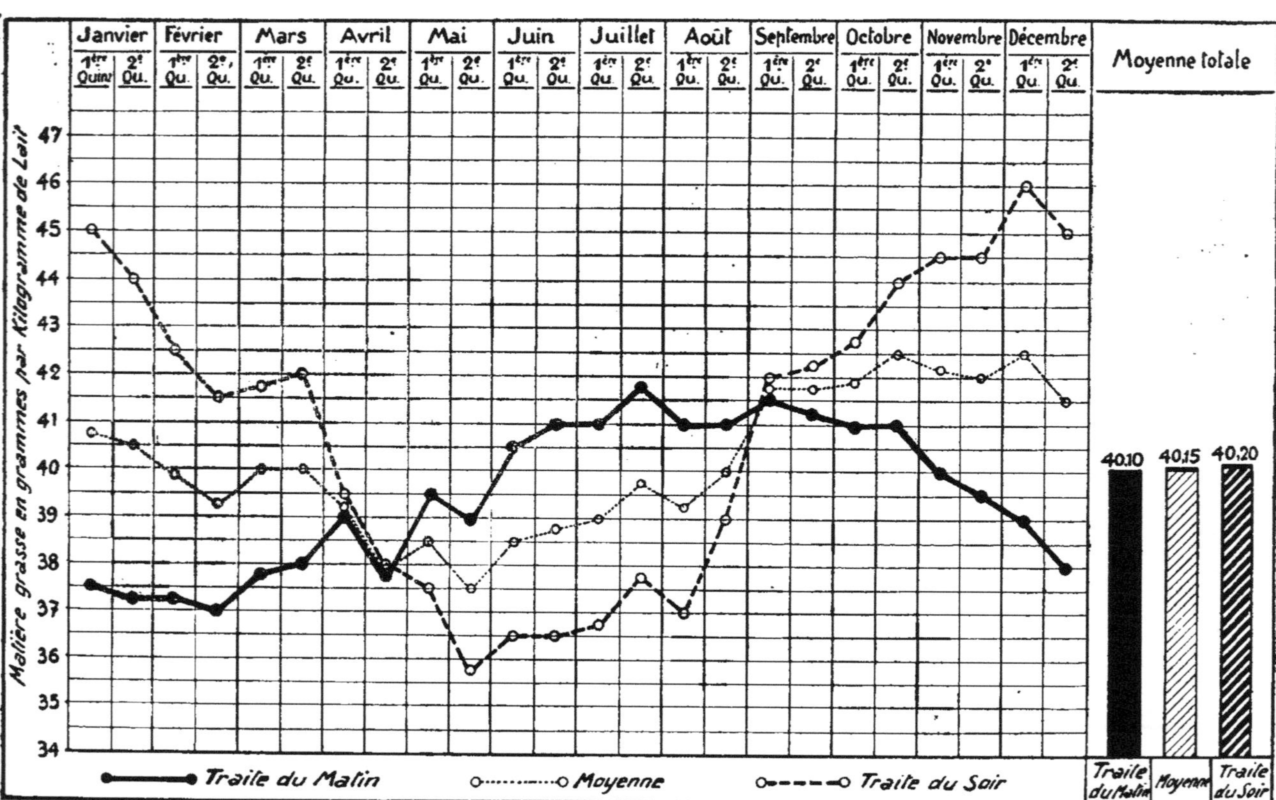
Janvier
Février
Mars
Avril
Mai
Juin
Juillet
Août
Septembre
Octobre
Novembre
Décembre
1ère Quinz
2e Qu.
Moyenne totale
Matière grasse en grammes par Kilogramme de Lait
47
46
45
44
43
42
41
40
39
38
37
36
35
34
40.10
40.15
40.20
Traite du Matin
Moyenne
Traite du Soir

Janvier
Février
Mars
Avril
Mai
Juin
Juillet
Août
Septembre
Octobre
Novembre
Décembre
Moyenne totale
Kilogrammes de Lait
9800
600
400
200
9000
800
600
400
200
8000
800
600
400
200
7000
800
600
400
200
6000
800
600
400
200
5000
7475
7489
7493
Traite du Matin
Moyenne
Traite du Soir
Traite du Matin
Moyenne
Traite du Soir

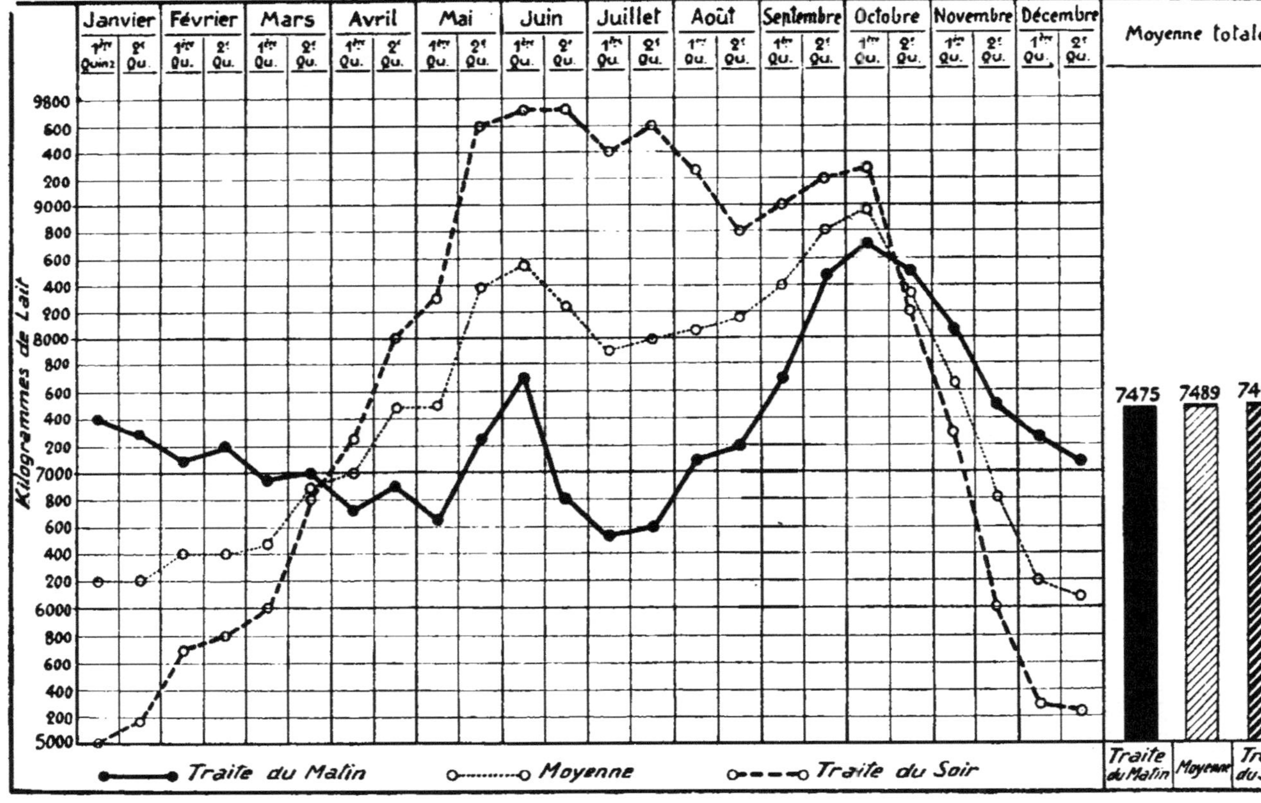

FIG. 70

C'est en ayant recours à de semblables matériaux que l'on peut extraire des chiffres une règle générale qui traduit un fait physiologique toujours difficile à percevoir au travers d'observations de courte durée portant sur un nombre restreint d'animaux. STREMLER conclut (fig. 69 et 70) à l'égale richesse des deux traites du matin et du soir lorsque les traites sont faites à douze heures d'intervalle. Ainsi se trouve précisée une intéressante donnée que les contradictions entre les auteurs tendaient à obscurcir ; mais, encore une fois, ce n'est guère que la physiologie qui en recueille le bénéfice.

Tous ces faits, dont il est possible cependant d'extraire des données pratiques en dépit des contradictions qu'on y constate, mettent en relief l'importance qu'il y a pour ceux qui livrent à la consommation le lait de leurs animaux, *au fur et à mesure des traites*, pour ceux qui ne peuvent pas procéder, en somme, au mélange des deux traites, parce que les circonstances s'y opposent — c'est le cas des nourrisseurs, des étables modèles —, de rendre aussi égaux que possible les intervalles qui séparent les traites, afin de ramener au minimum les écarts butyreux de celles-ci.

*
* *

Si les variations du taux de la matière grasse nous permettent difficilement d'extraire de tous les documents produits une règle un peu rigide, on peut penser, par contre, que des *quantités* de lait sécrétées, moins sujettes à oscillations, nous tirerons des observations plus nettes. Je veux dire par là qu'on peut se demander *s'il y a une relation très étroite entre le temps qui sépare deux traites et la quantité sécrétée entre ces dernières.*

Du tableau donné plus haut par CROWTHER, relativement aux expériences de Garforth et de Cambridge, il résulte qu'une pareille relation ne semble pas devoir être établie, car la quantité recueillie à une traite n'est jamais directement proportionnelle au temps qui la sépare de la mulsion qui précède.

Il semble que le pouvoir sécréteur de la mamelle diminue au fur et à mesure que l'intervalle séparant deux traites s'accroît ; en d'autres termes, le lait sécrété dans un intervalle de douze heures n'est pas le double de celui qui l'a été dans une intervalle de six heures, comme celui sécrété dans un intervalle de quinze heures n'est pas 1 fois 2/3, celui qui est sécrété dans l'intervalle de neuf heures.

La réplétion mammaire et l'espace offert au lait sécrété pour le loger avant la mulsion. — Pour comprendre cela, il faut se dire que, lorsque l'intervalle entre deux traites s'accroît. la tension de la glande augmente au fur et à mesure ; le lait sécrété, puis collecté, qui n'est pas appelé au dehors, fait pression dans le sens centripète sur les acini mammaires, et gêne par suite le fonctionnement des cellules qui en tapissent la paroi. De plus, s'il faut admettre, avec plusieurs auteurs, que, durant la traite, la sécrétion s'exacerbe, on aperçoit là l'intervention d'un facteur nouveau qu'il est difficile d'apprécier à sa juste valeur, car dans la quantité recueillie lors d'une traite, on conçoit qu'il soit difficile de faire la part qui revient à la sécrétion *lente* qui s'est faite peu à peu entre cette traite et la précédente, et à la sécrétion, *rapide* celle-là, qui s'effectue, pour les auteurs auxquels je viens de faire allusion, pendant la mulsion même.

Enfin, car rien n'est simple dans toutes ces questions quand on veut se donner la peine d'en faire le tour, s'efforcer d'apprécier l'importance relative de tous les facteurs qui peuvent y jouer un rôle, il faut tenir compte de l'espace offert au lait pour le collecter avant qu'il ne soit trait. Une petite glande d'une grande activité sécrétoire, se tendra plus rapidement et plus fortement qu'une glande plus volumineuse ayant plus de flaccidité ; la sécrétion sera plus rapidement gênée dans celle-là que dans celle-ci à égalité de quantité sécrétée.

Dans le même ordre d'idées, on comprend que les observations qui se rattachent au point spécial que nous examinons en ce moment peuvent affecter un aspect différent, pour les mêmes animaux, selon que leur mamelle est en plein fonctionnement ou vers la fin de son activité sécrétoire.

Influence du jour et de la nuit. — Sur l'influence que peut avoir l'espacement des traites sur les rendements en lait et le taux butyreux des traites, vient se greffer nécessairement celle du jour et de la nuit.

Dans le tableau suivant, établi par Ingle à Garforth, trois vaches en stabulation le jour et la nuit sont traites à des intervalles de six heures pendant quatre jours consécutifs. On voit que la sécrétion la plus abondante s'est faite la nuit, entre la traite de 11 heures du soir et celle de 5 heures du matin, alors que pour les trois autres espacements semblables au premier, puisqu'ils sont tous de six heures, les quantités recueillies sont sensiblement les mêmes.

	HEURE DE LA TRAITE			
	5 h.	11 h.	17 h.	23 h.
Matière grasse au litre	28,85	37,10	36,05	30,90
Quantité de lait en litres	17,60	10,35	10,55	10,55
Rapport entre la quantité recueillie aux autres traites et celle recueillie à 5 heures	1/1	0,59/1	0,60/1	0,60/1
Quantité de matière grasse obtenue en grammes à chaque traite	500	385	371,50	317,1
Rapport entre la quantité obtenue aux autres traites et celle obtenue à 5 heures	1/1	0,77/1	0,75/1	0,64/1

La tranquillité de l'animal durant la nuit plaide en faveur d'une sécrétion plus active à ce moment. Mais, en ce qui concerne la matière grasse, il n'apparaît pas, comme certains ont voulu le penser sans grandes preuves, que cette tranquillité nocturne nuise à son élaboration. La raison la plus plausible qui puisse être invoquée, c'est que, pendant la nuit, la matière grasse, du fait du repos de l'animal, cadrant avec le silence et l'obscurité, reste dans les profondeurs du tissu mammaire, et elle n'en pourra être totalement détachée que par un massage énergique de la glande à la traite qui suit.

Nous avons vu qu'en massant convenablement la mamelle au moment de la traite, on obtient un lait plus riche en matière grasse, justement parce qu'on a aidé mécaniquement à détacher les globules graisseux des parois des petits canalicules lactifères ; une traite faite à fond, mais mollement, n'aurait pas permis de les appeler tous au dehors.

On sait également, dans ces conditions, que les taux butyreux des divers fractionnements de la traite ne présentent pas les grandes différences qu'on observe lorsqu'on procède à la traite sans massage énergique préalable.

Dans les contrées où, l'été, la traite du matin a lieu de très bonne heure, et celle du soir assez tard, c'est la traite du matin qui donne couramment le lait le plus riche en matière grasse ; la règle qui joue lors de l'inégalité d'espacement des traites s'observe donc ici, mais elle joue cette fois en faveur de la traite du matin. Dans son étude, Stremler *(loc. cit.)*, confirme cette remarque. Où démêler alors une influence nette soit du jour, soit de la nuit ? On n'en voit guère la possibilité.

La multiplication des traites. — L'étude de cette question se rattache étroitement à la précédente. Le rapprochement des traites est une cause d'excitation fonctionnelle de la mamelle. « La fonction fait l'organe » dit la physiologie générale, ce qui veut dire ici que plus on multiplie les mulsions, plus on doit accroître le rendement de la glande sécrétrice, du fait de la gymnastique intensifiée à laquelle elle est soumise. Des considérations de divers ordres, scientifiques et économiques, interviennent ici pour restreindre les effets de cette gymnastique.

Physiologiquement, il y a une limite et O. Kellner a montré, en effet, que si la quantité de lait sécrétée par minute croît assez vite au fur et à mesure que les excitations manuelles de la traite se rapprochent, il arrive un moment où elle diminue nettement par suite d'une véritable fatigue de la glande.

Il faut distinguer ici entre une expérience de peu de durée, de un ou de quelques jours, et celle qui dure longtemps.

Witcher, à la *Station agricole expérimentale* du New-Hampshire, a effectué une expérience de 24 heures sur une vache Durham, et une de 72 heures sur une Jerseyaise. La Durham, qui donnait 6 kgr. 460 de lait avec 3,89 % de matière grasse, soit 250 gr., a été traite heure par heure, pendant vingt-quatre heures. On recueillit 7 kgr. 370 de lait ayant 5,27 % de matière grasse, soit 390 gr. pour la journée. Avec la Jerseyaise, soumise à la traite horaire, soixante-douze heures de suite, les résultats furent les suivants :

	Lait recueilli en kg.	Mat. gr. %	Mat. gr. totale
Avant l'expérience	4,56	6,02	275
1er jour	4,76	7,05	325
2e —	4,80	5,94	285
3e —	4 95	5,74	285

« Il est bon de remarquer, nous dit Huynen dans son travail déjà cité, que, lors de l'institution de traites multiples, on relève généralement, le premier jour du nouveau régime, une augmentation sensible de la quantité et de la richesse du lait. Mais, le deuxième ou le troisième jour, ce changement, que l'on voyait apparaître avec plaisir, cesse et au bout de quatre à cinq jours, le rendement est inférieur à celui obtenu par le régime des trois traites. »

« Lors de traites multiples horaires ou toutes les deux heures, on constate également que la quantité de lait et sa qualité varient considérablement d'une traite à l'autre et qu'aux mêmes heures les mêmes variations se reproduisent chaque jour. Ces heures varient suivant les vaches. »

Le document personnel que j'apporte en la matière a été recueilli sur une chèvre. Le tableau ci-dessous en donne les chiffres.

		Extrait sec total par litre	Matière grasse par litre	Extrait dégraissé brut par litre	Extrait dégraissé rectifié par litre	Matière grasse recueillie par jour (en grammes)	
vril. .	M.	142,25	40,65	101,6	104,75	»	»
	S.	145,30	44,5	100,8	106	»	»
— . .	M.	130,2	30,45	99,75	103	»	»
	S.	151,7	52,4	99,30	105,15	»	»
— . .	M.	130,2	31,05	99,15	102,5	»	»
	S.	147,25	46,9	100,35	105,60	»	»
— . .	M.	139,9	38,15	100,75	105	»	»
	S.	138,95	38,6	100,35	104,8	»	»
— . .	M.	138,6	38	100,6	104,9	»	»
	S.	149,9	49,9	100	105,7	»	»
— . .	M.	135,1	36,05	99,05	103	»	»
	S.	153	54,35	98,65	104,8	»	»
ai . .	M.	137,4	37,	100,4	104,5	»	»
	S.	150,3	50,85	99,45	105,2	»	»
— . .	M.	136,6	37,4	99,25	103,5	»	»
	S.	144,3	43,75	100,55	105,40	»	»

Date	Traite	Détail	Extrait sec total par litre	Matière grasse par litre	Extrait dégraissé brut par litre	Extrait dégraissé rectifié par litre	Matière gr recueillie pa (en gramm
3 mai . .	M.		128,2	27,4	100,8	103,8	»
			»	»	»	»	»
9 — . .	M.		132,85	32,45	100,4	104	»
	S.		141,6	43,3	98,30	103,8	»
10 — . .	M.	Trayon D.	117,6	17,05	100,55	102,4	»
		— G.	118,95	19,30	99,65	101,6	»
	S.	— D.	126,7	26,45	100,25	103,25	»
		— G.	131,25	31,1	100,15	103,65	»
11 — . .	M.	— D.	113,7	14,45	99,25	100,75	»
		— G.	116,95	17,90	99,05	100,90	»
	S.	— D.	122,6	21,75	100,85	103,25	»
		— G.	125,9	25,30	100,60	103,40	»
12 — . .	M. (980 cc.)		131,8	32,7	99,10	102,75	32,05
	S. (875 cc.)		145,25	45,65	99,6	104,75	39,95
13 — . .	M. (980 cc.)		137,4	36,65	100,75	104,85	35,90
	S. (875 cc.)		145,25	45,80	99,45	104,60	40,00
14 — . .	M. (1.000)		154,8	56,8	98,	104,45	56,80
	S. (800)		171,25	75,25	96	104,35	60,2
15 — . .	M. (1.025)	7 h. 30 .	162,65	64,2	98,45	105,8	65,80
	870	180 9 h. . .	213,6	119,75	93,85	108,20	21,55
		170 11 h. . .	178,75	80,8	97,95	107	13,75
		160 13 h. . .	182,8	83,75	99,05	108,85	13,40
		180 15 h. . .	165,8	65,9	99,9	107,40	11,85
		180 17 h. . .	170,1	70,1	100	108	12,60
16 — . .	M.	1.200 cc. 6 h. 30 .	148,55	47,45	101,10	106,40	56,95
	1.020	220 8 h. 30 .	193,2	96,20	97	106,70	21,25
		210 10 h. 30 .	178,95	79,9	99,05	108	16,80
		220 12 h. 30 .	164,2	65	99,2	106,65	14,30
		220 14 h. 45 .	158,65	59,05	99,6	106,5	13
		150 16 h. 30 .	167,2	66,05	101,15	108,80	9,90
17 — . .	M.	1.700 7 h. . .	136,6	34,4	102,2	106,30	58,5
	1.320	900 9 h. . .	188,1	91,85	96,25	106,25	27,55
		250 11 h. . .	171,25	73,10	98,15	106,5	18,25
		270 13 h. . .	153,6	53,6	100	106,2	14,50
		240 15 h. . .	155,35	56	99,35	105,9	13,45
		260 17 h. . .	146,15	46,8	99,7	105,2	12,15
18 — . .	M.	1.500 cc.	137,9	39	99,9	104,4	58,50
	S.	950 cc.	156,55	60,85	96	102,70	57,80
19 — . .	M.	1.650 cc.	139,4	42,5	96,9	101,5	70,10
	S.	1.000	150,2	53,2	97	102,9	53,20
20 — . .	M.	1.400	144,3	46,85	97,45	102,6	65,60
	S.	900	164,2	67,25	96,95	104,45	60,50
21 — . .	M.	D. 800	138,25	40,8	97,45	101,9	»
		G. 600	138,30	40,35	97,95	102,35	»

Il y aurait intérêt à reprendre cette expérience en la faisant durer. Il faut noter que dès qu'on ramène le nombre de traites à deux, on voit baisser assez rapidement le rendement et la qualité chimique.

Scientifiquement donc, il est hors de contestation que *la multiplication des traites augmente la quantité de lait sécrétée et en améliore la qualité*, mais il importe de distinguer, sur ce terrain, les traites trop nombreuses effectuées en vue d'une expérience de *celles que la pratique peut accepter.* Entre le système des deux traites et celui des trois, c'est celui-ci qu'il faudrait toujours adopter, si des considérations d'ordre économique (crise de main-d'œuvre, notamment), n'avaient pas à intervenir. En tout cas, le système des trois traites s'impose pour les vaches à grand rendement. Ne voyons-nous pas les Américains du Nord recourir aux quatre traites régulièrement espacées pour les animaux d'élite soumis à un contrôle permanent ?

*
* *

Tous les documents que j'ai donnés relativement au lait de troupeaux nous montrent que, même avec des troupeaux ayant un nombre important de têtes, nous avons pu noter des oscillations du taux de la matière grasse. surprenantes, voire déconcertantes pour ceux qui se font une idée par trop arrêtée de la fixité du taux de cette substance.

Aucun des documents produits n'est exceptionnel, remarquons-le bien, une fois de plus.

Si les oscillations du taux butyreux des laits individuels s'amortissent dans un troupeau, sans cependant s'annuler tout à fait, et d'autant mieux que le nombre de têtes considéré est plus grand, d'autant mieux encore que l'on prend soin de mélanger le lait du matin avec le lait du soir, qu'adviendra-t-il lorsque nous mélangerons des laits de plusieurs troupeaux, petits ou grands, ou des laits de provenances multiples, ainsi qu'il est fait par les ramasseurs. Dans ce cas, la formule que nous donnions plus haut : $\Sigma \frac{M.\ G.}{n}$ s'applique vraiment tout à fait, car le nombre n peut être très grand. Mais s'applique-t-elle jusqu'au point qu'on ait un chiffre rigide, le fameux 40 gr. par litre qui est le chiffre généralement admis aujourd'hui en France pour nombre de laits de mélange.

Pour conclure avec assurance — si tant est qu'on le puisse toujours en une pareille matière — il faudrait être placé dans les conditions où se trouvent les grands ramasseurs, les grandes laiteries qui travaillent sur plusieurs milliers de litres de lait. Or, il s'en faut que ces conditions soient toujours réalisées.

Je ferai remarquer également que le ramassage des grandes villes, en France, du moins, s'opère à l'aide de dépôts dont les importances sont très différentes. Tel dépôt travaillera 5.000 à 6.000 litres de lait, quelquefois 10.000 et même plus, car de l'hiver à l'été le chiffre peut doubler, — on l'a vu tripler, quelquefois même quadrupler, — mais il en est qui ne travaillent que des quantités inférieures : 1.500 à 2.000 litres.

De plus, il faut considérer que la quantité de lait ramassée par un dépôt se trouve répartie en un certain nombre de tournées, et il ne est d'assez petites. Une voiture se déplacera pour ramasser quelquefois 200 à 300 litres ; ce sont là des frais considérables, mais qui sont exigés par l'allure de l'industrie laitière, car il importe de faire des sacrifices pour savoir se conserver des fournisseurs.

Notons encore que les tournées de certains centres de ramassage affectent des régions géologiquement différentes et que, dans certains points de la France qui envoient leur lait sur Paris, sur Lyon, il y a rarement unité de race. Bref, tous ces facteurs, dont l'influence est parfois difficilement mesurable, mais qui interviennent, — dans quelle mesure précise, je ne saurais le dire, — jouent, à n'en pas douter, dans les laits de ramassage. Il ne faudrait cependant pas en exagérer l'importance pour des fins critiquables, et on doit toujours s'employer à regarder les choses de près, à dépouiller avec la plus grande circonspection, les divers éléments du dossier qui se présente à vous. Nous aurons l'occasion d'ailleurs de quitter ce langage abstrait pour passer dans le concret, lorsque nous envisagerons la conduite à tenir dans le cas de fraudes, tant par mouillage que par écrémage.

La matière grasse et l'extrait dégraissé brut. L'extrait dégraissé rectifié. — Quand on considère les oscillations du taux de la matière grasse dans un lait individuel, — et nous savons qu'elles peuvent être considérables, — nous voyons en même temps que le taux de l'extrait dégraissé varie en sens inverse de celui de la graisse, à tel point que *des laits extrêmement gras peuvent donner l'apparence d'être mouillés sur le simple vu du chiffre de l'extrait dégraissé au litre.*

L'étude analytique des divers prélèvements d'une même traite met d'ailleurs très bien cette notion en évidence, et c'est parce qu'il y avait lieu de penser que la qualité chimique de l'extrait dégraissé ne devait pas varier depuis le commencement jusqu'à la fin de la traite, alors qu'elle subissait, en apparence, des modifications profondes, que j'ai été amené à proposer un calcul de rectification dont il va être question maintenant (1).

Si nous nous reportons à la fig. 25 qui traduit les observations de Cailloux, et que nous en distrayons l'observation n° 4, en y ajoutant les indications analytiques relatives au lactose, à la caséine et aux cendres, nous relevons le tableau suivant qui nous permet de construire la fig. 71.

Importance des fonctionnements	Matière grasse	Lactose	Caséine	Cendres	Extrait sec	Extrait dégraissé
1.000 cc. . .	12,32	45,24	35,25	7,80	104,37	92,05
1.000 — . .	29,61	44,28	34,15	7,62	120,06	90,45
1.000 — . .	39,48	43,61	32,06	7,46	127,32	87,84
1.000 — . .	50,06	42,32	31,81	7,01	135,74	85,68
400 — . .	91,17	40,65	30,20	7,08	137,36	82,19

(1) Ch. Porcher, Influence du taux de la matière grasse sur celui de l'extrait dégraissé dans le lait *(Annales des Falsifications*, p. 385, nov.-déc. 1915).

Chiffres bruts et chiffres rectifiés du taux des constituants du lait dans les divers fractionnements d'une même traite.
(Vache no 4, fig. 25)

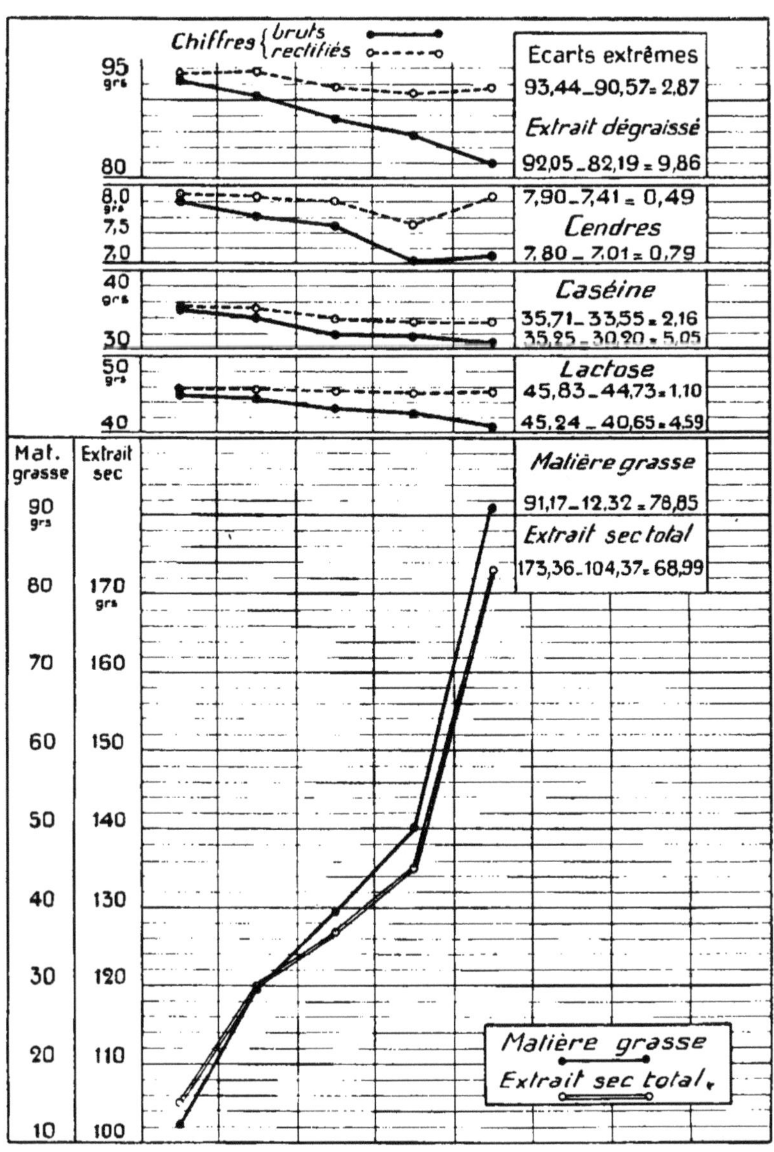

Fig. 71

Nous ne pouvons plus parler ici de la fixité relative, tant du taux de l'extrait sec dégraissé que de celui de ses constituants, au cours des divers fractionnements. Les écarts extrêmes sont, en effet, fort grands : près de 10 gr., pas loin de 11 % pour l'extrait sec dégraissé ; cette même proportion, nous la retrouvons à peu de chose près, pour le lactose : 10,1 % ; les cendres 10,1 % ; pour la caséine, nous avons même du 14,3 %.

De tels résultats sont en opposition avec l'idée que l'on peut se faire du mécanisme de la sécrétion lactée, idée qui s'appuie sur la connaissance du processus histologique de celle-ci. Nous savons que les globules graisseux, qui se trouvent dans le dôme de la cellule, constituent comme des enclaves dispersés dans la partie qui va choir lors de la décapitation de la cellule, pour constituer le côté non gras du lait. Elle doit être d'une composition relativement fixe, ce que ne paraissent pas montrer les chiffres ci-dessus, puisqu'ils sont très dissemblables. Je vais montrer que ce n'est que d'apparence, et nous y arriverons par le raisonnement très simple suivant :

Dans le premier fractionnement, il y a 92 gr. 05 d'extrait dégraissé par litre de lait, et dans le dernier, 82,19, soit une différence de 9 gr. 86 (10,7 % par rapport au premier chiffre, 12 % par rapport au second).

Or, nous devons remarquer que les 92 gr. 05 appartiennent à 1 litre de lait ne contenant que 12 gr. 52 de graisse, et les 82 gr. 19 à 1 litre de lait possédant 91 gr. 17 de graisse. En admettant le chiffre 0,93 pour la densité de la matière grasse, nous dirons que le premier fractionnement contient ses 92 gr. 05 d'extrait dégraissé dans 1.000 cc. — 13 cc. (volume occupé par les 12 gr. 3 de graisse), soit 987 cc., et que le dernier fractionnement contient ses 82 gr. 19 du même extrait dans 1.000 cc. — 100 cc. (volume occupé par les 91 gr. 17 de graisse), c'est-à-dire 900 cc. Il est facile maintenant de calculer le taux de l'extrait sec dégraissé dans le lait parfaitement écrémé, c'est-à-dire dans ce milieu que nous supposons relativement fixe de composition et qui contenait la matière grasse en émulsion.

E. D. B. étant l'extrait dégraissé brut, E. D. R., l'extrait rectifié, M. G., le poids de la matière grasse au litre (de densité = 0,93), on a ·

$$\text{E. D. R} = \frac{\text{E. D. B} \times 1.000}{1.000 - \dfrac{M.\ G}{0{,}93}}$$

La quasi-fixité de l'extrait dégraissé. — Tous calculs faits, nous trouverons pour le premier fractionnement de la traite : 93,44 et pour le dernier 90,57 ; la différence entre les deux n'est plus que de 2 gr. 87, soit du 3 % par rapport au premier, du 3,1 % par rapport au second. On peut donc parler maintenant d'une quasi-fixité du taux de l'extrait sec dégraissé dans les prélèvements successifs de la même traite dont les richesses en graisse étaient fort dissemblables.

Nous raisonnerions de la même façon pour les principaux constituants de l'extrait sec dégraissé : lactose, caséine, cendres, et nous aboutirions à un résultat identique.

L'examen attentif de la figure 71 nous montre qu'avant le calcul de rectification auquel je viens de procéder, les taux de l'extrait sec dégraissé et des éléments non gras du lait, suivent une courbe pour ainsi dire régulièrement descendante, ce qui implique l'existence de variations continues, pour chacun d'eux. En réalité, il n'en est rien, car rectification faite, le taux de ces éléments étant calculé sur le lait dépourvu de sa graisse, on voit que les courbes se relèvent nettement et deviennent sensiblement parallèles à la ligne des abscisses, témoignant par là d'une fixité non douteuse de composition des laits des divers fractionnements, considérés indépendamment de la graisse qu'ils contiennent.

La figure 72 se rapporte aux trois premières observations de la fig. 25. Je n'y ai inscrit que les renseignements relatifs à l'extrait dégraissé et à ses constituants, pour le premier et dernier fractionnement.

Il en est de même pour la figure 73 qui traduit des documents de la thèse de Desbarrières (1) ; mais là, je me suis contenté de parler des chiffres bruts et rectifiés de l'extrait sec dégraissé.

On voit maintenant que des laits qui sont faibles en extrait dégraissé et qui peuvent être inculpés de mouillage, notamment dans les races dont l'extrait dégraissé est normalement assez bas, voient cet extrait se relever et se rapprocher d'un chiffre admissible, lequel peut permettre de ne plus supposer la fraude, lorsqu'on procède à la rectification dont j'ai indiqué ci-dessus le principe. Je dirai même qu'il est absolument nécessaire de la faire pour les laits en question.

On parle souvent, lorsqu'on envisage des laits de grande moyenne, des chiffres de 90 gr. d'extrait dégraissé et de 35 gr. de matière grasse au litre ; rectification faite, le chiffre de 90 gr. devient 93 gr. 60.

Il faut bien noter que le chiffre brut de 90 gr. dont il vient d'être question et le chiffre correspondant rectifié de 93 gr. 60, n'ont leur véritable signification que si on les associe à celui de 35 gr. de matière grasse.

Nous pouvons maintenant faire le travail inverse : admettre un

(1) Eug. Desbarrières, *Etude sur les laits de Touraine* (Thèse Pharmacie, Paris, 1909).

Chiffres bruts et chiffres rectifiés du taux des divers constituants du lait dans le premier et le dernier fractionnement d'une même traite.

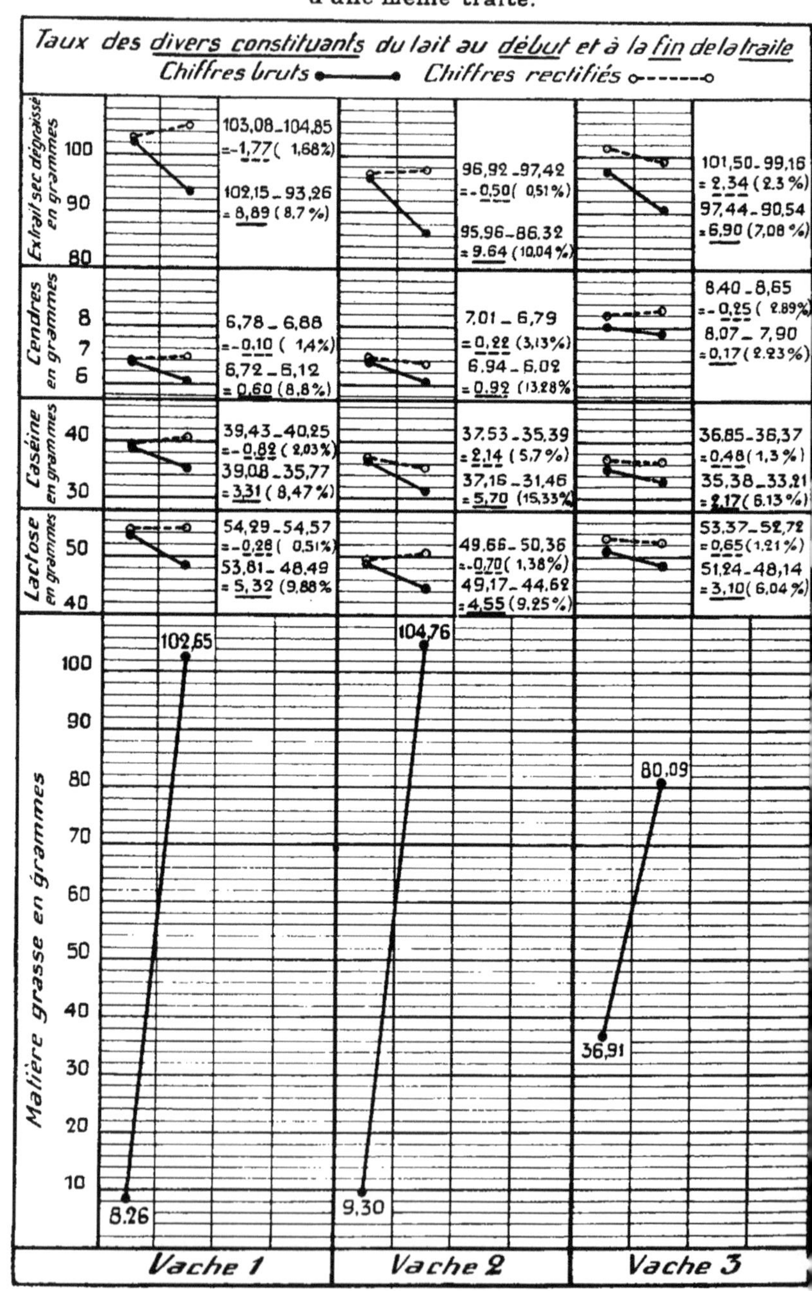

Fig. 72

chiffre brut constant de 90 gr. d'extrait dégraissé, et voir ce qu'il devient après rectification, avec des taux butyreux de plus en plus élevés. Nous aurons alors le tableau suivant :

Taux en matière grasse	Extrait dégraissé brut	Extrait dégraissé rectifié
0	90	90
5	90	90,50
10	90	91
15	90	91,50
20	90	92
25	90	92,55
30	90	93,10
35	90	93,60
40	90	94,15
45	90	94,70
50	90	95,25
55	90	95,80
60	90	96,35
65	90	96,90
70	90	97,50
75	90	98,10
80	90	98,70
85	90	99,30
90	90	99,90
95	90	100,50
100	90	101,10

La première conséquence à tirer de ce tableau, c'est qu'on ne peut pas dire que des laits différant par leur taux butyreux, mais ayant tous 90 gr. d'extrait dégraissé par litre de lait *entier* possèdent *réellement* le même taux d'extrait dégraissé sec.

Par ce tableau, je montre que l'égalité des extraits secs dégraissés n'est qu'une apparence devant des taux butyreux dissemblables ; tout à l'heure, j'avais montré, par contre, que l'inégalité des extraits secs dégraissés, dans le cas des divers prélèvements d'une même traite, n'était aussi qu'une apparence.

Il est bien certain que le calcul de rectification dont il vient d'être parlé est obligatoire pour toutes les espèces. Dans ma première étude sur cette question, je le montre à propos de la chèvre et de la femme, et il est inutile d'y revenir. D'ailleurs, il n'y a qu'à se reporter au tableau des fig. 14 et 15 pour en apprécier une fois de plus, la nécessité.

Mais, où un pareil calcul présente particulièrement de l'intérêt, c'est lorsque, cessant d'examiner, cette fois, les divers prélèvements d'une même traite, nous envisageons les traites différentes de plusieurs jours consécutifs. Les calculs de rectification diminuent la valeur des écarts extrêmes et rapprochent ainsi des chiffres qui semblaient éloignés. La signification des opérations que j'indique ici a une portée beaucoup plus grande qu'il semble à première vue ; ce n'est plus sur le terrain de l'analyse qu'il faut alors se placer,

Chiffres bruts et chiffres rectifiés du taux de l'extrait sec dégraissé dans le premier et le dernier fractionnement d'une même traite.

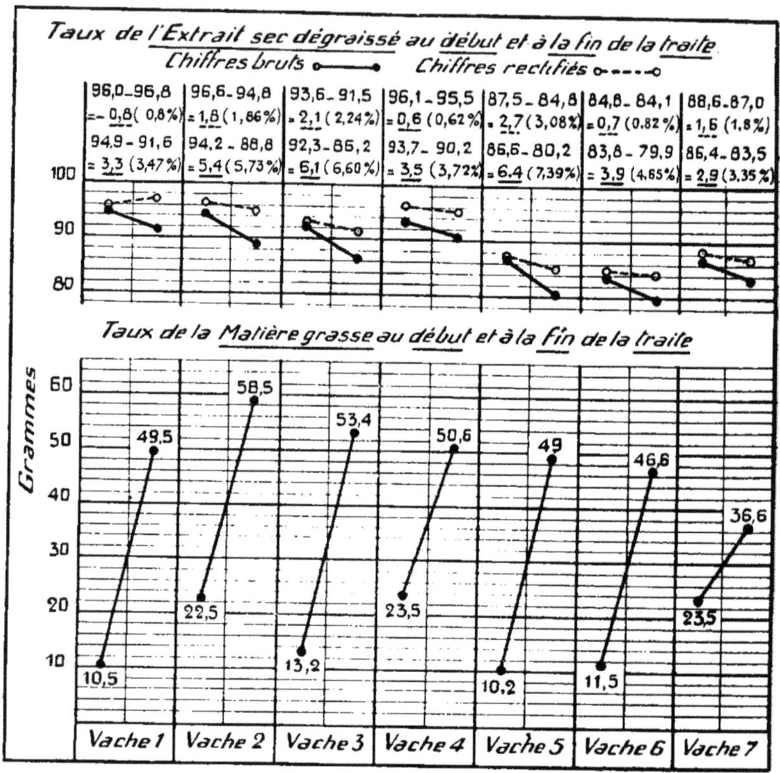

Fig. 73

mais bien plutôt sur celui de la physiologie. En montrant que, sur un grand nombre de jours qui se suivent, l'extrait dégraissé rectifié éprouve peu de variations — et celles que l'on note sont beaucoup plus faibles que celles de l'extrait dégraissé brut — on en peut conclure au fonctionnement régulier, sans à-coups, de la cellule mammaire, à un équilibre très grand dans le jeu chimique de son protoplasma.

Le calcul de rectification dont il vient d'être parlé n'a pas été compris par tous les auteurs. Les uns ont fait remarquer, ce qui est juste, que, pas plus que l'extrait dégraissé brut, l'extrait dégraissé rectifié était relativement fixe, *dès l'instant où l'on considérait des animaux différents.* Mais j'ai eu le soin, dans mon étude, de bien dire que je n'entendais traiter que les *laits individuels*. La rectification proposée ne l'a été que pour *des laits qui se touchent dans le temps*, et il n'en est pas qui se touchent davantage que les divers échantillons d'une même traite. Si nous prenons *un même animal*, les laits de quelques jours qui se suivent se touchent, évidemment, un peu moins, mais ils rentrent cependant dans le cadre de mes observations.

Cette rectification pourrait se comprendre également pour des *laits de très grands mélanges*, dont la composition varie peu sur une période assez étendue, mais je préfère la garder pour les laits individuels, car sur ce terrain, elle est inattaquable. J'ai voulu, en somme, montrer qu'il fallait toujours étroitement lier les indications de l'analyse portant, d'une part, sur la matière grasse, et d'autre part, sur l'extrait dégraissé. Les deux chiffres qui y répondent ne sont nullement indépendants l'un de l'autre, ils ne jouent pas isolément dans le cadre du lait individuel, et les oscillations relativement restreintes qu'éprouve le taux de l'extrait sec dégraissé sont en grande partie liées aux variations beaucoup plus considérables, très considérables parfois, que subit celui de la matière grasse.

Le calcul de rectification dont je parle, en éliminant l'influence de ces dernières variations, supprime leur retentissement sur le taux de l'extrait dégraissé, qui devient ainsi beaucoup plus fixe.

Certain auteur fait remarquer que l'emploi de la correction en question tendrait à faire envisager la production de la graisse par la cellule, comme un épiphénomène indépendant de la production des autres éléments, ce qui n'est pas, et ne peut pas être, dit-il. Je ferai observer qu'il n'a rien compris à l'idée qui a pu me guider en proposant cette rectification, et il ne m'est jamais venu à l'esprit de considérer la production de la matière grasse comme un épiphénomène ; ce serait singulièrement méconnaître ou plutôt mal interpréter les enseignements de la physiologie, à laquelle, si limités qu'en soient les résultats au point de vue de la fonction mammaire, on ne saurait jamais faire trop d'emprunts.

Le calcul de rectification, disais-je tout à l'heure, est d'application aux laits d'un même animal. C'est en l'utilisant (fig. 74) pour l'extrait dégraissé des laits dont les taux butyreux sont donnés dans la figure 1 de cette étude, que j'ai été amené à mettre en valeur l'importance du phénomène de la rétention mammaire, à montrer dans quelles conditions il joue, et à établir que ses conséquences s'intensifient toutes les fois que l'espacement entre deux traites consécutives s'accroît, parce qu'on facilite ainsi au niveau des acini, la résorption des éléments du lait sécrété antérieurement, notamment des cristalloïdes.

L'établissement de la courbe de l'extrait dégraissé rectifié montre que, très régulièrement — les exceptions sont rares — l'extrait dégraissé, le soir, a un taux plus élevé que le matin (1).

Cette donnée, très importante, à mon avis, n'a pu être mise à jour qu'en procédant à la rectification de l'E. D. B., car, sans cela, c'est plutôt la conclusion inverse qu'on aurait tiré des chiffres non rectifiés, l'E. D. B. du soir étant très généralement plus faible que l'E. D. B. du matin.

L'examen des courbes nous montre, en effet, que des E. D. B. de 96 gr. d'une part, et de 103 gr., d'autre part — la différence, 7 gr., est appréciable, — donnent, après rectification, des extraits dégraissés rectifiés sensiblement les mêmes.

Inversement, on voit que du 18 au 21 février, les E. D. B. matin et soir sont presque égaux ; mais la rectification permet d'établir que le soir, l'E. D. B. est régulièrement un peu plus fort que le matin.

Les écarts extrêmes dans les chiffres de l'E. D. B. sont beaucoup plus grands que dans ceux de l'E. D. R. Nous notons 8 gr. dans le premiers cas, et 5 gr. dans le second. Les chiffres de l'E. D. R. oscillent autour de 103, allant en chiffres ronds de 101 à 106 ; une amplitude qui ne dépasse pas 5 % est, dans le cadre des phénomènes biologiques, tout à fait remarquable ; aussi nous permet-elle de conclure à la quasi-fixité de l'extrait dégraissé chez un animal donné.

La rétention lactée. — A quoi est due la différence pour ainsi dire constante, régulière, entre le poids de l'extrait dégraissé du matin et celui du soir ? Je crois qu'il faut l'imputer à une partielle rétention lactée, provoquant une diminution, surtout du lactose, par résorption de ce sucre au niveau des acini mammaires. Dans mon travail des *Archives de Médecine des Enfants* (2), j'ai montré quelles modifications profondes la rétention lactée pouvait entraîner dans la composition du lait, j'en ai signalé le mécanisme et les effets ; je prie le lecteur de s'y reporter.

La rétention lactée joue, dans le cas présent, pour nous expliquer que le lait du matin doit nécessairement posséder un extrait dégraissé inférieur à celui du soir. Les traites, pour l'animal dont il est question en ce moment, au nombre de deux par jour, n'étaient pas faites à

(1) Il est évident que ceci n'est vrai que dans le cas où la traite du matin est plus éloignée de celle de la veille au soir qu'elle ne l'est de celle du soir du même jour. Si l'inverse a lieu, si la traite du matin est plus voisine, dans le temps, de celle de la veille au soir qu'elle ne l'est de celle du soir du même jour, c'est sur la traite du soir que la rétention jouera le mieux.

(2) Ch. Porcher, la Rétention lactée (*Archives de Médecine des Enfants* p. 569 et 625, octobre et novembre 1920).

intervalles égaux ; il y avait de quatorze à quinze heures d'écart entre la traite du soir et celle du matin, le lendemain, neuf à dix entre celle du matin et celle du soir du même jour (voir la note 1 de la page précédente). Pour cette raison déjà, la traite du matin est plus abondante que celle du soir ; conséquemment, il y a plus de réplétion de la glande le matin que le soir ; la tension intramammaire étant plus grande, la résorption s'en trouve facilitée.

Lorsque je fis part de mes premières recherches sur la rétention à la *Société des Experts-Chimistes*, M. Meillère fit observer qu'il n'y avait qu'à multiplier les traites chez la vache hollandaise pour voir s'élever nettement son extrait dégraissé. Cette remarque venait corroborer très fortement mon propre exposé, en même temps qu'elle ramenait l'attention sur ce qu'on savait déjà : plus on fait de traites, plus le lait est abondant, et plus il est riche en matière grasse comme en extrait dégraissé. A rapprocher les traites, en effet, on diminue, on supprime même la rétention lactée.

Un peu plus haut, j'ai examiné quelle pouvait être la relation possible entre l'espacement des traites et le taux de la matière grasse, et l'on a vu que, en rapprochant les traites chez la chèvre comme chez la vache, on élevait leur richesse en matière grasse.

La question demanderait à être reprise à la lumière des enseignements qui découlent de la mise en jeu du phénomène de la rétention lactée, parce que, non pas seulement la matière grasse, mais tous les principes du lait sont en cause, à commencer par les cristalloïdes qui, vu leur plus facile diffusion, sont affectés dans la plus forte proportion et plus rapidement. Cela fera l'objet d'un autre travail qui paraîtra plus tard.

*
* *

Chez un *lait individuel*, l'extrait dégraissé se comporte donc différemment de la matière grasse. Celle-ci, peut-on dire, est une *valeur variable*; celui-là, une *valeur relativement fixe*. Elle est quasi-fixe dans ce que j'appellerai la zone moyenne d'une lactation, partant de trois semaines à un mois après le vêlage, s'arrêtant au moins un mois avant que la mamelle soit mise à sec. Sur cette longue période de temps, les variations de l'extrait dégraissé ne sont pas considérables ; en tous cas, cet extrait ne connaît pas les amplitudes si fréquentes et si marquées qu'affecte la matière grasse, à condition, bien entendu, que l'animal soit toujours bien nourri et régulièrement trait, qu'il n'ait pas de mammite, que jamais on ne fasse jouer la rétention lactée anormalement.

Je me permettrai, en passant, de faire une petite remarque d'ordre analytique, que je considère comme très importante. Pour avoir un extrait dégraissé, aussi exact que possible, il est indispensable de déterminer par pesée l'extrait sec total, de doser la matière grasse également par pesée. Lorsqu'on fait des déterminations pondérales en utilisant des formules du genre de celle de FLEISCHMANN, en se contentant de prendre la densité et de doser la matière grasse au GERBER, on risque de faire des erreurs qui peuvent atteindre 2 ou 3 gr., et même plus, lorsqu'il s'agit de laits anormaux ou malades, dont la composition s'écarte beaucoup de celle des laits normaux ; mais, même avec des laits normaux, l'erreur n'est pas douteuse. Celle qui porte sur la matière grasse est faible, parce que la méthode de GERBER est satisfaisante, mais celle qui porte sur l'extrait dégraissé peut être plus forte ; la détermination de la densité, à moins qu'elle soit faite avec les balances aérothermiques, peut comporter, lorsqu'on utilise le densimètre ordinaire, une erreur, tenant à une lecture difficile, et lorsqu'on se sert de la règle d'ACKERMANN, cette erreur se trouve aggravée. Les méthodes par pesées sont plus certaines.

La formule de FLEISCHMANN, dont le disque d'ACKERMANN est une traduction commode pour la pratique, car elle permet des calculs rapides, convient pour des laits de grands mélanges se rapprochant d'un type assez stable, mais lorsqu'il s'agit d'analyser des laits individuels ou bien de fixer un point de doctrine au cours de recherches qui demandent, avant tout, de la précision, il faut, délibérément, abandonner l'emploi de cette formule, de celles qui lui ressemblent et de ce disque ; ils n'ont pas été faits pour de telles espèces.

Et je n'ajoute pas, du moins en ce qui concerne la France, l'erreur faite couramment, et sur laquelle L. PANCHAUD a justement appelé l'attention (1). Lorsqu'on utilise le disque d'ACKERMANN, avec le dosage au GERBER, les indications du disque tout comme celles du GERBER d'ailleurs, répondent à 100 gr. de lait et non à 100 cc. qui pèsent 103 gr. ; l'erreur faite régulièrement depuis de longues années est donc de 3 % ; les résultats annoncés sont toujours trop faibles, puisqu'un extrait sec de 86 gr. donné avec le disque d'ACKERMANN, est en réalité de 88,58 pour un litre.

Une indication au GERBER de 30 gr. permettant, avec le chiffre de la densité, de donner, selon la règle d'ACKERMANN, un extrait sec total de 123 gr., conduit donc à un extrait dégraissé de 93 gr. Or, tout ceci n'est qu'erreur si l'on rapporte ces chiffres au litre ; les 30 gr. du GERBER sont donnés pour 1.000 gr. de lait et pour un litre cela ferait 30 gr. 90 ; les 123 gr. d'extrait sec total sont également donnés pour 1.000 gr. de lait et pour un litre cela ferait 126 gr. 70. Dans ces conditions, l'extrait dégraissé au litre devient 95 gr. 8 ; l'erreur considérée simplement au point de vue des calculs atteint donc 2 gr. 80.

(1) L. PANCHAUD, Un malentendu à propos de la formule de Fleischmann. (*le Lait*, 3e année, p. 777, 1923).

s'explique ainsi la grosse différence que l'on constate souvent entre l'extrait dégraissé donné par pesée et celui qui dérive des calculs dont il vient d'être question.

* * *

L'extrait dégraissé et les laits de mélanges. — La relative fixité de l'extrait dégraissé, chez les laits individuels, nous en trouvons la trace dans de nombreux travaux ; elle n'est discutée par aucun, et je ne pense pas qu'il soit utile de revenir sur ce point. On conçoit alors, lorsqu'il s'agit de laits de mélanges, que nous arriverons très vite à amortir les variations individuelles des extraits dégraissés de chaque vache dont le lait entre dans le mélange, et ainsi, le taux de l'extrait dégraissé de pareils laits se rapprochera, au point de se confondre même avec lui, du taux correspondant du lait moyen courant de la région où les prélèvements sont faits.

Ici, toutefois, il ne faut pas généraliser trop rapidement et, avant de conclure, on doit se demander combien il y a d'animaux dont les laits constituent le mélange. On doit également être fixé sur les races de ces animaux. Il n'est pas rare, dans les petits troupeaux, de voir mélanger Hollandaises, Normandes, Flamandes ; le propriétaire l'a souvent fait sciemment, en vue de se constituer un lait moyen, tant par la matière grasse que par l'extrait dégraissé ; il a fait appel à des Hollandaises pour avoir beaucoup de lait ; à des Normandes dont la production tout en étant abondante, quoiqu'a un degré moindre, est plus riche, dans le sens complet du mot, pour corriger la faiblesse butyreuse et celle de l'extrait dégraissé du lait de la Hollandaise.

Mais bien qu'il s'agisse d'un troupeau d'un petit nombre de têtes (3 ou 4), les femelles n'en sont pas toujours à la même période de leur lactation ; les neutralisations cherchées par le propriétaire ne jouent pas toujours dans la même mesure et il peut se faire — ceci n'est pas pur verbe, mais répond à des faits observés — que dans un troupeau d'un petit nombre de têtes, il y ait quelques oscillations, tant du côté de l'extrait dégraissé, que du côté de la matière grasse, tantôt dans un sens, tantôt dans l'autre, selon que la production abondante, mais moins riche, l'emporte ou non sur la production moins abondante, mais plus riche.

Il n'y a donc, dans le cas d'un troupeau d'un petit nombre de têtes, que des cas d'espèces qui doivent être examinés avec le plus grand soin; la recherche de la vérité exige, en effet, que toutes les précautions soient prises ; le travail est plus compliqué, c'est vrai, mais il doit en être ainsi fait.

IV. — LES FRAUDES PAR ÉCRÉMAGE ET PAR MOUILLAGE

Il me reste maintenant à faire la synthèse des nombreux documents, si variés, si discordants pourront penser quelques-uns, si troublants, diront encore quelques autres, qui remplissent les pages précédentes. Nous l'orienterons du côté de la recherche de la fraude.

Pour l'instant, je me contenterai de l'image grossière d'un lait, telle qu'elle nous est donnée, d'un côté, par sa matière grasse, et, de l'autre, par son extrait dégraissé. Je n'entrerai dans le détail de l'extrait dégraissé qui comprend le lactose, les matières protéiques et les matières minérales, que si cela sera nécessaire ; leur somme, pour l'instant, suffit à mon exposé.

Quant à l'extrait sec total, somme de la matière grasse et de l'extrait dégraissé, il n'a qu'une valeur globale sans aucune signification ; il doit, de toute nécessité, être disséqué en ses deux morceaux principaux.

La baisse de la matière grasse fait soupçonner l'écrémage et celle de l'extrait dégraissé, le mouillage ; mais nous allons voir sans tarder la différence très grande qui existe dans la façon d'apprécier l'une et l'autre de ces fraudes.

Les deux causes de la diminution frauduleuse du taux butyreux: *a)* **l'écrémage;** *b)* **le mouillage copieux**. — Un taux faible de matière grasse peut résulter de deux opérations différentes qui peuvent jouer isolément ou se combiner. Il y aura *écrémage proprement dit,* c'est-à-dire enlèvement au lait entier d'une façon ou de l'autre, d'une partie de sa matière grasse ; ou bien, *le mouillage aura été tellement copieux* que, sans qu'il ait été nécessaire d'écrémer, la matière grasse, comme les autres éléments constitutifs de l'extrait sec, se trouve diluée à un point tel que son taux en est très affaibli ; au premier examen, l'inculpation d'écrémage saute aux yeux, mais lorsque le quantum du mouillage aura été déterminé, on pourra constater que le taux primitif de la matière grasse du lait origine avant la fraude pouvait très bien ne pas permettre une semblable inculpation.

Enfin, les deux fraudes dont il vient d'être parlé peuvent être combinées ; elles le sont souvent dans le but de rétablir une densité que l'écrémage fait augmenter, car lorsque celui-ci a été effectué, le fraudeur ajoute de l'eau. C'est à l'expert, derrière les résultats de son analyse, à mettre en relief l'association des deux fraudes.

Pour juger du mouillage, on doit faire appel au taux de l'extrait dégraissé, mais pour apprécier ce dernier de la manière la plus équitable qui soit, ce taux doit être rapporté à celui du lait complètement débarrassé de sa matière grasse. A mon avis, et, cette fois, dans toutes les circonstances, sans réserve aucune, on doit procéder au calcul de rectification dont j'ai plus haut souligné l'importance.

La figure 75 le prouve et il n'est nul besoin de la commenter. Dans les quatre éprouvettes, c'est du même lait qu'il s'agit, mais

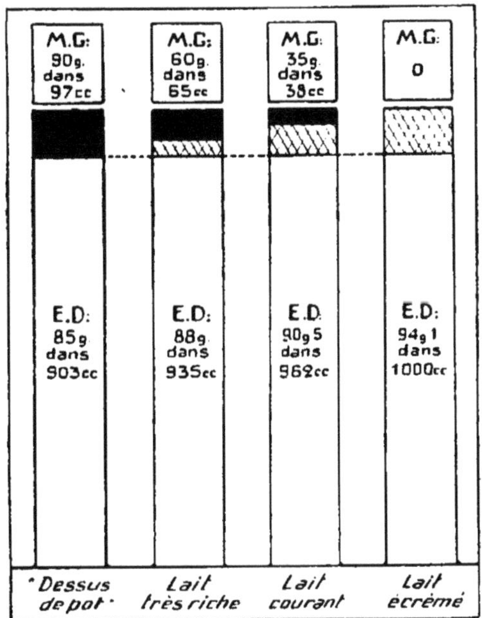

Fig. 75.

leurs richesses en matière grasse sont variables. Alors que le lait complètement écrémé a un extrait sec plutôt élevé, nous voyons que le « dessus de pot » a un extrait dégraissé faible qui, examiné en soi, sans qu'il y ait à côté le taux de la matière grasse, laisserait supposer l'écrémage. Le calcul de rectification dont il a été question ci-dessus montrerait qu'il n'en est rien.

L'écrémage élève le taux de l'extrait dégraissé. — Si l'écrémage affecte *directement* le taux de la matière grasse en l'abaissant, par contre, il améliore *indirectement* celui de l'extrait dégraissé. Inversement, si l'on surcharge un lait de matière grasse, en y ajoutant de la crème, on amoindrit son extrait dégraissé par litre de lait entier.

Le mouillage affecte dans le même sens le taux de la matière grasse et celui de l'extrait dégraissé. — Avec le mouillage, nous n'avons pas cette opposition ; cette fraude retentit toujours dans le même sens et dans les mêmes proportions sur la matière grasse et sur l'extrait dégraissé ; mais son affirmation et sa mesure ne peuvent et ne doivent dépendre que de l'examen de l'extrait dégraissé rapporté au litre de lait écrémé.

Il peut se faire que l'addition d'eau à un lait très riche en matière grasse puisse encore laisser le taux butyreux au-dessus des limites ordinairement admises ; l'inculpation d'écrémage échappera alors à l'analyse, mais celle de mouillage ne saurait être écartée ; le point cryoscopique est altéré et, en même temps, la constante moléculaire simplifiée est abaissée (1).

Dans certains rapports d'expertise, il m'a été donné de lire que le mouillage était nié parce que le taux butyreux était assez élevé. Disons que, derrière l'erreur de justice, il y a plus : une grave faute de jugement préjudiciable à la poursuite d'une fraude avérée.

* * *

Le Congrès international pour la répression des fraudes, qui s'est réuni à Genève en 1908, a, sur la proposition de la délégation française, donné du lait la définition suivante : « Le lait est le produit intégral de la traite totale et ininterrompue d'une femelle laitière, bien portante, bien nourrie et non surmenée. Il doit être recueilli proprement et ne pas contenir de colostrum.

« La dénomination de « lait » tout court, ne s'applique qu'au lait de vache. »

Cette définition, qui s'est conservée depuis, sinon toujours dans ses termes, mais du moins dans son esprit et qui inspire la rédaction du décret du 25 mars 1924, est à base physiologique. Elle est, en effet, complète, physiologiquement parlant, puisqu'elle vise les trois points essentiels : 1° la *bonne santé* ; — peut-être eut-il été bon de faire allusion dans cette définition à l'état de la mamelle, car sur une bonne santé générale peut très bien se greffer une mauvaise santé locale (mammite) — ; 2° une *bonne nourriture* — sous-entendue bonne par sa qualité et par sa quantité — ; 3° une *traite à fond. Elle ne donne aucun chiffre* ; *elle ne pouvait d'ailleurs pas en donner ;* telle qu'elle est, elle se trouve, par son premier paragraphe, d'application à toutes les espèces, à toutes les races, à tous les pays, et s'il lui avait fallu passer de l'abstrait au concret, elle eut été dans l'obligation de donner des chiffres et ceux-ci auraient pu toujours être discutés. Il suffit, en effet, que nous nous reportions à tous les documents des pages qui précèdent pour constater, en passant d'une ligne à l'autre ou d'une page à l'autre, des différences marquées dans des espèces identiques.

(1) Ch. Porcher, la Constante moléculaire simplifiée. Etude critique sur sa valeur (*le Lait*, III, p. 364 et 447, 1923).

On s'explique alors la réserve du législateur. Mais lorsqu'il nous faut aller sur le terrain de la pratique et nous trouver dans l'obligation de manier des chiffres — c'est le cas des services administratifs de la répression des fraudes et de tous ceux, officiels ou non, qui gravitent autour de leur action —, il n'est plus possible d'observer la même retenue. Heureusement que pour discuter avec fruit, chiffres en mains, ces services, leurs agents, les chimistes, les vétérinaires ont de nombreux jalons à leur disposition. Ils sont constitués tant par les analyses publiées dans les livres, les revues ou les comptes rendus des Sociétés savantes, que par leurs documents personnels.

Les concours beurriers et l'analyse chimique du lait. — Pour un chimiste fixé à demeure dans une région déterminée, on doit reconnaître que ce sont les documents personnels, amassés avec les ans, qui ont la force probante la plus solide. J'ajouterai que, quoi qu'on en ait dit, les concours beurriers et laitiers qui iront en se multipliant, ne seront pas sans nous apporter des documents d'une réelle valeur. Le but de ces concours, a-t-on dit, n'est pas, en effet, d'établir la composition moyenne des laits, mais de comparer en quantité et en qualité, la production laitière d'un certain nombre d'animaux placés dans les mêmes conditions.

Ce n'est peut-être pas tout à fait vrai et, à ce sujet, diverses opinions ont cours. Pour M. Eug. Roux, il faut voir dans les concours beurriers la possibilité d'établir une sélection entre les animaux, puisqu'on « compare, en quantité et qualité, leur production laitière ». Pour bien d'autres, et c'est le grand nombre, ladite comparaison a une valeur réduite. Si M. Lavoinne (1) nous dit : « Le concours beurrier se présente comme un contrôle supplémentaire ne faisant généralement que confirmer publiquement les données du contrôle mensuel effectué à la ferme », nous ne pouvons cependant pas ne pas reconnaître que c'est avec justesse que R. Gouin (2) critique le concours beurrier de Paris, et ses observations peuvent s'adresser à d'autres concours beurriers. Les classements dans ces concours ont d'autant moins de valeur que le recrutement des concurrents s'étend sur des zones plus grandes.

Le *concours beurrier*, c'est l'épreuve de deux jours, dans des circonstances qui ne sont pas celles de tous les jours, tandis que le *contrôle laitier*, qui s'exerce sur une année entière, a pour lui la durée,

(1) A. Lavoinne, les Sociétés de contrôle laitier en Seine-Inférieure *(le Lait*, t. II, p. 527, 1922).

(2) R. Gouin, Réflexions sur le concours beurrier de Paris *(la Vie agricole et rurale*, t. XXV, n° 28, p. 23-24, 12 juillet 1924).

et il est pratiqué dans les conditions où vivent normalement les animaux.

A. CHOLLET, qui souligne les réflexions de GOUIN, fait remarquer que les résultats fournis par les concours beurriers ne peuvent indiquer la valeur d'une race, ni même celle d'un individu. Ils soulignent cette valeur, mettent en relief une donnée quantitative intéressante, qui vient très souvent, heureusement, confirmer ce que dit, d'autre part, le contrôle laitier ; mais pour que l'on soit assuré qu'il ne s'agisse pas là d'une surprise, comme en peuvent donner les variations butyreuses chez un seul animal, il importe de confier le contrôle dudit animal au contrôle laitier permanent, instrument de durée.

Comme le fait remarquer R. GOUIN, le véritable but des concours est « d'appeler l'attention sur le contrôle de la production laitière et beurrière, et sur son rôle dans la sélection des reproducteurs... Et, en entretenant entre les éleveurs, une émulation profitable, de contribuer à la multiplication des *Sociétés de contrôle*, qui sont le véritable moyen pratique de faire progresser la production laitière du pays. » C'est ce que dit en termes analogues, M. Letard (1) : « Le concours, tel qu'il est pratiqué, constitue une *épreuve de démonstration de l'utilité du contrôle*, plutôt qu'un critérium de la valeur comparée de nos races. »

Le grand mérite des *Sociétés de contrôle* a été, justement, de mettre en relief les grandes différences butyrogènes des animaux laitiers, et leurs conséquences, à ce point de vue, sont considérables. Celui des *concours beurriers* n'est pas moindre dans une direction voisine ; c'est d'avoir secoué l'opinion trop arrêtée de certains qui ne jugeaient pas, comme ils l'auraient dû, *de la fréquence, de l'étendue et de l'irrégularité des oscillations du taux de la matière grasse chez des laits individuels.*

L'expert et la documentation régionale. — L'importance qu'il y a pour un expert, opérant dans une région déterminée, de se constituer une documentation personnelle qui lui permettra de mieux apprécier les cas délictueux, comporte toutefois une réserve qui s'applique surtout aux pays de petite production, lesquels sont dans la nécessité, devant l'augmentation de la consommation du lait, de faire appel à des pays producteurs éloignés parfois de 200, 300, 400 kilomètres et même plus. Depuis longtemps, Paris reçoit du lait dans ces conditions, et son bassin laitier s'agrandit chaque année ; mais nous voyons maintenant le Midi de la France, la Provence et

(1) E. LETARD, le Concours laitier et beurrier du Concours agricole de Paris (*Revue des Abattoirs*, mai-juin 1925, p. 92).

la Côte d'Azur recevoir du lait du Dauphiné et des Savoies, lequel ainsi franchit au moins 500 kilomètres quand il va à Cannes et à Nice.

Les laits « locaux » et les laits « de régions éloignées ». — Les comparaisons deviennent donc difficiles entre les laits locaux et les laits d'importation venant de régions très différentes.

Le lait-type. — Le chimiste qui, consciencieusement, aura réuni de nombreux résultats d'analyses de laits *normaux* de sa région — et j'insiste sur le caractère *normal*, parce que, bien des fois, certains laits individuels proviennent d'animaux ayant des troubles mammaires, et alors ils ne sont plus normaux — se fera, sans doute, et assez vite une idée juste de ce que peut être la composition moyenne des laits qu'il a l'habitude d'examiner, et, dans nombre de cas, je ne dis pas tous — on verra tout à l'heure pourquoi — il lui sera possible de comparer le lait poursuivi au lait moyen, sorte de lait-étalon, de lait-type, *valable pour la région dans laquelle il exerce, mais seulement pour cette région.* Je suis amené ainsi à faire la critique du fameux lait-type, dont on a tant parlé, dont j'ai présenté certains aspects comme rapporteur d'une Commission nommée par la *Société des experts chimiques* pour l'interprétation de l'analyse des laits (1).

Cette critique qui a souvent été faite est d'ailleurs facile. Evidemment, si le lait-type avait la prétention de pouvoir satisfaire à toutes les exigences, il serait aisé de démontrer la fragilité d'une semblable conception. Mais si on restreint l'application du lait-type à une aire qui ne soit pas trop étendue, si on en détermine la valeur numérique pour une même contrée assez limitée, en s'adressant à des animaux d'une même race, il n'est pas douteux qu'on obtienne ainsi une moyenne à laquelle on pourra se reporter avec avantage quand on devra juger certains laits de mélange, puisque la composition du lait-type ayant été établie d'après un très grand nombre d'échantillons, pourra, par conséquent, être considérée comme le reflet de ces derniers.

Si l'on fait sortir le lait-type du cadre qui lui est tracé par ces considérations, il devient une utopie, il perd ses caractères et son application inconsidérée à l'examen de cas pour lesquels il n'a pas été créé, jette sur lui un discrédit dont il est difficile de le relever.

Le rapport de la Commission du Conseil d'hygiène de la Seine de 1857. — A lire les travaux, livres, articles qui traitent de l'analyse du lait dans ses rapports avec les fraudes, on s'aper-

(1) Ch. Porcher, Rapport à propos d'un jugement de Cour d'appel en matière de mouillage (*Ann. des Falsif.*, p. 216, juin-juillet 1916).

çoit que tout le mal vient d'une mauvaise interprétation des conclusions d'une Commission nommée par le préfet de police en 1857. L'idée du lait-type, à défaut du mot, a pris, en quelque sorte, naissance dans ce rapport.

L'expression qui est née par la suite a séduit ; l'emploi du lait-type présentait, en effet, de la commodité. C'était un guide utile pour le débutant sans expérience en matière d'interprétation ; il servait au juge d'instruction à classer les affaires ; la défense pouvait s'en prévaloir utilement. Le lait-type avait l'apparence, mais rien que l'apparence, d'une rigidité mathématique, devant laquelle pouvait s'incliner l'appréciation du magistrat, ce qui était d'ailleurs *souvent*, mais *pas toujours* le cas.

Les minima et les maxima. — Au lait-type se joint fatalement la notion d'une moyenne de composition, de laquelle il ne saurait s'écarter trop, dans un sens ou dans l'autre ; or, ce qui a compliqué l'idée que l'on avait du lait-type, c'est de l'avoir entouré de *minima* et de *maxima* qui n'ont que peu, sinon rien, à voir avec lui.

Dans le rapport auquel j'ai fait allusion tout à l'heure, j'avais construit un graphique dans le but d'être amené ainsi à définir ce qu'il faut entendre par moyenne, et je pensais qu'il en découlerait nécessairement la critique de l'abus dans lequel tombent trop aisément quelques experts qui font appel à ce qu'ils appellent la composition minima. Ce graphique avait été construit d'une façon, en somme, schématique, mais je ne pensais pas alors, et je ne le pense pas davantage aujourd'hui, qu'il s'éloignait par trop de la réalité. J'en trouve la raison dans des graphiques semblables du travail de Huynen. Au lieu d'être établis sur 1.000 laits théoriques, comme l'avait été le mien, ceux-ci le sont sur 5.525 laits individuels quand il s'agit de l'extrait dégraissé, sur 7.370 quand il est question de la matière grasse. J'y ajoute le graphique relatif aux densités et qui porte sur 7.500 échantillons ; ce sont donc là des documents d'une réelle valeur (fig. 76, 77, 78) et qui ont bien leur place dans cette étude.

Ces graphiques visent des laits dont la richesse en matière grasse est modérée et dont l'extrait dégraissé — extrait *brut* et non pas *rectifié* ; on devine l'intérêt qu'aurait présenté la rectification — est en moyenne inférieur à 90 gr. au litre.

Si l'on s'adressait à la race normande, puis aux races parthenaise et jerseyaise plus beurrières, l'allure des documents n'en serait pas sensiblement modifié ; l'ensemble du graphique 77 serait reporté vers la droite pour la race normande plus beurrière que la hollandaise, et un peu plus encore pour les races parthenaise et jerseyaise plus beurrières que la normande ; j'en dirai autant du graphique correspondant à l'extrait dégraissé qui, pour les races dont l'extrait dégraissé est plus élevé que celui de la hollandaise, serait, lui aussi, décalé vers la droite, tout en conservant la même physionomie générale, ou peu s'en faut.

La moyenne. — Le graphique 76 de l'extrait dégraissé présente le *bloc* de la moyenne, qui fait une vigoureuse hernie au milieu de l'ensemble ; je n'en dirai pas autant pour le graphique de la matière grasse. La hernie du milieu est moins marquée ici, ce qui tient évidemment à la grande variabilité du taux butyreux des laits individuels.

Si sur la figure 76 des extraits dégraissés nous prenons ceux qui vont de 85 à 93 gr., nous avons un total de 3.758 laits, soit 68 % de l'ensemble.

Le choix des chiffres 85 et 93 n'est pas très arbitraire, car, entre les ordonnées qui leur correspondent et l'ordonnée qui précède celle de 85, l'ordonnée qui suit celle de 93, il y a une descente plus rapide que celle que l'on peut observer entre deux ordonnées qui se suivent dans le bloc.

Enfin, si nous voulions resserrer davantage ce bloc de la moyenne, entre 86 et 92, il ne comprendrait plus que 2982 laits, soit en chiffres ronds 55 %.

La *moyenne* qui est dessinée par la crête centrale du graphique ne se traduit donc pas par un chiffre unique. Cette crête, qui coiffe le bloc, sépare deux territoires d'aspects différents : la zone de droite des laits « riches », et la zone de gauche des laits « pauvres »; la comparaison entre chacun d'eux et la région centrale n'est acceptable que sur les confins de celle-ci, c'est-à-dire là où les compositions chimiques des laits sont encore assez voisines dans l'ensemble et dans le détail.

On peut dire de la moyenne qu'elle est l'image chimique du lait-type de la région, et ce mot lait-type, encore une fois, très critiqué, se soutient ici, *lorsque cette région est très caractérisée par l'unicité de la race laitière qui y habite.* Dès que cette unicité disparaît, les difficultés d'interprétation s'exagèrent du fait des mélanges de races différentes.

Il est certain que la valeur du lait-type est grande dans la Normandie, où il n'y a que de la race Normande ; elle sera grande encore dans la majeure partie de la Bretagne, où habite la petite race pie noire ; elle sera non moins grande dans la région des Charentes, où domine la race Parthenaise ; mais dès l'instant où une race qui n'y existait pas auparavant vient s'infiltrer dans une région nouvelle, elle est susceptible d'apporter quelques modifications à la physionomie chimique antérieure du lait. C'est ainsi que nous voyons la

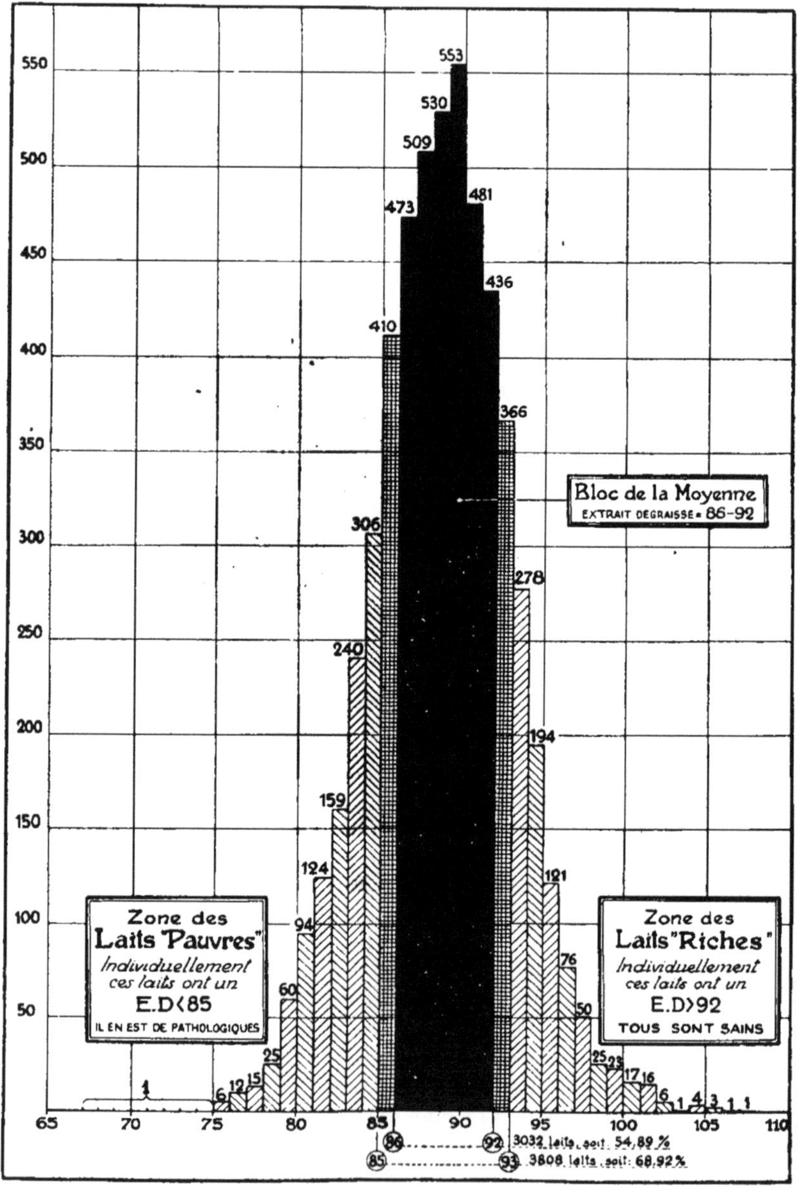

FIG. 76.
(De 86 à 92, c'est 2982 et non 3032; de 85 à 93, 3758 et non 3808.)

Graphique de la répartition des teneurs en
matière grasse au litre de 7370 laits individuels.
Matière grasse au litre

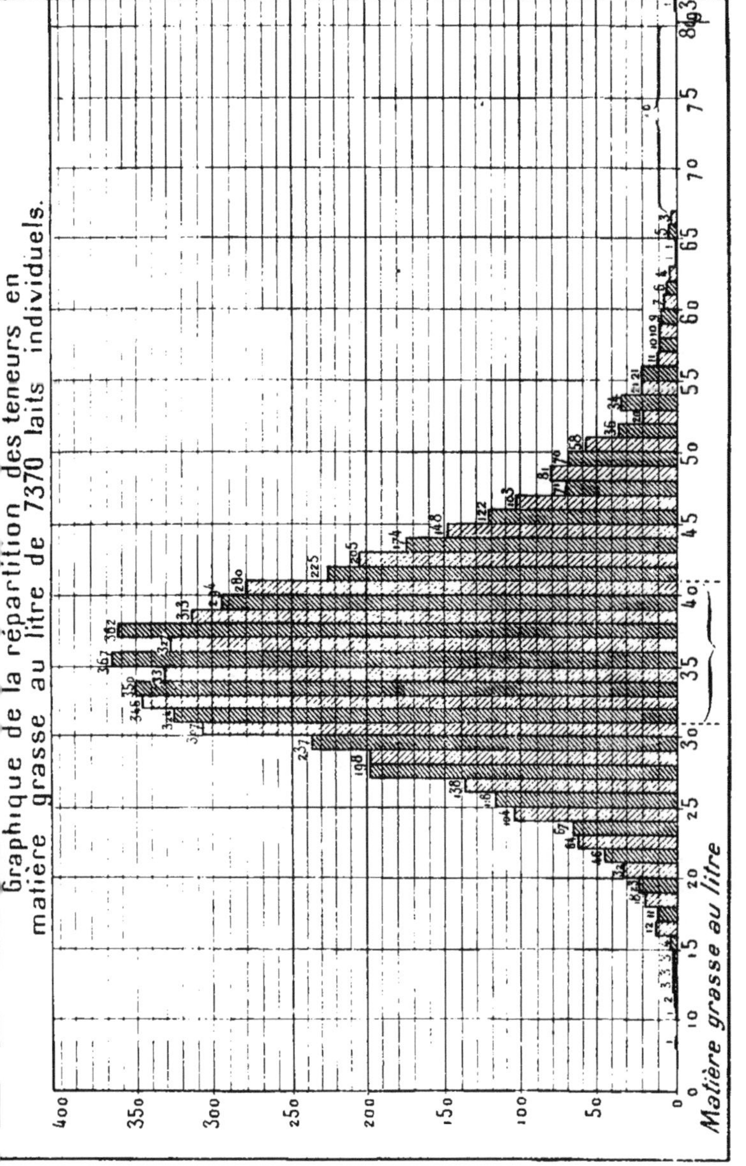

FIG. 77.

Durham pénétrer dans le Finistère, la Normande dans l'Ille-et-Vilaine ; nous la voyons descendre aussi vers les Charentes et le Poitou. Il n'est pas douteux, en ce qui concerne notamment la race Parthenaise, que l'introduction de la Normande, bonne beurrière, mais moins toutefois que la Parthenaise dont on ne saurait jamais trop vanter les qualités à ce point de vue, tendra à faire abaisser la richesse moyenne de la production en matière grasse.

En dehors de ces trois zones compactes et étendues, Normandie, Bretagne, Charentes et Poitou, pour lesquelles sont valables, je crois qu'on peut l'admettre, les remarques touchant au lait-type, on doit reconnaître que, dans les autres parties de la France, il faut restreindre singulièrement l'étendue des régions où les mêmes observations peuvent s'appliquer, parce que l'aire géographique de la race ou de la sous-race qui y habite est restreinte, et que, par conséquent, elle se défend moins bien contre les infiltrations de races étrangères circonvoisines ou d'animaux communs.

*
* *

Dans la mesure donc où le lait-type doit être compris comme je viens de le dire, on voit qu'on peut y avoir recours pour y comparer la composition d'un lait de même provenance, *à condition bien entendu qu'il s'agisse d'un lait de mélange, car jamais il ne doit être évoqué pour juger des laits individuels au point de vue butyreux; pour ces mêmes laits, il ne doit l'être qu'avec mesure au point de vue de l'extrait dégraissé.*

Les laits qui sont dans les zones à droite et à gauche du bloc de la moyenne (fig. 76) sont, surtout quand on s'éloigne de plus en plus vers la gauche ou vers la droite, des exceptions qui ne doivent se comparer qu'à elles-mêmes, des exceptions qui relèvent uniquement de laits individuels. Et comme il ne saurait y avoir de discussion pour les laits de la zone « riche », *on voit la nécessité du prélèvement d'un échantillon de comparaison pour affirmer la « pauvreté » d'un lait individuel,* j'entends ici : « pauvreté » en extrait dégraissé.

On peut parler d'une composition moyenne ; elle a des limites sur lesquelles on peut être d'accord ; elle répond à un type rencontré fréquemment et relativement stable. On lit souvent dans les travaux relatifs à l'expertise les chiffres de 90 pour l'extrait dégraissé et de 35 pour la matière grasse. Faire de ces chiffres les caractéristiques du lait-type universel, cela s'explique quand on veut discuter au général de choses pour lesquelles il est nécessaire d'avoir une base chiffrée, et j'en appelle aux dizaines de milliers d'analyses que l'on trouve dans tous les livres, pour affirmer que ces fameux chiffres 90 et 35 répondent à la très grande majorité des laits normaux. Mais de là à dire qu'ils caractérisent le lait-type d'une façon indiscutable, il y a loin; ce que je viens de dire à propos du blo de la moyenne montre quelle est ma façon de voir en cette question et je n'y reviens pas.

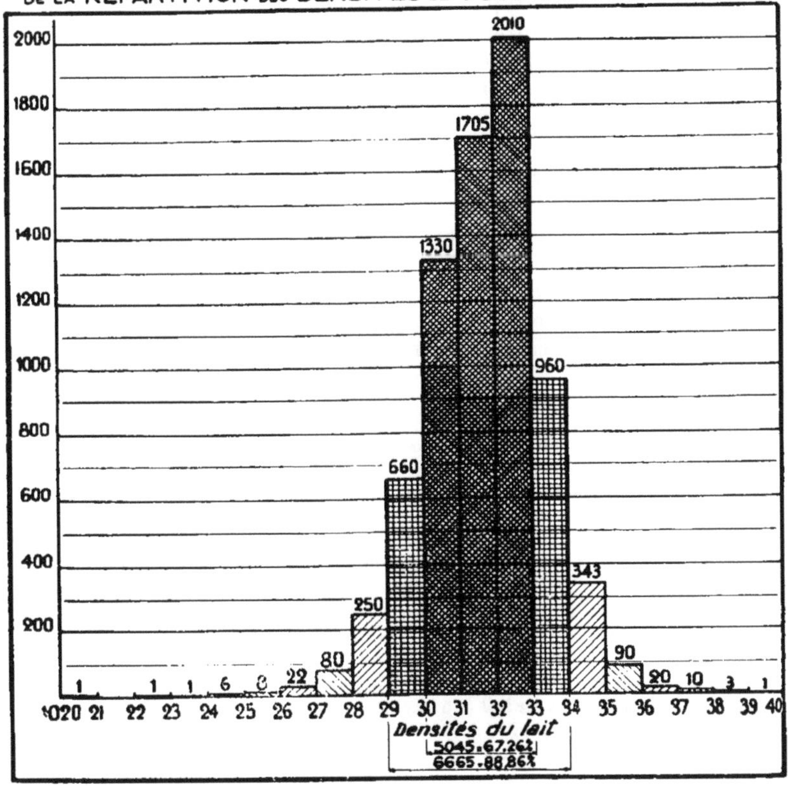

Fig. 78

Les enquêtes régionales. — Tant que l'on n'aura pas fait, dans des régions limitées de la France, une enquête loyale et large sur des laits individuels et des laits de mélanges d'animaux bien portants, tant qu'on n'aura pas procédé, en somme, systématiquement, à une pareille étude en vue d'établir, pour chacune de ces régions et des races ou sous-races qui y habitent, une courbe semblable à celle qui l'a été par HUYNEN, on pourra évidemment toujours discuter, pour ne pas dire ergoter, quelquefois même plus que de raison.

L'ignorance dans laquelle, en l'absence de ces enquêtes, on se trouve aujourd'hui dans nombre de cas, est préjudiciable, en somme, à la répression de la fraude. Trop de fraudeurs, par leurs avocats ou leurs conseils avertis, savent jouer des exceptions dont ils ne devraient pas toujours se prévaloir.

Il importe donc de déterminer, région par région, la physionomie chimique du lait recueilli, autrement dit d'établir la composition du lait moyen, du lait-type. Le travail n'est pas commode et je vais m'employer à en montrer les difficultés. Il est indispensable qu'il soit entrepris avec la parfaite collaboration des services administratifs et des syndicats de producteurs. Sur plusieurs points du territoire, des tentatives sont faites pour fixer la physionomie chimique du lait ; je dois malheureusement constater que parfois l'accord dont je viens de parler ne semble pas se réaliser. Il est essentiel, cependant, de l'obtenir, sinon les chiffres fournis par les uns ou par les autres seront toujours discutés, récusés et les passions locales joueront pour en déformer la signification.

De nombreux travaux ont déjà été publiés sur les laits de telle ou telle région, travaux qui ont paru, soit sous la forme de thèses — thèses de pharmacie en général, la plupart fort bien faites (1) —

(1) On trouvera relevés ici les titres d'un certain nombre de thèses en question. Sans doute, surtout parmi les plus anciennes, en est-il qui nous ont échappé, mais nous ne pensons pas qu'il en est d'importantes :

J. Roux, *Contribution à l'étude chimique du lait de vache naturel; constitution des laits de l'arrondissement de Rochefort-sur-Mer* (Th. Fac. Méd. et de Pharm., Bordeaux, 1890).

A. Lasserre, *Contribution à l'étude des laits de Toulouse au point de vue économique et hygiénique* (Th. Fac. Méd. et de Pharm., Toulouse, 1904).

A. Barthélemy, *Contribution à l'étude du lait consommé à Nancy* (Th. Fac. Méd. et de Pharm., Nancy, 1907).

P. Defrance, *les Normes des laits de Montpellier* (Th. Fac. Pharm., Montpellier, 1908).

E. Desbarrières, *Etude sur les laits de Touraine* ; *Observations relatives aux variations de composition du lait* (Th. Ec. Sup. Pharm., Paris, 1909).

J. Cassel, *la Question du lait à Dieppe* (Th. Fac. Pharm., Lille, 1910).

A. Bury, *Enquête sur le lait à Lille* (Th. Fac. Pharm., Lille, 1911).

E. Gauchon, *Etude sur les laits du Poitou* (Th. Ec. Sup. Pharm., Paris, 1914).

F.-J. Géraud, *Etude chimique et bactériologique des laits du Lot* (Th. Ec. Sup. Pharm., Paris, 1916).

Ch. Vergelot, *Contribution à l'étude analytique des laits de la région de Bourbonne-les-Bains (Haute-Marne)* (Th. Fac. Pharm., Lons-le-Saunier, 1918).

P. Cazalet, *les Laits de la XVIe région et la constante moléculaire simplifiée* (Th. Ec. Sup. Pharm., Montpellier, 1918).

G. Lalaurie, *le Lait dans la région toulousaine* ; *Production, Vente, Contrôle* (Th. Fac. Pharm., Toulouse, 1919).

A. Guillaume, *le Lait à Rouen et en Seine-Inférieure* (Th. Fac. Pharm., Paris, 1919).

F. Weber, *les Laits de vache de Marrakech* (Th. Ec. Sup. Pharm., Paris, 1919).

G. Issaly, *Contribution à l'étude analytique des laits de la région de Monpont (Dordogne)* (Th. Fac. Pharm., Bordeaux, 1921).

soit dans les *Annales des Falsifications et des Fraudes* ; dans ce dernier cas, il s'agit de publications isolées ou bien de mémoires provoqués par le concours qui fut ouvert avant la guerre devant la *Société des Experts-Chimistes*. Le lecteur pourra les lire dans les *Annales* susdites de l'année 1919.

Les analyses faites par les laboratoires des grandes sociétés de ramassage portent sur des laits qui ont été examinés alors seulement qu'ils étaient parvenus aux centres de pasteurisation. Aussi peut-on dire que les chiffres obtenus ne permettent pas toujours de donner la physionomie exacte du lait de la région qui alimente ces centres. Entre le moment de la traite et celui de l'arrivée au dépôt, il y a, en effet, le producteur, le ramasseur local quand il existe — et cela n'est pas rare — et enfin le garçon qui apporte le lait au dépôt, c'est-à-dire trois personnes qui ne sont pas à l'abri des tentations.

Parmi les documents publiés, soit sous forme de thèses, soit dans les *Annales des Falsifications et des Fraudes*, il en est un certain nombre qui ont bien été établis avec des laits prélevés lors de la traite, mais ils sont en général peu garnis, ce qui tient, en général, aux difficultés, financières et autres, rencontrées par leurs auteurs pour se procurer un grand nombre d'échantillons authentiques. J'ajouterai que, souvent, on y trouve mélangés, sans aucun effort de discrimination, toutes les analyses obtenues, alors qu'il apparaît comme non douteux que certaines d'entre elles répondent à des laits de vaches mammiteuses.

Il est donc de toute importance d'opérer de telle façon qu'aucune des objections que nous venons de faire puisse être soulevée.

Il faudra :

1° Recueillir les échantillons lors de la traite ;

2° S'assurer de l'état de santé des animaux ;

3° Citer la race.

L'enquête devra donner en outre :

1° Les heures et le nombre des traites ;

2° L'époque de la lactation ;

3° La quantité de lait recueillie ;

4° Un aperçu des circonstances qui entourent le prélèvement touchant à l'animal, à sa façon de vivre (dehors ou à l'étable), à son alimentation, à la température, à la traite.

Au surplus, il sera facile, le moment venu, de rédiger sur ces points un petit questionnaire qui n'omettra aucun des faits principaux sur lesquels la personne chargée des prélèvements devra donner les renseignements indispensables.

Suspectant toujours *a priori* la bonne foi des gens, il faudra, évidemment, s'assurer que la traite est toujours complète, car sur ce point bien des fraudes sont à craindre. C'est ainsi que, après une traite qui paraît terminée, la mamelle étant dans un réel état de flaccidité, il est possible cependant d'en retirer encore une quantité de lait dont le taux en matière grasse suffirait à relever sensiblement le taux moyen de la traite totale. Il faudrait donc quelqu'un qui, sachant traire, serait capable, le cas échéant, de confondre le trayeur habituel que l'on pourrait suspecter de frauder.

S'il est un point important, véritablement négligé jusqu'ici, c'est bien celui de s'assurer de l'état de santé des animaux, car il n'est pas douteux que beaucoup des chiffres d'analyses répondant à des laits qualifiés d'*anormaux* n'ont fait que donner chimiquement la physionomie d'un lait de mammite. Il est certain que les prélèvements étant faits, animal par animal, il sera relativement facile à l'analyse de déceler les laits malades. On sera quelquefois renseigné par le propriétaire lui-même qui, sachant posséder une vache ayant eu autrefois de la mammite, ne s'en inquiète cependant pas autrement, surtout lorsqu'il a plusieurs animaux, le lait en provenance de la mamelle malade se fondant dans l'ensemble.

*
* *

Si l'on peut parler d'une composition moyenne dans nombre de circonstances, par contre, *on ne peut pas dire qu'il y ait une composition minima.* A chacun des laits de la zone de gauche de la figure 76 correspond une composition déterminée dont les chiffres vont graduellement en diminuant, au fur et à mesure qu'on s'éloigne du bloc médian. Où devra-t-on s'arrêter pour trouver le minimum dont on a tant parlé ? Où sera la limite entre ce qui est acceptable et ce qui ne l'est pas ? A quel moment passera-t-on du lait sain, qui est « faible », au lait malade, au lait dit anormal ? Il est impossible de répondre rationnellement à ces questions. C'est qu'il y a *des* compositions minima, lesquelles ne sont que des portraits de laits individuels, mais on ne saurait dire, encore une fois, qu'il existe *une* composition minima, pas plus d'ailleurs que de composition maxima, qui eût même signification que la composition moyenne. Il serait absurbe et injuste d'absoudre des laits de mélange fraudés sous le fallacieux prétexte que leur composition se retrouve, à quelque chose près, dans celle des laits de la région des laits « pauvres ». Ce faisant, on serait amené à comparer des choses qui ne sont pas comparables, à identifier des espèces différentes.

A vouloir se retrancher derrière les minima pour expliquer, voire même excuser la « faiblesse » d'un lait de mélange manifestement adultéré, on laisse ainsi de côté le type moyen, bien défini, reflet d'un vaste ensemble, et l'on invoque des types individuels pouvant posséder des tares pathologiques.

Les laits qui ont pris place dans le graphique de HUYNEN, et dans celui plus schématique que j'avais fait autrefois pour le rapport dont j'ai parlé plus haut, sont des laits dits *purs, parce que la main de l'homme n'y a apporté aucun trouble*, mais quoi nous garantit que tous soient sains ?

Cette question s'impose *a priori*, car elle s'imposerait inéluctablement si l'on pouvait dépouiller attentivement la composition chimique des laits les plus « pauvres » de la zone de gauche. Un pareil travail nous donnerait des chiffres parfois très bas pour l'extrait dégraissé et ses composants, le lactose notamment ; de 80 à 85 gr., dans le graphique de HUYNEN, il y a 923 de ces laits, soit 16,70 % ; de 75 à 80, il y en a 118, soit 2,10 % ; en tout donc, 18,80 % de laits au-dessous du bloc central lui-même déjà assez élargi.

Les laits de mammites.— Dans ces 18,8 %, il y a sans aucun doute des laits de mammites, aussi des laits de vaches dont la sécrétion mammaire se tarit, qui, assez rapidement, vont devenir sèches, et chez lesquelles le phénomène de rétention joue plus ou moins.

Dans une étude qui suivra celle-ci : *sur la réaction de la mamelle à l'infection*, je montrerai dans quelle mesure assez large il faut tenir compte des infections insidieuses de la glande mammaire et de la rétention qui les accompagne plus ou moins.

Le reproche que l'on puisse adresser à beaucoup de travaux d'ordre analytique sur le lait, et que nous avons déjà souligné, c'est de rassembler tous les résultats sans discernement. On verra voisiner dans le même tableau les chiffres 40, 41, 42 gr. de lactose, avec ceux de 48, 49 et 50 ; les premiers sont, à n'en pas douter, très suspects, et la mamelle qui les fournit n'est pas en état de fonctionnement normal. Aussi, m'apparaît-il comme certain que beaucoup des chiffres signalés dans les ouvrages et les périodiques sont sujets à revision, doivent être l'objet d'une nouvelle classification parce qu'ils ont été fournis à un moment où on ne soupçonnait pas quelle pouvait être l'influence de la maladie — j'entends celle de la mamelle, surtout chronique et sub-chronique (tuberculose commençante, sclérose résiduelle d'un processus antérieurement aigu...) — sur la composition chimique d'un lait.

Il n'est pas niable que les auteurs les plus dignes de foi ont signalé des laits ne contenant que 32 gr. de lactose au litre ; mais retenons d'abord qu'il ne s'agissait pas là de laits de mélange, mais bien de laits individuels, et si un expert venait, par complaisance, à citer le chiffre de 32 gr. pour trouver tout à fait normal, régulier, qu'un lait de mélange — lait indubitablement mouillé — ne renferme par exemple que 40 gr. de lactose, on pourrait dire hautement que cet expert n'a pas compris sa mission, qu'il a couvert le fraudeur et masqué le délit qu'il était chargé de dénoncer.

*
* *

S'il pouvait exister un lait-type qui put utiliser indistinctement dans toutes les circonstances, ce serait vraiment trop commode, et le premier venu, serait-ce même un enfant pourvu de son certificat d'études primaires, en utilisant la règle de trois, résoudrait tous les cas, et déterminerait sans aucune erreur appréciable le pourcentage de la fraude, notamment de celle par écrémage, que nous visons principalement en ce moment, car c'est elle qui rentre le mieux dans le cadre des considérations soulevées présentement.

Ce sont des raisons de cet ordre qui ont fait critiquer à juste titre le lait-type ; celui-ci était souvent mal choisi et *on en faisait ainsi un usage abusif*. N'était-il pas, en effet, absurde, pour ne pas dire plus, de comparer la composition d'un lait prélevé à Dijon, à Bordeaux ou à Lyon, à celle du lait-type que le *Conseil d'Hygiène de la Seine* avait fixé en 1857, et injuste de condamner dans le cas d'une divergence ?

Ce qu'il faut nier, c'est qu'il y ait un lait-type universel ; mais, par contre, on peut dire hautement qu'il existe dans chaque région laitière importante un lait moyen répondant à certaines contingences ethniques, saisonnières, d'une assez grande fixité, et qui ne peut être affecté que dans des limites restreintes.

Aussi, dans la très grande majorité des cas, à condition que l'on veuille bien, au préalable, se donner la peine de peser toutes les circonstances qui s'offrent à l'examen : races, leur pureté ou leur mélange, nombre d'animaux, le moment de la traite, la saison, etc. ; d'attribuer à chacune la place qui lui est due, de ne pas hypertrophier l'importance de l'une d'entre elles aux dépens de celle des autres, par exemple de ne pas exagérer l'influence si réduite de l'alimentation, il est possible, voire même facile, *quand il s'agit des laits de grands mélanges*, de recourir au lait-type pour le comparer à l'échantillon objet de la poursuite.

Dans toutes autres circonstances, quand il s'agit de laits individuels ou de laits de petits mélanges, la comparaison avec le lait-type doit être faite avec beaucoup de circonspection, notamment quand on se trouve devant une inculpation de fraude par écrèmage. Je dirai même, dans ce dernier cas, qu'on doit y renoncer avec les laits individuels et être très prudent avec les laits de petits mélanges.

Le calcul pur et simple pourrait nous fourvoyer ; en matière d'expertise du lait, il faut ne l'employer qu'avec mesure, quand il prend comme base la composition du lait-type.

Pour en finir avec cette question, je dirai qu'il me semble qu'on a trop oublié que le rapport de 1857 de la Commission du *Conseil d'Hygiène de la Seine* visait surtout le commerce du lait en gros, pour lequel le système de la moyenne a une si grande valeur.

A travers quelques obscurités de texte et d'interprétation, dues sans doute à la circonspection que ladite Commission a tenu à afficher, il apparaît toutefois que celle-ci a voulu faire la démarcation très nette entre les laits de mélange et les laits individuels. Si cette démarcation, par la suite, semble avoir disparu, c'est que certains, sciemment ou par ignorance, mais cela revient toujours au même, ont fait des confusions, préjudiciables sans doute à l'administration d'une bonne justice, mais favorables aux intérêts qu'ils défendaient.

Voici, en effet, ce que dit, en trois endroits différents, mais fort typiques, le texte de cette Commission : «..... Une autre circonstance qui mérite encore d'être signalée, c'est que le lait livré au commerce, celui surtout qui est expédié dans des vagons de chemins de fer, par des marchands en gros, est le produit du mélange de laits d'origines diverses ; qu'il doit, en conséquence, présenter une composition moyenne, et se trouver à l'abri des circonstances fort rares et, en quelque sorte, exceptionnelles, qui peuvent faire que la composition du lait d'une vache isolée se rapproche beaucoup des limites minima que l'expérience a dû faire admettre... »

...« Les minimums sont représentés par de rares échantillons...

...« La Commission d'ailleurs, sur cette considération que, surtout pour le beurre et les matières fixes, le lait ne peut approcher des limites minima que dans des circonstances exceptionnelles, et lorsqu'il est fourni par des vaches isolées, estime, qu'en conséquence ces limites ne peuvent pas être invoquées en faveur des marchands de lait en gros qui ne livrent jamais au commerce que des laits mélangés provenant de plusieurs vaches. »

Après lecture de ces trois citations caractéristiques, on ne peut qu'être surpris de voir la Commission faire cependant état d'une composition minima qui, par la suite, et très rapidement, a acquis, aux yeux des chimistes, des magistrats, des avocats, une signification de même allure que celle de la composition moyenne.

*
* *

Si le lait était un liquide de composition immuable, il serait très simple, ai-je fait remarquer, de déceler le mouillage ou l'écrémage, ou les deux fraudes faites simultanément, mais il n'en est pas ainsi puisqu'il s'agit d'une sécrétion d'un être vivant. Cependant, en dépit de son origine, et bien qu'il affecte des variations importantes, celles-ci ne sont pas telles qu'il ne soit pas possible de donner du lait une physionomie chimique à peu près bien dessinée, et sur les traits de laquelle on ne puisse pas s'entendre.

Je viens de faire tout à l'heure l'étude critique du lait-type ; j'ai montré qu'on a souvent fait dire au document de 1857 ce qu'il n'a jamais exprimé ; c'est ainsi que j'ai pu lire : « Le Conseil d'Hygiène publique de la Seine a admis que le lait *devait présenter* la composition moyenne suivante :

Densité	1033
Eau	90,3 % (en volume)
Extrait sec	13 %
Matière grasse	4 %
Lactose	5 %
Caséine	3,4
Matières minérales	0,6 %

Les analyses qui « ferment ». — Je ne m'arrêterai pas à faire la critique de ces chiffres, notamment du dernier qui confond, à n'en pas douter, les cendres avec les matières minérales et à relever que le total des composants fait exactement le chiffre de l'extrait sec, autrement dit l'analyse « ferme ». Or, une analyse de lait, dans les conditions courantes où elle est effectuée, ne doit jamais fermer ; elle ne peut pas le faire ; tout n'est pas dosé au cours de cette analyse. Il y a une insuffisance des matières protéiques, l'azote non protéique n'est pas déterminé ; enfin il y a une différence assez notable entre les matières minérales et les cendres. Le total de tous ces oublis constitue l'indosé. En fait, l'indosé existe pour tous les laits ; il s'exagère lorsque le lait est malade ou lorsque c'est un lait de rétention. N'en pas tenir compte et « fermer » les analyses, c'est outrepasser les droits que vous ont donnés les déterminations analytiques ; c'est être à côté de la vérité. Je reviendrai d'ailleurs plus tard sur ce point intéressant dans une étude sur « l'indosé dans le lait ».

Je me suis employé, jusqu'ici, à marquer aussi nettement que possible la distinction qu'il est nécessaire de faire entre le lait individuel et le lait de mélange. Cette distinction, d'ailleurs imposée par tous les documents que nous avons produits dans cette étude, domine l'interprétation des résultats de l'analyse en vue de l'expertise.

*
* *

Le lait individuel et l'écrémage. — Les variations, en quelque sorte désordonnées du taux de la matière grasse chez un *lait individuel*, nous mettent dans l'obligation de dire que l'*échantillon de comparaison ne peut avoir aucune signification dans le cas de suspicion d'écrémage portant sur un tel lait*, même — et la vérité nous dicte le devoir de le dire — si le premier échantillon a été réellement fraudé. Irait-on au plus vite pour prélever le second échantillon, les traites seraient-elles homologues, opérerait-on dans les vingt-quatre heures après la prise du premier, la réponse n'est pas douteuse, *a fortiori* si les traites sont différentes. Le prélèvement de comparaison n'est ici d'aucune valeur, quelles que soient encore une fois, il est bon de le répéter, les circonstances dans lesquelles il est effectué. C'est même un instrument à deux tranchants. D'un titre élevé en matière grasse, il fera condamner le premier lait, faible, mais qui n'aurait pas été fraudé. Au contraire, d'un titre faible en matière grasse, il contribuera à relever de toutes poursuites un lait antérieur, riche, qui aurait été écrémé. Cette dernière alternative est, en équité, infiniment regrettable, pas plus cependant que la première qui tendrait à faire condamner un innocent; mais je ne lui trouve pas d'autre solution.

Concluons donc de façon ferme, car ici il n'est pas de moyenne mesure, que *le prélèvement de comparaison est inopérant lorsqu'il s'agit de juger de l'écrémage d'un lait individuel.*

* * *

Si maintenant nous quittons le terrain de l'expertise, pour juger à un point de vue plus élevé, physiologique et expérimental, les conséquences que portent en elles les irrégularités du taux de la matière grasse des laits individuels, nous allons voir que celles-ci nous interdisent toutes conclusions sur un cas d'espèce, *a fortiori* toute généralisation.

Nombreux sont les travaux médicaux dans lesquels on trouve des observations qui ont la prétention de donner des causes simples aux variations de la matière grasse chez le lait de femme, et cependant tout interdit d'accepter ces conclusions; d'abord, ce que l'on sait, dans le normal, des oscillations butyreuses du lait, de celui de la femme comme des laits des autres femelles, ensuite, le petit nombre des déterminations analytiques.

Voici quelques exemples que j'ai pu prendre comme types à l'appui des observations qui viennent d'être présentées.

Dans la thèse de DE QUEMPER DE LANASCOL (1), on peut lire : « Il nous semble d'ailleurs être une notion d'ordre général que les différentes causes d'altération du lait dans le sein de la nourrice portent surtout sur sa teneur en beurre, et cela, quelque variées que soient les causes ». Et cet auteur cite alors une observation personnelle antérieure de VERRIER (2) : « Chez une nourrice qui avait eu une violente colère, l'analyse montra, peu de temps après, une quantité de beurre de 29 p. 1000, alors que le lait de la même femme, prélevé huit jours plus tard, en décela une quantité de 41 p. 1000. »

(1) DE QUEMPER DE LANASCOL, Contribution à l'étude des modifications du lait dans l'« engorgement lacté » sur la nourrice (*Th. Méd.*, Paris, 1911).

(2) VERRIER, les altérations de la sécrétion lactée pour cause morale (*Gaz. obstétr. de Paris* du 5 mai 1876).

Dans d'autres circonstances, on invoquera la maladie, tel trouble physique, au lieu du trouble moral comme dans le cas de VERRIER, et pour affirmer avec netteté, car n'en est-il pas toujours ainsi quand on ne possède que peu de documents, on estimera qu'il suffit de deux analyses discordantes à quelques jours d'intervalle. N'y aurait-il eu ni trouble moral, ni trouble physique, il est plus que vraisemblable, par tout ce que l'on sait des oscillations butyreuses normales du lait chez la femme, que les mêmes discordances eussent été observées. Cela diminue singulièrement, au point de l'annuler, l'influence de la cause mise en jeu avec une telle assurance.

Peut-être ne faut-il pas nier *a priori* qu'il y ait une cause, partant une relation à établir, mais j'avance qu'il est difficile, voire même impossible, de la situer avec exactitude devant une telle pauvreté documentaire.

Les publications scientifiques, les thèses, renferment de nombreuses observations auxquelles on peut adresser le même reproche qu'à celle qui précède immédiatement.

Recherche-t-on l'influence ou la soi-disant influence sur la sécrétion lactée de tel ou tel composé : aliment spécial, médicament, extrait de placenta ou un autre corps supposé doué de propriétés galactogènes, insuline, etc., qu'on se contente trop souvent pour conclure, au point de vue de la matière grasse, d'un très petit nombre de cas. On fait dépendre directement la variation butyreuse observée de l'action du composé administré sous une forme ou sous une autre et c'est sans doute là qu'est l'erreur. La dite variation, à n'en pas douter, se serait produite sans intervention expérimentale, et par tout ce que l'on sait maintenant, si on a bien voulu suivre ce long travail avec attention, on se dira qu'il est impossible, en une matière aussi obscure que celle du métabolisme de la matière grasse, d'affirmer nettement ici l'existence d'une relation étroite de cause à effet quand on ne peut disposer que d'un nombre restreint d'observations, — une seule même parfois, — portant sur un seul individu ou sur quelques-uns.

R. GIULANI (1) injectant à des vaches des nucléo-protéides extraits de la mamelle a obtenu un accroissement *maximum* de la teneur en matière grasse de 0,35 %. Quatre vaches servirent aux expériences qui furent courtes. C'est trop peu pour conclure et l'oscillation butyreuse est trop petite pour qu'on soit en droit de la rattacher avec certitude aux injections des nucléo-protéides du tissu mammaire.

On ne saurait donc être trop circonspect quand on veut faire dépendre l'enrichissement — car, c'est presque toujours de l'enrichissement qu'il s'agit — en matière grasse du lait, d'un déterminisme

(1) R. GIULANI, *la Clinica Veterinaria*, 30 sept. 1918.

expérimental étroit. Tous les documents de cette étude me semblent légitimer une pareille réserve.

* * *

Le lait de mélange et l'écrémage. — Par lait de mélange, j'entends ici le lait de *très grands mélanges* qui provient de grosses exploitations, produisant plusieurs centaines de litres, ou celui récolté dans des centres de ramassage effectuant des tournées importantes.

Toutefois une distinction me semble devoir être faite entre les deux.

A égalité de quantité de lait, je crois — ce que je dis-là est peut-être très *a priori* et demanderait confirmation — que 500 litres, peut-être plus, provenant d'un même troupeau, d'une même ferme, ont peut-être une physionomie chimique un peu différente de celle de 500 litres provenant du ramassage d'un assez grand nombre de fermes, ne donnant chacune qu'une petite fourniture (2).

Toutes les bêtes du premier troupeau vivent dans des conditions semblables ; elles peuvent être, et elles sont souvent, de la même race et elles sont soumises aux mêmes influences. Il en va différemment des animaux qui fournissent les 500 seconds litres ; de races diverses vivant dans des conditions qui peuvent être dissemblables, il apparaît à première vue que l'ensemble de leur lait a plus les caractères d'un lait de grand mélange — toutes influences pathologiques étant, bien entendu, hors de cause — que l'ensemble des laits des bêtes du troupeau unique.

Restant toujours sur le même terrain, je ferai encore une observation qui me paraît nécessaire, car, cette fois, nous allons voir apparaître l'action de la maladie.

Dans certaines étables de 15, 20, voire même 25 têtes de bétail, il peut se faire que le lait, dans son ensemble, ait une composition chimique inférieure à celle que l'on pourrait lui donner *a priori* ; c'est qu'il peut arriver que l'étable soit infectée et que la mammite streptococcique sévisse sur tout ou partie, la plus grande, de l'ensemble. La mammite streptococcique n'a pas toujours une allure suraiguë ou aiguë ; elle est souvent chronique et elle tend à un amoindrissement du rendement accompagné d'une diminution de l'extrait dégraissé. Ces raisons d'ordre pathologique nous permettent de comprendre qu'un lait de mélange d'un troupeau d'un nombre déjà notable de têtes n'ait pas toujours une composition que l'on puisse classer dans le bloc de la moyenne dont il a été question plus haut. Une telle situation ne dure jamais longtemps, mais si le prélèvement est fait alors que la maladie est en train d'évoluer ou de disparaître, on tombe sur une composition chimique qui pourrait faire croire que le lait est mouillé, si l'on n'avait pas recours, par exemple, à la constante moléculaire simplifiée qui, pour les laits de mélange, est d'une utilité incontestable.

Dans tout ceci, se marque le souci que l'on peut avoir de rechercher, derrière une composition anormale, en dehors de la fraude possible, — première idée venant à l'esprit de l'expert — une *influence pathologique qui est beaucoup moins rare qu'on le pense.*

*
* *

La différence que j'ai faite — tout *a priori*, je le répète, mais qui peut se justifier — entre un lait de mélange d'un seul troupeau important et un lait de mélange de plusieurs troupeaux moins importants, mais conduisant au même total numérique, se marquera peut-être mieux encore en ce qui concerne la matière grasse que l'extrait dégraissé.

Tout porte à croire, du moins en s'appuyant sur les documents publiés dans cette étude, et sur d'autres qui n'ont pas pu prendre place ici, qu'au point de vue de la matière grasse, le lait de mélange d'un troupeau même assez important n'échappe pas à des oscillations assez notables. Je pense toutefois que le taux butyreux du mélange des laits de différentes fermes est peut-être plus stable (1). Et quand il s'agit alors des laits de très grands mélanges, cette stabilité s'affirme davantage, tant dans la matière grasse que dans l'extrait dégraissé pour lequel on arrive plus vite au taux moyen.

Dans ces conditions, pour juger de la fraude par écrémage d'un lait de mélange, la comparaison avec le lait-type peut suffire et on pourrait dire que la nécessité d'un prélèvement de comparaison ne s'impose pas toujours. En tous cas, lorsqu'on opère sur des laits de grands mélanges, il est parfois assez difficile de remonter jusqu'au producteur, parce que celui-ci n'intervient le plus souvent que pour une part très faible dans une tournée de ramassage.

La fraude et le commerce du lait en gros. — Examinons, en effet, ce qui se passe, notamment pour Paris et Lyon. Le lait du producteur fait partie d'une tournée de ramassage plus ou moins importante, allant de 200 litres, rarement moins, à 400, 500 litres et davantage. Un même centre de ramassage collecte le lait de plusieurs tournées, celles-ci n'ont pas toujours également la même qualité chi-

(1) Et cependant, nous lisons dans l'étude de MM. Granvigne, Gillet et Denizot, faite en vue de fixer la physionomie chimique du lait d'une région assez limitée, le pays de Gex, que deux laiteries voisines, recevant l'une et l'autre du lait de 150 vaches, accusent des moyennes butyreuses assez différentes : l'une, 39 gr. 80, et l'autre, 35 gr. 6. La moyenne générale de la zone à laquelle appartiennent ces deux laiteries est de 39 gr. 15. (Lire dans *le Lait*, n° 49, novembre 1925, une analyse de ce travail). Les laits des fruitières susdites peuvent, à première vue, être considérés comme des laits de grands mélanges; mais, alors que celui de la première répond au lait-type de la zone envisagée du pays de Gex et même au lait-type du pays de Gex en son entier (40 gr.), celui de la seconde s'en éloigne par près de 4 grammes.

mique et l'on peut noter dans un centre de ramassage des tournées régulièrement moins riches que les autres. Au centre de ramassage, le lait est pasteurisé et de là mis au chemin de fer. Il arrive à Paris, il est pris en charge par un garçon laitier qui le porte chez les « cré-

UN MODE DE VOYAGE
DU LAIT, DE LA PRODUCTION A LA CONSOMMATION

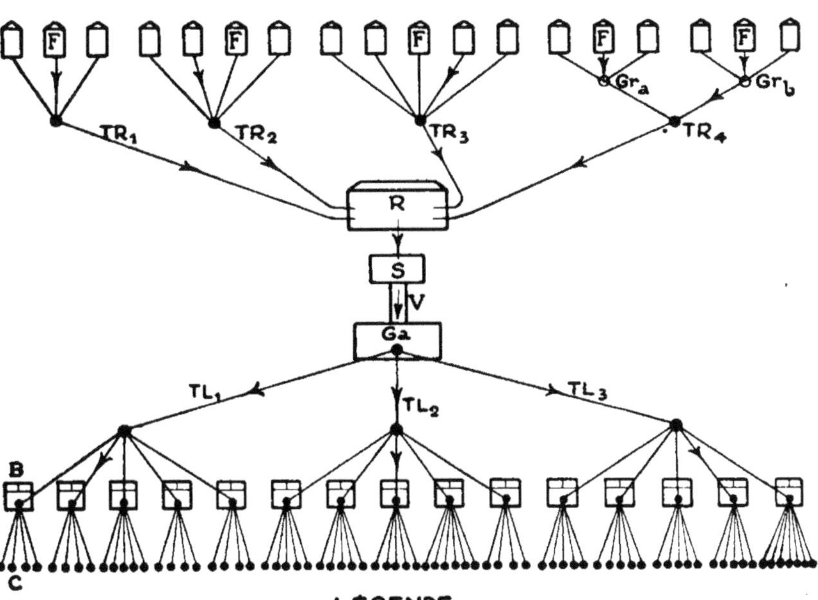

LÉGENDE

F. _*Fermes productrices*
Gr_*Premiers groupements des laits des producteurs*
T.R._*Tournées de ramassage*
R. _*Centre de ramassage.* (*Pasteurisation, mise en pots pour expédier.*)
S. _*Station du chemin de fer, du centre de ramassage.*
V. _*Voie du chemin de fer*
Ga. *Gare de réception du lait*
TL. _*Tournées de livraison aux boutiques*
B. _*Boutiques de vente au détail*
C. _*Consommateurs*

Fig. 79

miers », c'est-à-dire chez le débitant, lequel le distribuera au détail à sa clientèle.

S'il n'y a aucune fraude en cours de route, le lait livré au consommateur doit avoir la même composition que celui qui est sorti du centre de ramassage, *en admettant que dans celui-ci on ait mélangé le lait de toutes les tournées.* Or, ce n'est pas toujours le cas; je dirai même que c'est rarement le cas, à moins que les tournées soient réellement petites, parce que, la pasteurisation étant un type de travail continu, on envoie au pasteurisateur le lait des bacs que l'on tient toujours remplis par les arrivages successifs, sauf si ceux-ci sont trop espacés et ne parviennent à la laiterie qu'à des heures éloignées les unes des autres.

S'il y a fraude et que celle-ci soit constatée par exemple au moment de la livraison au consommateur, il y aura lieu, pour fixer le point où la fraude a été commise, de remonter tout le chemin que le lait a parcouru, procéder d'abord à un prélèvement chez le crémier; si le crémier est indemne, voir si ce n'est pas le garçon livreur qui a fraudé, et si ce n'est pas celui-ci, faire un prélèvement à l'arrivée en gare sur des bidons envoyés par le centre de ramassage; il sera quelquefois indiqué de comparer les différentes tournées effectuées par le centre de ramassage. Si une tournée était particulièrement faible et si par hasard la plus grande partie de cette tournée provenait d'un producteur important, alors il y aurait lieu d'aller chez celui-ci. Mais, à n'en pas douter, toute cette route est longue et les dernières étapes parfois difficiles à préciser.

Quoi qu'il en soit, la conclusion de ces développements est que *le prélèvement de comparaison est ici beaucoup plus pour* situer *le lieu où la fraude a été effectuée que pour en mesurer l'importance*, celle-ci pouvant être calculée sans grande erreur grave en se rapportant au lait-type.

Le lait individuel et le mouillage. — Si les variations de la matière grasse chez un lait individuel échappent à une commune mesure, celles de l'extrait dégraissé étant considérablement plus restreintes, la détermination de l'importance du mouillage dans le lait individuel trouvera une base solide.

L'extrait dégraissé, dans son tout comme dans ses parties, présente sur un long espace de temps, même avec une alimentation non uniforme, une relative fixité ; aussi reste-t-il comparable à lui-même pendant de nombreuses semaines, pendant plusieurs mois — à condition toutefois qu'il n'y ait pas eu de mammite intercurrente — ce qui justifie, en lui donnant toute valeur probante, la prise d'un échantillon de comparaison, s'il s'agit d'apprécier le mouillage d'un lait individuel. Dans ce cas, en effet, il y a *indication expresse d'y recourir.* Les variations entre le taux de l'extrait dégraissé du matin et celui du soir étant faibles, ainsi qu'on l'a vu, l'homologie des traites ne s'impose forcément pas ; j'estime toutefois recommandable de l'observer et, comme cela est toujours possible, on aurait tort d'y manquer. Lorsque les chiffres de l'extrait dégraissé — le chiffre global et ceux de ses constituants — du lait originel, objet de la oursuite, sont faibles, alors que l'animal qui a donné l'échantillon uspect est sain, de bonne santé générale et de bonne santé locale, eur comparaison avec ceux du lait-type peut déjà permettre non eulement de soupçonner, mais aussi d'affirmer la fraude. Cependant, our couper court à toute critique et donner plus de poids aux onclusions de l'expertise, la prise de l'échantillon de comparaison 'impose. Non seulement, il permettra à l'expert de décider, mais rès souvent il le mettra sur la voie d'un lait en provenance d'une namelle malade. Beaucoup d'analyses dites anormales, anormales on pas tant parce qu'elles ont un extrait dégraissé faible que parce u'elles ont des chiffres de lactose, de matières protéiques, de cendres t de chlorure de sodium non harmonieusement liés, trouveront eur explication dans l'examen du second échantillon.

Le cas du mouillage d'un lait individuel est à coup sûr le cas le lus net où le prélèvement de comparaison est appelé à jouer un rôle tile et il n'y aura que des avantages à procéder au plus tôt à la prise u deuxième échantillon.

Le lait de mélange et le mouillage. — Si le taux de l'extrait égraissé est quasi-constant chez un lait individuel, la $\Sigma \frac{ED}{n}$ le sera ncore mieux.

Les divergences individuelles, quelles qu'étaient leurs ampliudes et qui se neutralisaient en quelque sorte pour aboutir à un hiffre moyen assez peu variable, lorsqu'il s'agissait de la matière rasse dans un lait de grand mélange, sont ici incomparablement lus faibles ; aussi le chiffre moyen des extraits dégraissés sera cerainement plus rapidement acquis.

En l'occurrence un prélèvement de comparaison va même jusqu'à evenir inutile ; il s'imposera toutefois, comme nous l'avons vu plus aut à propos de la fraude par écrémage, sur un lait de mélange *pour ituer l'endroit de la fraude.*

*
* *

Les laits des grandes sociétés laitières. — Les documents ur les laits des grandes sociétés laitières sont plutôt rares. Leur node de travail ne se prête pas toujours à l'établissement facile 'une moyenne d'ensemble ; la multiplicité et la diversité de leurs entres de ramassage ne le leur permet déjà pas. Il faut pour obtenir ette moyenne que tout le lait vendu soit collecté en un même point. 'est ce qui est fait à Genève à la *Société des Laiteries Réunies*. Nous onnons (*Le Lait*, 1925, p. 806) des extraits de l'intéressant rapport présenté à la dernière assemblée générale de cette Société par le himiste en chef M. Schranz, sur le fonctionnement de la Société ;

mais dès maintenant nous en extrayons, pour notre étude, deux graphiques suggestifs qui se passent en quelque sorte de commentaire.

Il y a un parallélisme frappant des deux courbes de 1923 et 1924. La différence la plus grande entre deux données du même mois est

Taux butyreux mensuel, par grammes au litre, deux années consécutives, des laits d'une importante société laitière

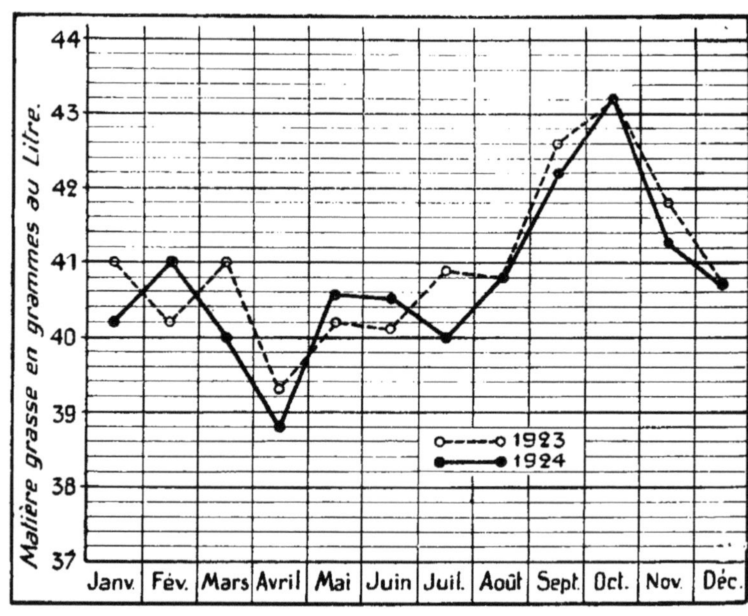

Fig. 80.

de 1 gr. seulement. On peut ainsi conclure à la grande régularité des fournitures et, derrière cette constatation d'ordre uniquement commercial, à la constance *mois par mois* du taux butyreux d'une importante production laitière dans une région assez limitée. Seules jouent les variations saisonnières qui montrent un fléchissement particulièrement marqué en avril.

La figure 81 se rapporte à l'année 1924. On notera que la courbe du taux butyreux se rapporte ici au kilogramme de lait, tandis que dans la figure 80, la même courbe est établie par rapport au litre.

L'écart maxima de la matière grasse est pour un ensemble d'environ 60.000 litres en moyenne — c'est donc là un très grand mélange —, de 4,40 au kilogramme de lait (41,90 — 37,5), soit, par rapport à la moyenne 39,5, du 11,13 %. L'écart maximum

Taux de l'extrait dégraissé et de la matière grasse, en grammes par kilogramme, des laits d'une importante société laitière.

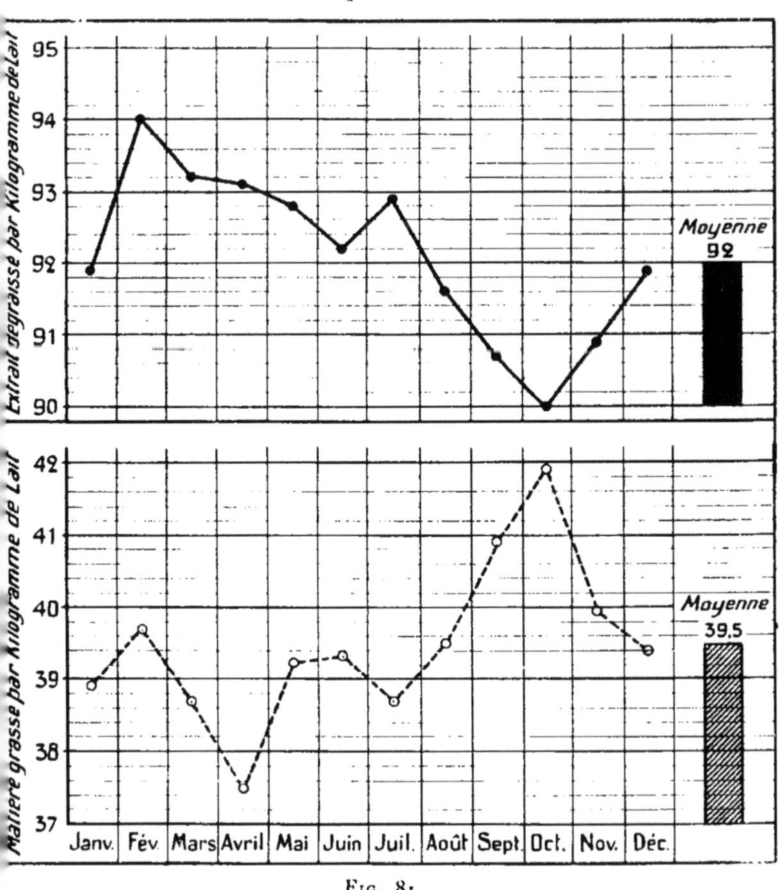

Fig. 81.

le l'extrait dégraissé est de 4 gr. (94 — 90), soit par rapport au hiffre moyen 92 gr., 4,34 %.

***

Le lait des petits troupeaux et la fraude. — Entre le lait ndividuel et les laits de grands mélanges, entre, en d'autres termes, e qui est *variable*, très variable même pour la matière grasse et beaucoup moins pour l'extrait dégraissé, et ce qui est pour ainsi dire presque fixe pour la matière grasse, mais mieux encore pour l'extrait égraissé, il y a de nombreuses transitions, il y a de nombreuses situations intermédiaires. Très souvent, le lait soumis à l'examen provient de deux, trois, quatre, cinq têtes de bétail et, logiquement, on ne peut pas faire du lait de deux ou trois vaches un véritable lait de mélange. Il y a bien mélange au sens grammatical du mot, mais non au sens lactologique. En effet, il n'y a pas assez d'animaux pour que les oscillations individuelles se neutralisent ; *n* est trop petit pour qu'on ait l'équation : $\Sigma \frac{MG}{n}$ = constante.

Une question se pose que nous avons tout à l'heure esquissée : *à partir de quel nombre d'animaux peut-on avoir un lait de mélange qui puisse répondre à la formule* $\Sigma \frac{MG}{n}$ = constante ? car, lorsque cette équation sera satisfaite, l'autre équation : $\Sigma \frac{ED}{n}$ = constante. l'aura été bien avant.

A cette question, il m'est possible de répondre en m'appuyant sur tous les documents que nous fournissent les concours beurriers et ceux que j'ai puisés dans les publications françaises et étrangères. Affirmer, comme certains le font, qu'avec cinq ou six animaux déjà on a un taux de matière grasse assez stable, est contredit par les documents en question (1).

Dans les laits de mélange d'un nombre de vaches en général inférieur à 10, il arrive assez souvent que le taux butyreux fasse soupçonner la fraude, mais si tous les jours, sur une période de temps assez longue, on examine un échantillon moyen sincère, on retrouve de temps à autre le chiffre qui a déclanché la poursuite.

Il faut décidément un très grand nombre de têtes d'animaux pour que cette stabilité soit acquise, et encore constate-t-on des oscillations notables. Un document fort important à cet égard est celui qui a été donné par Brioux, et que je reproduis ci-contre (fig. 82). Il emprunte sa grande valeur au fait qu'il traduit les variations mensuelles du taux butyreux moyen du lait d'un très grand nombre d'animaux (150 à 200) sur deux années consécutives. L'allure des denrées numériques qu'il fournit est bien semblable à celle que nous avons constatée toute à l'heure dans le rapport de Schranz à la Société laitière de Genève.

Les courbes de Brioux rendent compte également des variations saisonnières. Nous constatons un parallélisme remarquable de ces courbes, sur les deux années, et si nous comparions entre elles, soit les

(1) Les documents rassemblés par MM. Granvigne et Duc au concours de Saint-Triviers-sur-Moignans et dans les opérations qui l'ont précédé ont trait à deux petits troupeaux de 5 vaches chacun. Sur l'un d'eux surtout, il a été constaté des écarts du taux butyreux du lait de mélange assez notables. (Voir ce numéro du *Lait*, p. 851).

Variations saisonnières de la teneur butyreuse d'un même troupeau (150 à 200 têtes) observé deux années consécutives.

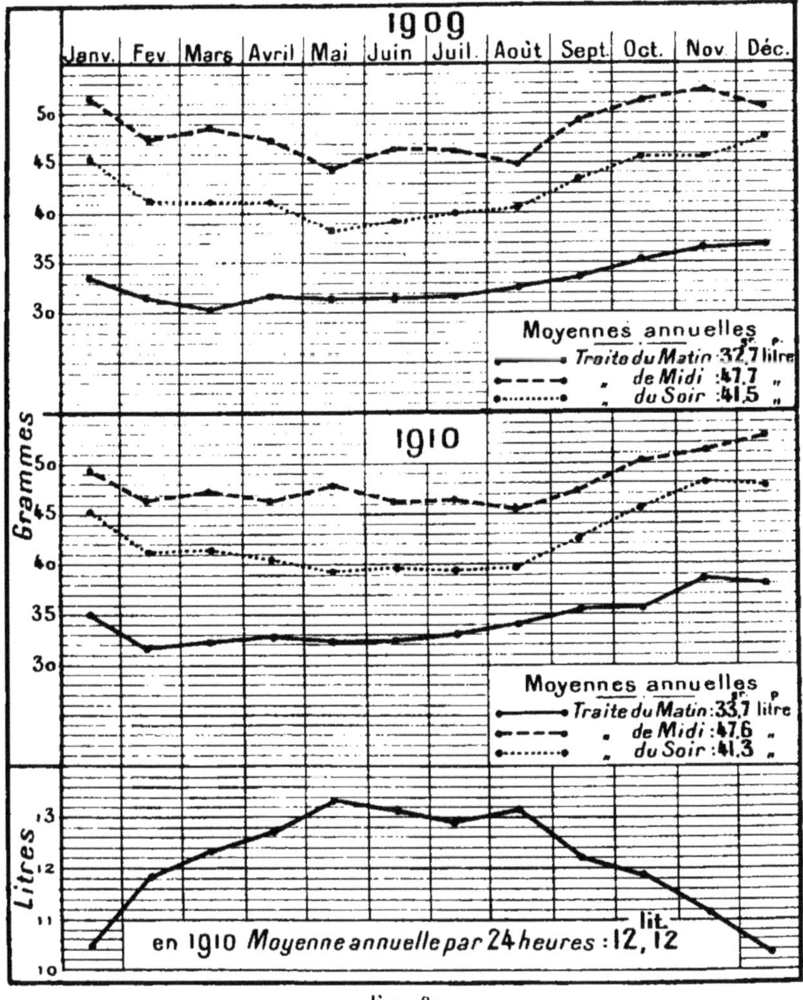

FIG. 82.

courbes du matin, soit celles de midi, ou encore celles du soir, on voit qu'elles se superposeraient, sinon étroitement, mais d'une façon plus que satisfaisante. La richesse butyreuse du troupeau se maintient donc sensiblement constante d'une année à l'autre ; les moyennes annuelles qui sont portées sur le graphique le montrent d'une façon tout à fait remarquable. Les chiffres sont presque les mêmes : 32,7 et 33,7 pour la traite du matin, 47,7 et 47,6 pour la traite du midi, 41,5 et 41,3 pour celle du soir ; on ne saurait exiger pratiquement plus grande concordance.

C'est en s'appuyant sur un tel document, qui se présente en cette partie de mon travail comme une synthèse, que l'on peut dire maintenant, en raison des conditions de l'exploitation du détail laitier en Normandie; que la traite de midi est *régulièrement* plus riche que celle du soir qui, à son tour, est *régulièrement* plus riche que celle du matin. Les variations désordonnées des têtes du troupeau considérées individuellement disparaissent dans l'ensemble, et la courbe est bien l'expression d'un fait général : la plus grande production laitière de mai à août, avec un fléchissement assez vaguement indiqué du taux butyreux des traites dans la même période.

La vache hollandaise et la fraude. — Un point qu'il importe de ne pas laisser de côté dans la question examinée ici est celui du rôle que l'on veut faire jouer à la vache hollandaise. Evidemment, la race hollandaise est une abondante productrice, mais cette abondance a une contre-partie : c'est la faiblesse du taux butyreux et de l'extrait dégraissé; *mais encore ne faut-il rien exagérer*. La dite race est considérée comme le cheval de bataille des fraudeurs et pour peu que ceux-ci en possèdent dans leurs troupeaux un exemplaire ils sont tout prêts à lui faire jouer un rôle important. C'est cet animal que l'on chargera de tous les griefs : si le lait est faible, ce sera la faute de la vache hollandaise, serait-elle seule au milieu de trois ou quatre autres; si le lait est écrémé, c'est encore elle qui est responsable. Or, aujourd'hui, rien n'est plus simple que de confondre le fraudeur qui jouerait ainsi par trop de la vache hollandaise qu'il posséderait.

Dans les documents dignes de foi rassemblés par le *Laboratoire Municipal de Paris* (1), on trouve de nombreuses analyses de laits authentiques de vaches hollandaises.

J'y ajouterai le relevé très important et qui doit être rappelé que A. Bonn (2) a établi sur des documents indiscutables.

Sous les auspices de la *Société Royale d'Agriculture* de Hollande s'était tenu à la Haye, du 9 au 12 septembre 1913, à l'occasion de l'Exposition d'Agriculture, un concours où furent présentées de nombreuses vaches laitières. Un catalogue remis aux visiteurs donnait de précieux renseignements sur ces vaches, leur pédigrée, leur âge; la durée de leur lactation, la teneur moyenne en matière grasse des

(1) De Brévans, la Composition chimique du lait de vache (in *le Bon Lait*, p. 123-148, 1910). Certaines données analytiques de ce travail ont été reproduites plus haut.

(2) A. Bonn, Le Lait des vaches Hollandaises, *Ann. des Falsif.*, 1913, p. 648.

laits, le volume de ceux-ci et, pour un certain nombre d'entre eux, le taux de l'extrait dégraissé.

« Assez souvent, dit BONN — au moins dans la région du Nord — on entend alléguer, pour expliquer la faible teneur en beurre de certains échantillons de laits prélevés, qu'il s'agit de laits provenant de vaches de race hollandaise. Il nous a donc paru intéressant d'étudier de très près les renseignements fournis par ce catalogue, et de résumer ci-dessous les résultats obtenus, en faisant toutefois observer que les vaches présentées à ce concours étaient des bêtes laitières *choisies*. Le nombre total des vaches est de 631, ayant donné lieu à 1.170 observations, beaucoup de ces vaches ayant deux ou trois années de lactation. La moyenne de la matière grasse au litre est 33,20 ; le maximum 45,10 ; le minimum 25,10. La moyenne de l'extrait dégraissé est 88,18, la maximum 94,30 et le minimum 82 gr. 40. La moyenne de la quantité fournie par jour est 13 litres 08.

« La répartition des laits, d'après leur teneur en matière grasse est la suivante :

De 25 gr. à 30 gr.	par litre	113,	soit	9,66	%
30,10 à 31	— —	117	—	10	%
31,10 à 32	— —	159	—	13,58	%
32,10 à 33	— —	199	—	17	%
33,10 à 34	— —	192	—	16,42	%
34,10 à 35	— —	137	—	11,72	%
35,10 à 40	— —	238	—	20,35	%
40,10 à 45	— —	14	—	1,19	%
45,10 à 50	— —	1	—	0,08	%
Total.		1.170			

« La répartition d'après la teneur en extrait dégraissé est la suivante :

Moins de 85 gr.	par litre	15,	soit	10,95	%
De 85 à 86	— —	13	—	9,49	%
86,10 à 87	— —	20	—	14,60	%
87,10 à 88	— —	13	—	9.49	%
88,10 à 89	— —	20	—	14,60	%
89,10 à 90	— —	23	—	16,78	%
90,10 à 91	— —	20	—	14,60	%
Au-dessus de 91	— —	13	—	9,49	%
Total. . . .		137			

« On voit donc, principalement en ce qui concerne la teneur en matière grasse, que ces laits ne présentent pas les anomalies que, comme pour les beurres, certains voudraient voir généraliser, et que, dans l'ensemble, ces lait présentent les caractères des laits que l'on trouve dans la région du Nord.

« En ce qui concerne l'extrait dégraissé, 15 de ces laits, soit 10,95 %, ont une teneur inférieur à 85 gr. par litre, se répartissant comme suit :

De 82,40 à 83 gr. par litre	. . . .	1
83,10 à 84 — —	. . . .	5
84 à 85 — —	. . . .	9

« Evidemment il y a là quelques anomalies, mais qui sont rares, et qu'un prélèvement de contrôle, à l'étable, permettrait. le cas échéant, de trancher utilement. »

Evidemment, dans les travaux du *Laboratoire Municipal de Paris* et de Bonn il y a des chiffres faibles, mais ils ne sont ni toujours aussi bas ni aussi fréquents que certains défenseurs voudraient l'admettre et, en tous cas, aujourd'hui, en ayant recours à des données qui nous apparaissent de grande valeur, telle que la *constante moléculaire simplifiée*, il deviendra toujours possible de faire la discrimination entre des laits fraudés et des laits *faibles*, en admettant que ceux-ci et ceux-là aient la même composition chimique grossière. Si malgré tout on venait à invoquer, en l'exagérant, l'influence d'une vache hollandaise dans un petit troupeau, il importerait d'examiner le lait de chaque animal en soi, ce qui permettrait de fixer avec justesse le retentissement que pourrait avoir dans le mélange le lait de l'animal de race hollandaise.

*
* *

Les difficultés d'ordre administratif et judiciaire qu'engendre la répression de la fraude sont presque toujours dues à des questions d'écrémage portant sur des laits de petits, voire même de tout petits troupeaux. On peut dire, et tous les experts connaissant bien les questions laitières en jugeront comme moi, je l'espère, que la question du mouillage n'attire que de rares difficultés ; cela va pour ainsi dire presque tout seul dans la grande majorité des cas. Mais, pour l'écrémage, on ne saurait jamais être trop circonspect et c'est bien le cas pour un expert consciencieux de se mettre à l'abri derrière l'adage judiciaire bien connu : « Mieux vaut laisser passer cent coupables que de condamner un innocent. »

Le remplissage des pots au fur et à mesure que la traite s'effectue sur un troupeau. — Il reste encore un point intéressant à étudier relativement au lait de troupeaux moyens.

Il peut arriver, et il arrive, que des fermiers possesseurs de dix à quinze vaches, en bonne santé et bien nourries, dont le lait de mélange serait le plus souvent très voisin du lait moyen, sont poursuivis pour fraude par écrémage, alors qu'il n'y a eu de leur part aucun geste dolosif. Il faut en trouver la cause dans le fait que les laits ne sont pas mélangés avant qu'on remplisse les pots.

Aussi, pour éviter des poursuites inconsidérées, et qui peuvent se répéter, il faut leur recommander de mélanger la traite complète de l'ensemble des vaches de leur exploitation. C'est ce que M. FONZES-DIACON exprimait déjà dans un projet d'instruction aux laitiers en ce qui concerne l'extrait dégraissé (1). C'est ce qui résulte également d'observations présentées à la *Société des Experts chimistes* par M. BRUNO (2) au sujet de la matière grasse. Celui-ci fait remarquer qu' « il peut arriver souvent que les capacités des pots ou autres récipients employés soient inférieures, ou au volume d'une traite individuelle abondante, ou de deux. Dans le premier cas, un vase pourra contenir un début de traite ; dans le second cas, un des récipients pourra contenir le produit d'une traite individuelle totale et le début de la suivante. » Les laits ainsi recueillis ne répondraient pas à la définition légale du lait.

« Il n'y aurait rien à objecter à l'emploi de petits récipients assez nombreux pour permettre de ne fractionner aucune traite, si le personnel s'astreignait à cette règle, mais en pratique, on n'aurait jamais la garantie qu'il en soit ainsi, et il arriverait fatalement qu'un récipient reçoive, soit le commencement, soit la fin d'une traite, isolément ou en mélange avec des traites totales. »

« Les considérations précédentes sont sans intérêt pour les laits de ramassage, mélangés, unifiés, dans lesquels la variation individuelle s'atténue par surcroît, jusqu'à disparaître pratiquement. Elles ont toute leur valeur lorsqu'il s'agit des nourrisseurs des grandes villes et des producteurs détaillants. Alors l'obligation du mélange après chaque traite des différents laits recueillis résulte de la définition du « lait » qui la comprend implicitement. »

C'est donc pour éviter, dans la mesure du possible, des poursuites capables d'entraîner la condamnation de vendeurs parfaitement innocents que, sur la proposition de M. BRUNO, la *Société des Experts chimistes*, dans sa séance du 10 octobre 1923, émit l'avis « que, dans toute exploitation vendant du lait en nature au détail, l'obligation de mélanger les laits provenant de la traite de toutes les vaches d'une même étable, résulte de la définition du lait, base de toute réglementation »

Et le vœu :

« Que l'attention des producteurs soit appelée, tant dans leur

(1) FONZES-DIACON, Sur la valeur de l'extrait dégraissé des laits *(Bull. de l'Acad. des Sc. et Let. de Montpellier*, 10 avril 1916).

(2) A. BRUNO, Remarques sur la teneur du lait en matière grasse *(Ann. des Falsif. et des Fraudes*, t. XVI, p. 528, 1923).

intérêt propre que dans l'intérêt des consommateurs, sur l'obligation sus-indiquée. »

« Que les pratiques de la filtration du lait encore chaud, et du refroidissement aussi rapide que possible du lait, ainsi débarrassé de ses grossières souillures, soit en même temps recommandée et encouragée. »

On ne saurait trop s'associer à l'avis et au vœu formulés par la *Société des Experts chimistes*. En y souscrivant, il est certain que beaucoup de petits producteurs s'éviteraient des ennuis, mais comme l'exécution du vœu ci-dessus n'est pas à la portée de ceux qui l'ont émis et dépend uniquement de la bonne volonté des producteurs, il y a lieu de craindre que, d'ici longtemps, les pratiques que l'on voudrait réformer ne soient encore courantes. Il faudrait évidemment que tout producteur ait un bac dans lequel tous les laits des traites de ses vaches laitières fussent recueillis et mélangés avant le remplissage des pots. De ce bac, le lait irait d'abord sur un réfrigérant, puis dans les pots.

Des choses aussi simples sont demandées par beaucoup depuis longtemps, mais comme on ne peut, hélas! forcer les producteurs à procéder de cette façon, il y aura encore pas mal de poursuites rentrant dans le cadre de celles qui ont été soulignées tout à l'heure, et des gens non fraudeurs seront donc condamnés pour fraude.

J'ajouterai que ce n'est pas le mélange des différents laits de la même traite auquel il faudrait procéder, mais bien celui des traites de la même journée, car, ainsi qu'il résulte de tout ce qui a été exposé dans ce travail, nous pouvons avoir des traites — notamment celles du matin — parfaitement mélangées d'un nombre moyen d'animaux et dont le taux butyreux soit cependant inférieur à celui qui est implicitement admis par les Services administratifs. Je rappellerai à ce sujet les remarques de Buckley dont il a été fait état antérieurement.

Remarquons encore que, s'il s'agit d'éviter le fractionnement d'une traite d'un animal donné, la proposition de M. Bruno répond à la définition légale ; mais l'obligation de mélanger les traites de divers animaux n'est pas sous-entendue dans cette définition ; elle est recommandable, mais elle ne peut servir de base au déclanchement d'une action judiciaire. Si moi, producteur, je n'ai pas de bac dans lequel je puisse mélanger le lait de tous mes animaux, je remplirai mes pots au fur et à mesure, et ainsi, avec une production journalière pouvant atteindre et dépasser même 100 litres, ce qui représente déjà un moyen mélange, j'aurai des pots honnêtement remplis dont le taux butyreux pourra varier d'un récipient à l'autre.

Le producteur doit être avisé de cela, et c'est pourquoi l'initiative de M. Bruno se justifie.

La conduite de l'expert. — Ce n'est pas seulement de la conduite de l'expert dont je devrais parler ici, mais également de celle des agents à tous les degrés du Service de la Répression des fraudes, des chimistes et des Laboratoires agréés pour procéder aux premières déterminations chimiques. La recherche de la vérité, si nécessaire à une bonne justice, exige la parfaite coordination de tous les efforts. La rencontre-t-on toujours ? Pourrait-elle être plus grande encore ? Ce sont des questions auxquelles je m'efforcerai de répondre dans les pages qui suivront.

Le travail du Laboratoire agréé et celui de l'expert ont été tracés par des circulaires officielles en des formes qui délimitent nettement la besogne inpartie à chacun.

L'échantillon d'un lait prélevé par le Service de la Répression des fraudes n'affecte pas, en effet, le même aspect selon qu'il se présente au Laboratoire administratif ou chez l'expert.

Le Laboratoire administratif ne possède généralement que des renseignements très vagues sur l'origine du lait, d'où la nécessité pour lui de conclure en se plaçant dans l'hypothèse qu'il a affaire à un lait moyen. C'est ce que marque très expressément la circulaire n° 1 du 20 février 1907.

« Leur rôle (celui des Laboratoires administratifs) est de faire un triage parmi les échantillons ; aussi, l'examen qui leur est demandé n'a-t-il aucun des caractères d'une expertise véritable. »

« L'appréciation donnée par le Laboratoire constitue pour l'autorité judiciaire une indication, une présomption qui justifie l'ouverture d'une instruction. »

« Les directeurs des Laboratoires peuvent apporter une grande sévérité dans les jugements, puisque, d'une part, tout échantillon fraudé qu'ils laisseraient passer ne pourrait plus être incriminé et que, d'autre part, nulle condamnation ne saurait résulter injustement de leur appréciation, la réalité du délit ne pouvant être établie que par l'expertise contradictoire ultérieure. »

Ces instructions sont fidèlement suivies dans la grande majorité des cas, en raison de l'absence de renseignements que le Laboratoire possède sur le lait dont on lui confie l'examen.

« Lorsque le talon de l'étiquette ne porte aucun renseignement, dit Bodroux dans son travail, on le compare avec le lait-type de la région. »

« Tout lait qui vient au Laboratoire sans indication du nombre des vaches qui l'ont fourni est considéré comme un lait de mélange, et rapproché du type de la région. »

Je me permets de trouver cette façon de faire regrettable, car dans le cas d'écrémage d'un lait individuel, on met en branle tout l'appareil judiciaire, ce qui n'arriverait pas ou aurait des chances de ne pas arriver si le directeur du Laboratoire avait à sa connaissance les renseignements portant sur le nombre d'animaux, leur race, l'heure de la traite, etc. Souvent alors, il serait amené à modifier ses conclusions premières trop rigoureuses. Le lait soumis à son examen ne serait plus un lait *quelconque* jugé d'un point de vue général, il deviendrait un lait *particulier* demandant à être apprécié à la lumière de données qui lui appartiennent en propre.

Il est clair que si une enquête administrative, et à son défaut l'enquête préalable à laquelle le Procureur aurait pu faire procéder, était toujours communiquée au directeur du Laboratoire, les éléments d'appréciation qu'elle fournirait par les explications de l'intéressé, les renseignements sur l'origine du produit, les circonstances du prélèvement, apporteraient souvent une telle correction aux conclusions premières que beaucoup d'affaires seraient arrêtées, dès le début, avant toute instruction, d'où économie des frais. Et la meilleure preuve, je la trouve dans le travail de Bodroux à la page 44 :

« Parfois, sur le talon de l'étiquette, sont indiqués le nombre des animaux producteurs et l'origine de la traite, matin, soir, soir et matin. Lorsqu'il n'y a qu'une vache, à cause de la variation journalière, le Laboratoire est très circonspect, et il ne signale pas le lait, même quand sa teneur en matière grasse descend un peu au-dessous de 30 gr. par litre. » Je ne relève pas ce dernier chiffre, puisque, pour l'instant, je m'occupe d'une question de procédure, mais je ferai remarquer en passant que les surprises des laits individuels peuvent descendre nettement au-dessous de 30 gr. (1) ; nous l'avons vu maintes fois dans les pages qui précèdent.

C'est parce que l'ignorance dans laquelle se trouvaient les Laboratoires agréés compliquait les choses que le Ministre de l'agriculture adressa le 5 juillet 1908 une circulaire aux Préfets dans laquelle il signale en débutant que son attention a été appelée sur l'insuffisance des renseignements fournis en général aux Laboratoires de la répression des fraudes en ce qui concerne la nature des échantillons soumis à leur examen.

Pour le lait, dit cette circulaire, « il est important d'indiquer au Laboratoire si l'échantillon provient d'une seule étable, de la traite du matin ou du soir, ou s'il s'agit d'un lait moyen obtenu par ramassage dans une région déterminée.

« Je vous prie donc de bien vouloir donner des instructions pour que les agents du service s'efforcent d'obtenir sur la nature, l'ori-

(1) Pour la race parthenaise au lait très butyreux, les raisons de Bodroux de s'arrêter « un peu au-dessous de 30 grammes » sont sans aucun doute bonnes, mais, pour la majorité des autres races, il n'en serait pas de même.

gine... du produit prélevé, des renseignements aussi complets que possible.

« Tous ces renseignements, ainsi que, le cas échéant, l'indication de la fraude soupçonnée, doivent être mentionnés avec le plus grand soin par le service administratif sur le talon de l'étiquette de l'échantillon destiné au Laboratoire, au besoin sur un feuillet spécial qui sera joint audit talon ». En pareille occurrence, le triage effectué par le Laboratoire sera moins brutal que si ce dernier était laissé dans l'ignorance des renseignements auxquels il vient d'être fait allusion ; ce ne serait plus en quelque sorte une devinette qui serait posée au Laboratoire et le classement des échantillons auquel celui-ci procéderait se ferait avec plus de méthode, plus de discernement.

Il est équitable de dire ici qu'il n'est pas toujours facile de donner des détails précis dans le procès-verbal de prise du premier échantillon. Rien de plus simple quand on opère à l'étable, mais lorsque le lait est prélevé au cours du transport ou de la livraison, il est, la plupart du temps, impossible d'obtenir des renseignements exacts. C'est un domestique ignorant, un adolescent, une femme méfiante qui ont à répondre, et aux questions les plus simples, ils ne le font souvent qu'avec un minimum de clarté, à moins qu'ils ne récitent une leçon qu'on leur a apprise.

*
* *

Le Laboratoire officiel travaille sur des laits récemment prélevés. — Le Laboratoire agréé, que je n'entends nullement substituer à l'expert, est très bien placé pour formuler déjà une opinion plausible, à condition, bien entendu, d'avoir à sa disposition des renseignements exacts de la nature de ceux dont il a été question plus haut — j'y reviens d'ailleurs un peu plus loin — parce qu'il a cette chance inestimable d'effectuer l'analyse sur un produit en général récemment prélevé . Hélas ! il n'en est pas toujours ainsi pour l'expert qui, souvent, reçoit comme lait à analyser un produit innomable : coagulé, violet, en fermentation.

Bien outillé et au courant des méthodes, très entraîné, le Laboratoire agréé donne des résultats aussi exacts que possible et, le plus souvent, très rapidement. Aucune critique n'est à faire à l'analyse officielle ; ce sont des chimistes des plus compétents qui y procèdent.

La détermination chimique et l'interprétation. — En matière de falsification, l'analyse n'est qu'une moitié de la besogne à accomplir pour dire si, oui ou non, il y a faute. L'interprétation en est la seconde et elle n'est pas la moins ardue.

Les chimistes capables de faire une bonne analyse sont légion et les divergences signalées, soit entre les experts et le Laboratoire agréé, soit entre les experts eux-mêmes, sont rarement d'ordre chimique ; elles portent presque uniquement sur l'interprétation des résultats. Nous voici placés sur un terrain particulièrement délicat. Je ne puis cependant pas ne pas faire miennes les observations si judicieuses de BODROUX que je me plais à citer *in extenso* :

« Les chimistes capables de faire une bonne analyse sont très nombreux, et tous pourraient être chargés des expertises du premier genre. Il n'en est pas de même pour celles du second. Quand il s'agit, comme cela a lieu pour le lait, de rapprocher les uns des autres des résultats numériques, de les interpréter, d'apprécier les renseignements fournis par le dossier de l'affaire, de coordonner les impressions qui se dégagent des uns et des autres, il faut des connaissances et des aptitudes spéciales. Tous les analystes ne les possèdent pas ; les règles empiriques apprises dans les Instituts scientifiques ou puisées dans les ouvrages spéciaux ne permettent point, en général, d'y suppléer.

« Dans toutes les classes de la société, dans toutes les carrières, on trouve des hommes ayant de grandes qualités, mais de caractère indécis, et qui, même dans les circonstances graves de l'existence, ne savent pas, ou ne veulent pas prendre de responsabilités. Si de tels hommes sont chimistes, et s'ils sont appelés à faire des expertises du deuxième genre, après avoir analysé correctement les produits qui leur auront été remis, ils ne sauront pas tirer parti des résultats obtenus : ils hésiteront et finalement remettront au juge d'instruction des rapports dubitatifs.

« En France, on considère tous les chimistes comme aptes à faire les expertises les plus variées. *C'est là une grave erreur !* Un savant éminent peut être, dans certains cas, un mauvais expert ; telle personnalité, très qualifiée pour les recherches toxicologiques, peut ne pas l'être pour l'appréciation des matières grasses ; telle autre, très au courant de ce qui concerne la laiterie et l'œnologie, ne donnera pas ce qu'on attend d'elle dans l'examen d'une farine ou d'une conserve alimentaire.

« A notre époque de spécialisation à outrance, il y a pour l'étude de chaque catégorie de substances des hommes compétents auxquels on devrait s'adresser. L'expérience seule peut faire connaître aux magistrats quels sont, parmi les chimistes inscrits sur les listes judiciaires, ceux qu'il convient de désigner dans les affaires concernant les laits.

« Un bon expert ne fournira certainement pas toujours des rapports venant confirmer l'accusation, mais il n'élèvera pas le doute à la hauteur d'un principe, et il ne craindra pas, si ses observations l'y amènent, d'affirmer la réalité de la falsification. En faisant appel à son concours, le juge d'instruction sera donc certain de n'avoir pas devant lui un homme psychologiquement inconsistant. Et comme la découverte de la vérité n'est pas toujours facile, il serait désirable que cet expert, dans certaines circonstances, puisse recevoir, de l'autorité qui le commet, un mandat élargi; qu'il ait la faculté de faire les visites, les investigations, les prélèvements de laits témoins qu'il estimerait nécessaires. Sans doute, une telle liberté d'action aurait pour conséquence une augmentation considérable des frais, mais elle donnerait dans bien des cas des résultats heureux. Si parfois ces dépenses incombaient au Trésor public, l'innocence de l'inculpé étant reconnue, pour les compenser, les tribunaux n'auraient qu'à infliger aux fraudeurs dont la culpabilité serait établie, les amendes les plus élevées qu'autorise la loi du 1er août 1905. »

L'interprétation d'une analyse de lait n'est possible, faut-il le répéter, qu'en présence des renseignements qui donnent au lait la physionomie de son origine, son état civil, en quelque sorte. J'ai déjà dit plus haut sur quels points ils doivent porter, mais, dans nombre de cas, ils seront encore insuffisants.

A Paris, on peut dire qu'il s'agit presque toujours, sinon toujours, d'un lait de mélange ; mais en Province, et surtout dans les petites villes, que de cas où il n'en est pas de même, que de laits individuels ou de petits mélanges qui ont une tare pathologique ! Le chimiste devrait se doubler souvent d'un vétérinaire. Laboratoire agréé ou expert, l'un et l'autre ont donc à interpréter les résultats de leur analyse ; c'est un devoir impératif pour le second de le faire, c'est une nécessité pour le premier, et la circulaire de 1908, en recommandant de mettre à sa disposition certains renseignements utiles, le met ainsi dans l'obligation de se prononcer à bon escient et non pas à coups de règle de trois, comme j'ai eu l'occasion de le constater tant de fois.

***

Il ne faudrait donc pas que la conclusion du Laboratoire officiel, dont le rôle primordial est de trier les échantillons, fût uniquement une présomption de fraude pour la justice qui va entamer les poursuites. Encore une fois, le Laboratoire mieux éclairé serait le premier à modifier ses conclusions. Il n'irait pas conclure à l'écrémage pour un chiffre de 28 à 30 gr. de matière grasse, dans le cas d'un lait individuel de la traite du matin, alors qu'il se croit assuré de pouvoir le faire dans l'ignorance de toutes ces circonstances. Que de simplifications dans la procédure avec une telle clarification !

Heureusement qu'il arrive de plus en plus que les agents chargés des prélèvements, agents très avisés, comprenant tout à fait bien ce qu'ils font, fournissent de leur propre initiative, sans compromettre en quoi que ce soit l'anonymat légalement obligatoire des échantillons, des renseignements intéressants qui permettront au Laboratoire officiel de conclure avec précision.

Si, de plus, l'agent pressentant une affaire intéressante à élucider, a pris sur lui de procéder méthodiquement à des prélèvements de comparaison qui peuvent aider à l'étude de cette affaire, il a bien compris sa mission ; il doit en être félicité, parce que, dans ces conditions, il peut permettre au Laboratoire officiel de formuler des conclusions très orientées.

Rien ne serait plus simple, en somme, d'instruire les agents du Service de la répression des fraudes sur les circonstances qui entourent les prélèvements de lait ; elles sont, je me suis efforcé de le montrer dans ce travail, de valeurs très différentes. Je suis persuadé qu'un petit vade-mecum relatant les choses indiscutables, critiquant, sur la base des documents les plus sérieux, tant d'opinions erronées qui ont cours dans le monde de la laiterie, relevant l'argument du fraudeur en l'opposant à la saine vérité, mettant toutes choses au point, montrant la part qu'il faut faire au certain et au probable, aiderait beaucoup au travail des agents des Services de la répression des fraudes ; il les guiderait dans leur initiative, sans la gêner en rien ; les fraudeurs seraient peut-être plus judicieusement, plus à coup sûr, traqués.

***

Le Laboratoire agréé s'étant prononcé, le Parquet poursuivant et nommant des experts, le rôle de ceux-ci sera de rechercher si les anomalies de composition constatées dans l'espèce qui leur est soumise doivent être attribuées à des circonstances anormales qu'il leur faudra définir et discuter avec tout le soin désirable ou résultent d'une manœuvre frauduleuse. *Les experts sont désignés pour donner leur avis sur un cas particulier* qui ne peut acquérir à leurs yeux sa physionomie propre qu'autant que toutes les contingences qui l'enveloppent (nombre d'animaux, race, conditions de vie, époque de la lactation, état de la mamelle, heure de la traite, etc.) en soient exactement connues. C'est à eux de se renseigner, si le dossier n'en fait pas la mention suffisamment, sur toutes les circonstances de la cause, de provoquer, si besoin est, une enquête supplémentaire de et enfin de demander, s'ils le jugent nécessaire, qu'un prélèvement comparaison soit effectué dans des conditions qu'ils devront soigneusement exprimer.

***

L'expert ayant à décider une question de fraude sur le lait doit, après qu'il aura, bien entendu, procédé avec toute la rigueur indispensable aux déterminations analytiques, se poser certaines questions dans l'ordre suivant :

1° *S'agit-il d'un lait individuel ou d'un lait de mélange ?* Et, s'il s'agit d'un lait de mélange, a-t-on affaire à un lait de grand mélange ou à un lait de petit mélange et, dans ce cas, de combien de têtes se compose le troupeau dont le lait de mélange est inculpé ? Tous ces renseignements sont, en effet, indispensables.

2° *S'agit-il de mouillage ou d'écrémage ou des deux fraudes à la fois ?*

La seconde question ne doit se poser que lorsqu'il aura été répondu positivement à la première. Il est impossible. je dirai même plus, il est interdit de comparer des laits de mélange au lait individuel et, pour ne pas souscrire à cette formule. on tombe dans une erreur préjudiciable à la manifestation de la vérité, et qui peut conduire à condamner à tort ou disculper à tort.

Disculper à tort, parce que, en effet, il est souvent donné de lire ceci : « Il est bien vrai que ce lait de mélange est faible en matière grasse, mais on sait que certains laits ont normalement un taux faible. » Ici, l'expert ignorant ou complaisant, l'avocat qui ne voit que l'intérêt de son client, ont rapproché le lait de mélange fraudé du lait individuel faible ; ils ont comparé une grandeur pour ainsi dire fixe à une grandeur essentiellement variable, pour les confondre, pour les identifier.

La même erreur, parfois voulue, sera commise en matière de mouillage et bien souvent un extrait dégraissé de lait de mélange, faible parce que fraudé, sera comparé à un extrait dégraissé, faible, mais non fraudé, du lait d'une vache hollandaise et, mieux encore, du lait d'une mamelle malade.

C'est une erreur trop fréquente, erreur dont profitent les fraudeurs, grâce à l'astucieuse intervention de ceux qui les défendent, que de rapprocher, sans discernement, les chiffres obtenus de l'analyse des laits les plus différents. On voit, ainsi accolés, des laits sains et des laits malades et ce sont toujours les laits fraudés qui, bien entendu, profitent du voisinage. La moyenne, ici, ne résulte pas de la somme du minimum et du maximum divisée par deux : c'est tout autre chose et cette simple opération ne saurait jamais être valable.

Mais, si le rapprochement du lait de mélange et du lait individuel disculpe, comme nous venons de le voir, il conduit parfois à la condamnation. C'est que, cette fois, on rapporte la composition des laits individuels à celle des laits de mélange, alors que c'est l'inverse que l'on faisait tout à l'heure ; à ces derniers, on donne une composition rigide, immuable, et il est entendu dans l'esprit de ceux qui procèdent à ce rapprochement que les laits individuels ont, eux aussi, une composition du même type. Ni l'expert, ni le juge n'ont le droit de ramener le taux butyreux de tous les laits, de *tous sans exception*, individuels ou de petits mélanges, en provenance de deux, trois, quatre et cinq vaches, à un taux fixe de 40 gr., ce taux du célèbre document de 1857. Or ce droit, ainsi que j'ai pu le constater moi-même dans la région lyonnaise, est souvent pris.

En conscience, est-il juste, est-il logique de raisonner ainsi : « Le ait moyen de la région ayant 40 gr. de matière grasse au litre, l'échantillon n° X n'en ayant que 36 est écrémé dans la proportion de $\frac{40-36}{40} = \frac{4}{40} = 10\ \%$. Et on ne savait rien de l'origine de l'échantillon n° X ! Et voilà une affaire mal engagée, de l'argent mal dépensé, des colères soulevées. Calculer ainsi, c'est la guillotine sèche, dirons-nous. C'est vraiment trop facile et cela s'écarte trop souvent de la saine vérité. Nous saisissons là l'inconvénient du lait que nous pourrions dire *trop* type. Remarquons que le lait à 36 gr. dont il vient d'être question est peut-être fraudé, mais ce n'est pas le chiffre que je critique, c'est la méthode, et j'interdis à quiconque d'asseoir sa conviction par un tel procédé lorsqu'il s'agit de lait individuel. Se prononcer à l'abri d'une règle de trois utilisée avec une pareille fantaisie, c'est dépasser les limites du bon sens. C'est parce qu'il m'a été donné de voir que souvent l'on procédait ainsi avec des laits de petits producteurs, ayant deux, trois vaches, pas plus, producteurs qui, certes, n'avaient pas fraudé, que j'ai senti combien il était grave de faire condamner avec une telle désinvolture. J'ai vu de petites gens, peu fortunés, n'ayant qu'une vache, consentir à de grands sacrifices pour sauvegarder leur honorabilité compromise. L'auraient-ils fait s'ils eussent été fraudeurs ?

On n'a pas le droit de faire des calculs d'une grande rigidité — la règle de trois en est le type — *sur des données comportant essentiellement de la variabilité.*

*
* *

Il me serait facile de rapporter ici de nombreux exemples de cette façon de raisonner, qui ferait plutôt sourire, si l'on ne sentait pas très souvent derrière une telle légèreté l'entorse à la vérité et la condamnation injustifiée. Ce sont toujours les cas d'écrémage de laits individuels qui font les frais de ces iniquités, et, quand je lis dans le travail de Bodroux des condamnations sévères ou des amendes élevées relatives à des *cas d'écrémage sur le lait d'une seule vache*, je ne puis m'empêcher de poser un point d'interrogation.

La tâche de l'expert est souvent très difficile, je ne suis pas loin de dire parfois insurmontable, sur le terrain de l'interprétation. On en peut juger en constatant les efforts, pour beaucoup inutiles, souvent illusoires et sans portée réelle, qu'un grand nombre de chimistes ont faits pour fixer l'écrémage avec précision. Il y a dans tout cela une impasse, de laquelle il est malaisé de sortir. Demander à l'expert si un lait est ou non écrémé, et, de plus, dans quelles proportions il l'est, c'est une question qui, en conscience, est maintes fois embarrassante.

Les calculs ajoutés aux calculs, quelle qu'en soit leur ingéniosité, ne sauraient prévaloir contre ce fait indiscutable : les variations du taux butyreux des laits individuels jouent fortement dans une foule de cas, et je me suis employé dans cette longue étude à les dénombrer.

Il ne s'agit pas ici de défendre les fraudeurs, mais de s'efforcer de dégager la vérité ; elle n'a rien d'absolument rigide dans le cas qui nous occupe, trop de contingences l'enveloppent.

Je dirai volontiers qu'il faut davantage croire à l'esprit fraudeur de l'homme qu'à son honnêteté, mais de là à supposer tout de suite coupable celui dont le lait ne répond pas à certaines données *trop aisément clichées*, il y a loin.

Si la fraude est fréquente, on aurait tort, toutefois, de la voir partout et je mets en garde ceux dont le métier est de poursuivre les fraudeurs contre une erreur dans laquelle ils risquent souvent de tomber, et dans laquelle ils tombent en effet, ainsi que j'ai pu en juger maintes fois : quand je viens dire que la variabilité du taux butyreux déclanche, automatiquement pour ainsi dire, l'inculpation de fraude, alors que celle-ci n'existe pas, je ne risque pas d'être démenti. Ce sont trop souvent des taux faibles, mais normaux — parce qu'ils traduisent un fait physiologique indéniable — du taux butyreux d'un lait individuel, ou du lait de deux ou trois vaches, qui engendrent les poursuites ; on pense d'abord à la fraude avant de demander si cette faiblesse du taux de la matière grasse a quelque chose de normal. Il y a assez de circonstances dans lesquelles la fraude s'exerce vraiment pour ne pas les multiplier comme à plaisir.

Je ne dirai pas qu'il est une mystique de la répression des fraudes — c'est un bien grand mot — mais il existe une certaine tournure d'esprit dérivant d'idées morales constamment ressassées et de faits sans cesse renouvelés. On a si souvent l'occasion d'apprécier tout ce qu'il y a de tromperie dans l'esprit humain qu'on imagine aisément qu'il en est toujours ainsi.

* * *

Le prélèvement de comparaison. — Devant les difficultés que l'expert éprouve à se prononcer, devant celles que le magistrat entrevoit pour étayer sa décision, l'un et l'autre ont souvent recours au prélèvement de comparaison.

Il n'est pas de question, dans l'ordre de l'expertise des denrées alimentaires, qui soit l'objet des opinions les plus opposées, les plus disparates.

Le prélèvement de comparaison se justifie-t-il toujours ?

Dans quelles conditions est-il valable ?

Il faudra distinguer aussi entre le *prélèvement en cours de route* et le *prélèvement à l'étable* ; ce sont là, en effet, deux choses différentes.

Pour certains Parquets, il est toujours indiqué de recourir au prélevement de comparaison, et indistinctement dans tous les cas. Ils érigent, en effet, en principe, que la preuve de la fraude ne peut jamais être faite sans lui. C'est là une tendance qu'il faut combattre ; *on ne saurait, en effet, dans tous les cas, s'adresser avec profit à lui, et faire de l'échantillon de comparaison l'outil indispensable pour juger de la fraude en laiterie, quelle qu'elle soit, est une erreur.*

Voir un juge relaxer un inculpé de poursuite par écrémage, en disant : « Il n'a pas été prélevé d'échantillon de comparaison, ce qui aurait permis de déterminer l'écrémage et sa proportion, » c'est constater une erreur de jugement. Il y a là un point de départ défectueux, car, en matière d'écrémage, l'analyse de l'échantillon de comparaison ne résoud pas toujours la difficulté. Je crains que le magistrat qui a raisonné ainsi ait raisonné au général, sans tenir compte des circonstances de la cause ; c'est là où est son tort.

Quand M. CASANOVA (1) vient dire, à la « Journée du lait » du 19 septembre 1922 : « ... Les contre-prélèvements de comparaison sont indispensables à toute poursuite pour falsification de lait, » il n'y est autorisé que pour le commerce de la laiterie en gros qu'il semble avoir voulu plus particulièrement viser, car, dans ce cas, ledit prélèvement est indispensable pour situer le point de la route suivie par le lait où la fraude s'est exercée, mais il serait exagéré d'appliquer la formule de CASANOVA dans tous les cas ; il en est pour lesquels elle serait inopérante.

Pour d'autres Parquets, l'échantillon de comparaison ne serait valable que pendant un temps assez court. J'ai fait antérieurement justice de quelques arguments présentés à l'appui de cette thèse et je me permets de les rappeller pour les faire entrer dans le cadre de la présente discussion.

Tel procureur ne pouvait admettre, comme point de comparaison, un prélèvement effectué dans un délai dépassant de huit jours le premier, ce qui était déjà, d'après lui, un grand maximum, et il ajoutait : « Les *théories admises* jusqu'à ce jour prouveraient que le lait d'une vache peut être *entièrement modifié* dans l'espace de trois semaines, et ceci dans les conditions normales. »

« A plus forte raison, un changement de nourriture, par exemple, pourrait totalement modifier dans un très court délai la nature du lait. »

(1) L. CASANOVA, *le Lait devant la loi* (Rapport présenté à la « Journée du Lait »). Broch. 31 pages, Librairie agricole de la Maison Rustique, 1922.

Comment faire de la répression des fraudes avec un tel magistrat qui, au nom d'une fausse science, formule d'un ton si tranchant!

Exiger, comme le font certains experts, que le second prélèvement suive de très près le premier ne saurait toujours *donner une garantie indiscutable à la comparaison.*

Lorsque Bodroux avance qu'il est bon que l'échantillon de comparaison soit prélevé « le plus tôt possible, surtout lorsque l'étable ne contient qu'un petit nombre d'animaux, et qu'il s'agit d'écrémage, » je me permets de dire que c'est là un texte dangereux, parce qu'il est dépourvu de l'esprit de généralisation qui devrait sans exception inspirer des formules semblables.

Le prélèvement d'un échantillon de comparaison en matière d'écrémage n'est plausible que lorsqu'il s'agit d'un *lait de grand mélange* et, dans ce cas, on a du temps devant soi.

Le fait d'effectuer le prélèvement de comparaison pour suspicion d'écrémage, aussitôt que possible après le premier, ne met nullement à l'abri des surprises; les graphiques publiés dans cette étude en fournissent la preuve.

Je formulerai les mêmes remarques pour les lignes suivantes du même auteur :

« *La prise des échantillons de comparaison incombe à l'autorité judiciaire, qui doit y faire procéder dans les plus courts délais.* Ils ont alors *scientifiquement la même valeur* que s'ils avaient été prélevés au moment de la prise de l'échantillon suspect. » Ce sont là des propos qui ne sont pas d'application à tous les cas. Ils n'ont donc rien de général, et, si je considère le fond même des lignes ci-dessus, il n'est pas toujours vrai, même dans le cas où l'échantillon de comparaison peut avoir une certaine valeur, qu'il ait *scientifiquement la même valeur,* lorsqu'il a été pris dans un délai court, que s'il avait été prélevé au moment même de la prise de l'échantillon suspect.

Où je me dis d'accord avec Bodroux, c'est lorsqu'il demande que l'expertise contradictoire soit faite le plus tôt possible ; il n'en peut qu'en résulter des avantages, dans tous les cas, pour la bonne administration de la justice.

Pour apprécier dans quelle mesure le prélèvement de comparaison est valable, il faut toujours en revenir à ces deux questions : « S'agit-il d'un lait de mélange ou d'un lait individuel ? Y a-t-il écrémage ou mouillage ? » S'il s'agit d'un lait individuel dont il faut apprécier l'écrémage, on ne peut qu'être du même avis que ceux qui disent : « le lait varie beaucoup », mais dans les trois autres cas :

1° Lait individuel jugé par son extrait dégraissé, sauf dans le cas de lait pathologique ;

2° Lait de grand mélange vu par sa matière grasse ;

3° Lait de mélange vu par son extrait dégraissé.

On sait que le lait ne varie pas autant que certains se plaisent à le dire.

Donc, lorsqu'on refuse à l'échantillon de comparaison toute signification s'il est prélevé huit jours après le premier lait — pourquoi huit jours, pourquoi pas quatre, pourquoi pas quinze ? — on agit un peu à la légère, car, pour les trois cas dont il vient d'être question, l'échantillon de comparaison a de la valeur pendant longtemps.

J'ai pu suivre plusieurs affaires de mouillage et, dans l'une d'elles notamment, il s'agissait de sept animaux au premier prélèvement et de six au second ; les chiffres des deux laits prélevés à trente-trois jours d'intervalle se superposaient parfaitement.

Je ne saurais, cependant, méconnaître les avantages qui en résulteraient pour la recherche de la vérité si la prise du second échantillon suivait d'aussi près que possible celle du premier ; avec les vaches laitières, il faut toujours se méfier des infections de la mamelle si facilement possibles et c'est là un élément de trouble qui viendrait gêner considérablement l'interprétation.

L'échantillon de comparaison et la traite incomplète. — La prise de l'échantillon de comparaison, lorsqu'elle est faite à l'étable, exige la traite à fond, mais, encore une fois, les mêmes questions que tout à l'heure se posent. S'il s'agit de mouillage, peu importe, en effet, que le deuxième échantillon soit du début ou de la fin de la traite. Ainsi que je l'ai montré, les calculs de rectification donnent à l'extrait dégraissé sa vraie valeur : l'extrait dégraissé rectifié est, en effet, le même au début et à la fin de la traite.

Mais s'il s'agit d'écrémage, la nécessité de la traite totale s'impose, car la composition d'un lait moyen n'est pas plus la somme des compositions maxima et minima divisée par deux que la composition du lait total n'est la moyenne de celle du lait du début et de celle du lait de la fin de la traite. Je rappellerai également que les quatre quartiers de la mamelle sont physiologiquement quatre glandes séparées, tant au point de vue de leur extrait dégraissé que de leur matière grasse.

Bien entendu, dans le cas que j'examine en ce moment, il ne saurait s'agir que de déterminer le délit d'écrémage sur un lait d'étable, car, pour les laits individuels, nous savons trop que l'échantillon de comparaison est inopérant.

Dans le cas d'un lait individuel, on peut même conclure à l'impossibilité de faire la distinction entre un lait entier, mais d'un taux butyreux faible et un lait de traite incomplète ; tous les deux peuvent avoir la même richesse en matière grasse et il aisé de comprendre que celui-ci peut même avoir un taux butyreux plus élevé que celui-là.

*
* *

Si démonstratifs que peuvent être, dans leur ensemble, les documents que j'ai présentés dans ce travail, puis-je dire qu'ils donnent réponse à tous les cas ? Je n'en sais rien. J'ai néanmoins l'espoir qu'ils frapperont l'esprit de beaucoup, qu'ils feront réfléchir, qu'ils disciplineront le jugement de certains, rectifieront leur entendement relativement à certains points sur lesquels leurs idées antérieures, souvent préconçues, résultaient de lectures rapidement faites et de l'examen superficiel de documents parfois critiquables. Il restera toujours, comme on dit au Palais, « matière à plaider. » J'ai délibérément négligé d'insister sur le côté pathologique de la question, de parler de l'influence, en son sens, en sa grandeur, que les affections subaiguës ou chroniques de la mamelle, si fréquentes dans l'espèce bovine, peuvent avoir sur la composition chimique du lait. Cela fera l'objet d'une autre étude.

*
* *

Une préoccupation s'est faite jour au travers de ce large développement : c'est l'établissement d'un lait-type. Nous avons vu qu'il était entouré de multiples difficultés : l'abâtardissement des races, le mélange de celles-ci, l'entretien défectueux des animaux, l'aire trop grande ou trop petite donnée aux investigations. Il est facile de critiquer le lait-type, notamment quand on lui donne, non sans arbitraire, une composition quelquefois un peu « au jugé », mais reconnaissons par contre qu'il est appelé à rendre de réels services, et ceux-ci seraient plus grands encore, si on exigeait pour l'établissement du lait-type des garanties qui lui ont jusqu'ici fait défaut.

Et cependant les documents ne manquent pas : les données des laiteries consciencieuses, celles des Sociétés de contrôle laitier, sont là pour établir sur une base rationnelle la composition du lait-type. Celui-ci est un guide utile dans certaines circonstances que j'ai notées plus haut ; mais, si soigneusement qu'on en établisse les données chimiques, il y aura toujours des cas délicats qui exigeront qu'on aille plus loin. Le prélèvement de comparaison sera là pour rendre service, mais, encore une fois, ce n'est pas une panacée capable de donner satisfaction dans tous les cas. Il n'est pas toujours à réclamer. Il n'est pas infailliblement la pierre angulaire de la détermination de la fraude par écrémage ou par mouillage et du calcul de son importance, quand elle existe. Il est souvent utile, mais non toujours indispensable ; quelquefois même, il ne donne aucune garantie au point que, tel le cas de l'écrémage de lait individuel, la justice est désarmée.

*
* *

La poursuite de la fraude en matière de lait est hérissée de nombreuses difficultés. Sans même qu'il y ait à faire intervenir les arguments fantaisistes qui peuvent frapper les gens non avertis, en n'invoquant que des faits certains, bien présentés, on se rend compte de l'embarras dans lequel on peut se trouver pour conclure. A voir la manière dont quelques magistrats posent les questions aux experts, on juge de leur inexpérience ; et vraiment on ne saurait leur en vouloir, car ils ne sont pas omniscients. Ils demandent aux experts de répondre par un oui ou par un non ; je soutiens que cela est parfois impossible.

Dans leur façon d'apprécier les faits, il me semble qu'il est entre les experts, les agents du Service de la répression des fraudes et les magistrats, certains malentendus. La bonne foi de personne ne pouvant et ne devant pas être mise en jeu, ces malentendus résultent, à n'en pas douter, ou du moins je le crois ainsi, étant donné ce que j'ai pu juger par moi-même de la situation dans de nombreuses circonstances, de l'ignorance de la plupart des faits que j'ai rassemblés dans cette étude, fouillée à dessein, et aussi, de ce que, pour un certain nombre, leur attitude s'abrite derrière des clichés numériques dont ils ne veulent pas sortir. C'est l'abus de ces clichés, ce sont certaines idées préconçues difficiles à extirper qui provoquent les résistances de ceux qui, tout en connaissant aussi bien que quiconque l'étendue et l'importance de la fraude, n'en sont pas moins étonnés de voir affirmer que la vérité est là où leur conscience et leur savoir n'en aperçoivent nulle trace.

*
* *

Devant la variabilité de la composition du lait au point de vue butyreux, variabilité qui s'exagère chez les laits individuels et de petits mélanges, qui s'atténue sans disparaître chez les laits de moyen mélange, voire même chez ceux d'un même troupeau possédant parfois un nombre important de têtes, qui s'atténue davantage encore dans les laits de grands mélanges, comme ceux des Sociétés de ramassage, il est certain qu'un Service de la répression de la fraude ne peut souvent que se trouver désorienté, désarmé.

Pour qu'il n'en fût pas ainsi, il faudrait que le lait eût une composition rigide, ou presque, ce à quoi il ne tend, il n'atteint que chez les laits de très grands mélanges. La répression de la fraude deviendrait donc possible à coup sûr, et, devenant possible, la fraude disparaîtrait, si le commerce du lait était uniquement un commerce de gros. Dans ce cas, rien ne serait plus simple pour le législateur ; il n'éprouverait pas de difficultés à définir les quantités de matière grasse, de matières protéiques, de lactose qui devraient entrer dans le lait courant. Un véritable étalon de lait, un lait-type indiscutable, serait établi et, *ipso facto*, tout lait de composition inférieure serait déclaré fraudé.

C'est cette unité de composition que beaucoup d'esprits, et des meilleurs, ont demandé depuis longtemps. Qu'a dit E. DUCLAUX jadis : « ...Ceci témoigne combien on doit être prudent dans ses conclusions relatives à la fraude, tant qu'une ordonnance de police n'interviendra pas pour définir les proportions de beurre, de caséine et de sucre qui doivent entrer dans le *lait à vendre sur le marché*.

« Le jour où l'on saura qu'un lait marchand doit contenir tant de beurre et de caséine, les producteurs se tiendront sur leur garde. S'ils ont dans leur exploitation un animal qui ne donne pas le taux voulu, ils le supprimeront ou supprimeront son lait, toutes les ambiguïtés et les difficultés disparaîtront et on ne sera pas exposé à consommer, sous la protection de la loi, du lait écrémé ou additionné d'eau, vendu comme *pur* et sacré tel par la force des choses, attendu qu'aucun moyen ne permet d'atteindre sûrement la fraude et qu'il faut dès lors, soit la punir à l'aveuglette, soit la laisser s'étaler en liberté. »

Mais dans les conditions actuelles du commerce du lait, qui n'est entre les mains de Sociétés importantes que dans quelques grandes villes, une pareille règlementation n'est pas possible. Beaucoup de laits en-dessous de l'étalon, et qui seraient déclarés fraudés, pourraient très bien être des laits normaux.

Il est évident que l'on peut regretter, dans l'intérêt général, qu'il n'en soit pas autrement, mais, tant que les conditions du commerce du lait seront ce qu'elles sont, il n'y a rien à faire dans ce sens.

Ne pourrait-il pas arriver que des laits méritant véritablement le qualificatif *hygiéniques*, en provenance de petites exploitations, aient à la traite du matin — les livraisons se font ici très souvent traite par traite — un taux faible en matière grasse ? On poursuivra peut-être, car on regardera la matière grasse avant de dénombrer la flore microbienne, et si l'on poursuit, je dis carrément que c'est une erreur, pis, une faute.

Combien cette matière est difficile à juger! Le paiement « à la matière grasse » est un mode de règlement pour l'industrie ; son opportunité est moindre dès qu'il s'agit des laits pour la consommation et en admettant, malgré toutes les difficultés dans l'application, qu'on y arrive, il ne peut être accepté pour les laits de choix, car leur valeur tient avant tout dans leur innocuité microbienne, dans les conditions de leur récolte. de leur traitement et de leur livraison.

***

La large diffusion de la fraude en matière de lait tient pour une bonne part à la facilité des opérations qui permettent de la réaliser, à la rapidité de la consommation dès la vente, mais elle tient aussi à la faiblesse des peines qu'encourt le fraudeur quand il est condamné.

Il n'est pas toujours simple, nous le savons, d'affirmer la fraude, il est des cas où cela est vraiment difficile, mais quand on a sous la main un fraudeur, que sans aucun doute il a fraudé, il faut le punir sévèrement, lui enlever l'envie de recommencer.

Tout le monde se plaint du mauvais lait, du lait fraudé, écrémé, mouillé — et parfois avec quelle eau ! — c'est un leit-motiv dont il est si facile de jouer, mais on se contente de parler et l'on ne fait rien. On voit même les textes officiels contribuer en quelque sorte à diffuser l'erreur, à favoriser les gestes répréhensibles, et quand on lit que le décret du 25 mars 1924 a donné en quelque sorte un état civil au lait demi-écrémé, on peut dire que, du même coup, on ouvre la porte à beaucoup de difficultés d'ordre analytique et d'ordre hygiénique. Je reviendrai sur ce point dans les commentaires du décret en question.

Je rappellerai ici quelques-uns des arguments que j'ai exposés devant la *Société des Experts-chimistes* en 1916 (1).

« *Nous estimons*, disais-je, *que les Tribunaux sont à côté de la question quand ils condamnent un fraudeur qui a mouillé son lait, uniquement en raison de la diminution de la valeur nutritive que cet aliment a subie du fait de la fraude.*

« *Il serait conforme à l'équité de donner à la condamnation une base hygiénique.*

« *Qu'importe au fond le taux du mouillage ?* Ne savons-nous pas qu'il suffit de quelques gouttes d'eau polluée pour faire du lait qui les a reçues, avec l'aide des circonstances — une température favorable notamment — une véritable culture de *B. typhosus ?*

...« Il est bien vrai qu'on en discute à loisir et très abondamment devant les Sociétés savantes et les Congrès les plus divers, mais quand il s'agit de donner aux vœux formulés une sanction pénale efficace, de rechercher, pour les entorses faites aux décisions très mûries qui ont clôturé les débats, la punition nécessaire, on ne se trouve plus qu'en face d'une jurisprudence faiblarde et inopérante qui se cantonne sur le terrain de la défense des intérêts commerciaux.

« Quand on viendra dire au fraudeur qui a pratiqué un léger mouillage difficile à déceler que son lait a semé la fièvre typhoïde, il plaidera l'ignorance, et même la bonne foi dès l'instant où vous l'accuserez très directement d'avoir causé la mort de son semblable, car il n'avait jamais pensé, un seul instant, qu'une manœuvre qui lui était habituelle pût avoir un jour de telles conséquences !

« Il en dira tout autant et avec plus de force encore, le typhique

(1) Ch. Porcher, le Lait et son analyse (*Ann. des Falsif.*, août-septembre 1916, p. 305).

ou le « porteur de germes » chronique dont la malpropreté homicide aura également contribué à répandre la maladie !

« N'est-il pas aussi de bonne foi le petit laitier qui vend du lait mouillé qui lui a été cédé par un ramasseur fraudeur ? Vous voulez cependant le punir, et en cela vous avez raison, et vous déclareriez indemnes les deux autres, alors que bien autrement graves sont les conséquences de leurs actes !

« Jusqu'à présent, on punit le mouillage uniquement parce qu'on le considère comme une manœuvre commerciale déloyale et non parce qu'il peut être une source de maladie, voire même de mort.

« Il y a là une injustice flagrante qui éclate encore beaucoup plus aux yeux quand, laissant de côté la bonne foi, on compare le vin au lait.

« Dans le cas du vin qui, même mouillé avec une eau polluée de germes typhiques, n'a jamais semé la fièvre typhoïde, on n'est jamais trop sévère. Pourquoi ?

« Parce que le vin est soumis à un régime fiscal rigoureux et la protection de la santé publique est le moindre des soucis de ce dernier.

« Les fraudes sur le vin ne dépendent pas seulement de la loi du 1er août 1905. La Régie intervient ici avec tout ce qu'elle a de draconien.

« Un mouillage du vin de 10 % obtient des condamnations le plus souvent très rigoureuses, mais 10 %, 20 % d'eau dans le lait, qu'est-ce cela ? une paille ! aussi les tribunaux sont-ils beaucoup plus indulgents. C'est qu'il ne s'agit cette fois que de protéger la santé publique, alors que tout à l'heure, chose infiniment plus grave, il fallait défendre ce qu'on est convenu d'appeler la loyauté du commerce et soutenir les intérêts du Trésor !

« Qu'importe que le mauvais lait, mouillé et archi-mouillé distribue la diarrhée infantile ou la fièvre typhoïde, qu'importe qu'il fauche l'enfance dont cependant on réclame tant par ailleurs la protection !... il faut sauvegarder d'abord les intérêts économiques de toutes natures.

« Pour établir cette différence si marquée dans les façons de sévir contre le fraudeur du vin, d'une part, et celui du lait, d'autre part, on n'a même pas l'excuse — qui au surplus serait très fragile — de la plus grande importance des intérêts économiques à soutenir dans le cas du vin, car le commerce du lait et, j'ajoute, de ses dérivés entraîne un roulement de fonds plus considérable que celui du vin.

... « Une fois de plus, ces développements nous montrent que le lait doit avoir une place très à part dans la législation de la Répression des Fraudes.

« Il faut lui donner un statut spécial, à base tout à la fois chimique et hygiénique, *que réclament son importance alimentaire tous les jours croissante, sa nature chimique qui le rend si altérable, sa souillure microbienne aux suites parfois si graves. Jusqu'à ce qu'il en soit ainsi, le lait coupable sera toujours examiné au point de vue chimique, alors que ses méfaits microbiens ne se compteront plus.* »

Sur ce dernier point, le décret du 25 mars 1924 constitue un progrès notable, puisqu'il veut connaître des conditions hygiéniques de la récolte et du traitement du lait et punir les entorses aux lois de l'hygiène.

On ne peut qu'applaudir aux paroles de M. Eug. Roux :

« Si la surveillance ne pouvait s'exercer que sur un seul produit, ce devrait être sur le lait ; si la protection de la collectivité ne pouvait s'appliquer qu'à une seule catégorie de consommateurs, elle se devrait tout entière aux consommateurs de lait : aux malades, dont il est l'ultime ressource, aux enfants, dont il est pendant si longtemps l'aliment unique. »

Mais, pour remplir un pareil programme, il faut une surveillance attentive, continue. Cela coûte cher et c'est là un point sur lequel, très renseigné, M. Bodroux insiste, avec raison, dans son travail. Les services compétents disposent de crédits insuffisants pour l'œuvre d'épuration qu'ils entendent poursuivre. Le public est donc assez mal défendu ; c'est à lui de se protéger lui-même. Aussi, quand M. Bodroux propose de constituer des *Syndicats de consommateurs* qui interviendront dans les procès de fraudes du lait, il jette une idée qui mérite de fructifier. On verra le consommateur, jusqu'ici si indolent, inapte à se défendre, et toujours prêt à se laisser duper, secouer enfin sa torpeur. Il saura pourquoi il prend position, il comprendra mieux les difficultés qui peuvent se présenter en une matière si délicate et, quand il aura devant lui un fraudeur avéré, il ajoutera sa voix à celle du Ministère public pour demander une sévère condamnation.

* * *

Une aussi longue étude demande des conclusions. Celles-ci cependant ne sauraient porter sur tous les points de ce travail, car il en est qui sont difficiles à résumer, notamment ceux qui sont relatifs à l'élaboration de la matière grasse dans la mamelle et à son origine ; ce sont là questions de physiologie pure qu'il importait d'exposer pour la compréhension du reste, mais qui ne constituent pas le fond de ce travail. Je me limiterai aux dernières parties de celui-ci, en faisant bien remarquer que les conclusions des mémoires scientifiques sont, d'une façon générale, si souvent d'une telle sécheresse qu'elles ne réussissent pas toujours, dans leur concision, à traduire exactement la substance du texte, ses finesses, ses apparentes controverses, et qu'il est indispensable de se reporter à ce dernier pour apercevoir, au travers des développements qui en constituent la trame, la pensée véritable qui s'en dégage.

CONCLUSIONS

I. Variations de la teneur en matière grasse du lait dans les circonstances les plus variées.

Laits individuels. — *a)* Chez un animal isolé, en bon état de santé, nourri comme il convient, la richesse en matière grasse du lait qu'il fournit subit des oscillations qui peuvent être considérables ;

b) D'une façon générale, quand il y a deux traites, le taux butyreux du lait du soir est plus élevé que celui du lait du matin ;

c) Lorsqu'il y a trois traites, on peut dire, en général, que c'est celle de midi qui est la plus riche, puis vient celle du soir, et la moins riche est celle du matin. Dans l'un et l'autre cas, il y a des exceptions ;

d) Deux traites homologues (c'est-à-dire faites à la même heure) qui se suivent, donc à vingt-quatre heures d'intervalle, peuvent présenter entre elles des différences très grandes ;

e) L'irrégularité de la courbe des taux butyreux du lait d'une femelle laitière est de toutes les espèces ; elle n'est nullement liée à la qualité butyreuse moyenne du lait de l'animal, c'est-à-dire qu'elle s'observe aussi bien chez les mauvaises beurrières que chez les bonnes ; elle n'est pas davantage sous l'influence de la saison, car elle est de tous les moments de l'année ;

f) L'alimentation n'a guère d'influence sur la richesse en graisse du lait ;

g) Les quatre quartiers de la mamelle chez la vache, les deux, chez la chèvre, les deux seins chez la femme, donnent à la même traite des laits butyreusement différents ;

h) La richesse du lait en matière grasse s'élève depuis le commencement jusqu'à la fin de la traite, mais il n'y a rien de régulier dans cet enrichissement progressif ; celui-ci, bien entendu, s'observe dans toutes les espèces ;

i) Il ne faut pas exciper de l'âge avancé d'une vache pour expliquer un taux butyreux faible et persistant ;

j) L'abondance de la production et sa richesse butyreuse peuvent marcher conjointement ;

k) Le taux butyreux moyen du lait d'un animal est sous la

dépendance de la race, mais, dans une race donnée, la richesse en matière grasse d'une lactation entière est une qualité individuelle, transmissible héréditairement ;

l) La qualité butyreuse du lait est minima vers le troisième et le quatrième mois de la lactation ;

m) Le changement de régime ne modifie pas sensiblement la richesse du lait en matière grasse si l'animal n'a pas été soumis pendant la période antérieure à un état de famine relative ;

n) Il y a un minimum butyreux à la fin du printemps ou au commencement de l'été, un maximum au début de l'hiver quelle que soit la date du vêlage ; cette donnée est inversée dans l'hémisphère sud ;

o) L'influence des « chaleurs » est très variable ; si elles sont vives, il y a trouble de la quantité de lait et de son taux butyreux, qui sont abaissés ; si elles sont modérées, ce trouble est léger et même ne se constate pas avec un trayeur habile ;

p) Le lait d'une traite est, en général, d'autant moins riche en matière grasse qu'il s'est écoulé un temps plus long depuis la traite précédente et inversement ;

q) La multiplication des traites augmente la quantité de lait sécrétée et en améliore la qualité ;

Laits de mélange. — Ils ont des physionomies très variées.

a) Le mélange des traites du même jour d'un même animal se rapproche du lait moyen de la lactation entière, davantage encore, le mélange des traites de deux jours qui se suivent ;

b) Les laits de mélanges, même d'un nombre d'animaux assez important, sont susceptibles d'avoir, butyreusement parlant, des oscillations assez marquées. Moins il y a d'animaux dont les laits constituent le mélange, plus peut être grande l'amplitude des oscillations.

II. Les fraudes par écrémage et par mouillage.

a) Chez un lait individuel, si la matière grasse peut être considérée comme une grandeur variable, l'extrait dégraissé doit être tenu pour valeur relativement fixe ;

b) Les laits très gras peuvent donner l'apparence d'être mouillés sur le simple vu du chiffre de l'extrait dégraissé au litre ;

c) L'écrémage élève le taux de l'extrait dégraissé ;

d) Le mouillage affecte dans le même sens le taux de la matière grasse et celui de l'extrait dégraissé ;

e) La composition du lait-type d'une région déterminée ne saurait être rigide ; elle comporte des oscillations d'ailleurs faibles ;

f) Les maxima et les minima de composition n'ont rien à voir avec le lait-type. Les maxima se rapportent tous à des laits sains ; les minima, le plus souvent, à des laits malades ;

g) La composition du lait-type ne doit pas être évoquée pour juger les laits individuels du point de vue butyreux ;

h) L'utilisation du lait-type pour fixer la nature et l'étendue d'une fraude doit être entourée de beaucoup de circonspection ;

i) L'échantillon de comparaison ne peut avoir aucune signification dans le cas de suspicion d'écrémage portant sur un lait individuel ;

j) Dans le cas d'écrémage ou de mouillage d'un lait de très grand mélange, la comparaison avec le lait-type a de la valeur. Le prélèvement de comparaison servira à fixer le lieu de la fraude, quand la route suivie par le lait comporte plusieurs étapes ;

k) Le prélèvement de comparaison est indispensable pour juger le mouillage d'un lait individuel ; il n'y a que des avantages à procéder au plus tôt à la prise du deuxième échantillon.

Société anonyme de l'Imprimerie A. REY, 4, rue Gentil, Lyon. — 91921

www.ingramcontent.com/pod-product-compliance
Ingram Content Group UK Ltd.
Pitfield, Milton Keynes, MK11 3LW, UK
UKHW020546180726
13838UKWH00001B/62